海 洋 经 济 学

刘 洁 陈静娜 编

2017 年 · 北京

内 容 简 介

根据海洋经济快速发展的现状与海洋经济的理论研究与教学进展相对缓慢的现状，我们编写了本书。

主要内容： 本书共十四章，主要内容分为海洋概览，海洋经济相关经济学理论，海洋产业，沿海区域经济和海洋科技、海洋管理与海洋经济五篇。涵盖了有关海洋自然、海洋与人类的关系、产权理论、外部性理论、公共选择理论、新制度经济学与公共政策理论、区域经济理论、产业经济理论等与海洋经济的发展密切相关的理论内容。

本书特色： 以问题为导向，从现实中凸显的海洋经济问题入手；使用大量案例、新闻报道、统计数据以及图表。

适用范围： 可作为高等院校海洋经济专业教材，也可作为农业推广方向研究生教学教辅资料。

图书在版编目（CIP）数据

海洋经济学/刘洁，陈静娜编.—北京：海洋出版社，2017.4
ISBN 978-7-5027-9755-3

Ⅰ.①海… Ⅱ.①刘…②陈… Ⅲ.①海洋经济学—教材Ⅳ.①P74

中国版本图书馆 CIP 数据核字（2017）第 068871 号

责 任 编 辑：张鹤凌 张曌嫘	发 行 部：（010）62174379（010）68038093（邮购）
责 任 校 对：肖新民	总 编 室：（010）62114335
责 任 印 制：赵麟苏	网　　　址：www.oceanpress.com.cn
排　　　版：晓阳	承　　　印：北京画中画印刷有限公司
出版发行　海洋出版社	版　　　次：2017 年 3 月第 1 版 　　　　　　2017 年 3 月第 1 次印刷
地　　　址：北京市海淀区大慧寺路 8 号（716 房间） 　　　　　　100081	开　　　本：787mm×1092mm　1/16 印　　　张：17
经　　　销：新华书店	字　　　数：300 千字
技 术 支 持：（010）62100057	定　　　价：39.00 元

本书如有印、装质量问题可与发行部调换

本社教材出版中心诚征教材选题及优秀作者，邮件发至 hyjccb@sina.com

总 序

　　占地球表面约70%面积的海洋孕育了地球生物和人类，海洋是人类赖以生存和发展的重要资源，人们对海洋资源的利用、开发和保护构成了海洋经济的全部内容。海洋经济由来已久，从早期的自海洋直接获取资源发展到利用海洋资源、开发海洋资源和依赖海洋空间而进行的生产活动，人类以海洋为平台进行的经济活动经历了数千年的发展。近代经济活动中心从地中海沿岸转移到大西洋沿岸，再从大西洋转移到太平洋沿岸，这已间接证实了海洋对人类经济活动的重要。海洋越来越成为人类重要的资源环境，2011年的资料显示，世界上75%的大城市、70%的工业资本和人口集中在距海岸100千米的海岸带地区。有预测认为，到2020年，全球3/4的人口将居住在沿海地区。

　　海洋是人类存在与发展的资源宝库和地球的最后空间，人类社会正在以全新的姿态向海洋进军。早在2001年，联合国正式文件中首次提出了"21世纪是海洋世纪"，海洋经济正在并将继续成为全球经济新的增长点。发达国家的战略目光不仅关注太空，也关注海洋，而且海洋的现实意义更为重大。海洋已成为国际竞争的主要领域，发达国家展开了高新技术引导下的经济竞争，海洋资源的竞争呈逐步升级态势。美国提出海洋是地球上"最后的开辟疆域"，政府主导制定海洋战略和相关政策，以高技术优势来确立和维持海洋经济优势；加拿大早在2002年就制定了海洋战略，提出发展海洋产业，占领国际市场的目标；日本2012年制订了未来5年《海洋基本计划》，利用科技加速海洋开发和提高国际竞争能力；英国把发展海洋科学作为新世纪的一次革命，制定了《英国海洋科学战略2010—2025》，旨在促进通过政府、企业、非政府组织以及其他部门的力量支持英国海洋科学发展、海洋部门相互合作的战略框架；澳大利亚强化了海洋基础知识普及，加强海洋资源可持续利用与开发。

　　加强海洋的开发、利用、安全，关系到国家的安全和长远发展，1405年，郑和船队七下西洋曾使我国成为当时世界上印上实力最强大的国家，但此后的300多年海禁丧失了我国的海洋优势。建国后我国经过60多年的奋斗，经济科技实力迅速增强，经济发展受陆地资源的制约也开始显现，同时国际海洋经济盛宴正开，党和政府不失时机地将战略目光转向海洋。2012年9月我国制订了第一个海洋经济发展规划——《全国海洋经济发展"十二五"规划》，开宗明义地指出，"海洋是潜力巨大的资源宝库，也是支撑未来发展的战略空间"，使发展海洋经济晋升到国家战略。2012年11月的中共"十八大"提出海洋强国战略，十八大报告指出，"提高海洋资源开发能力，发展海洋经济，保护海洋生态环境，坚决维护国家海洋权益，建设海洋强国"，从而揭开了我国大力发展海洋经济的新篇章。

2015年我国海洋经济生产总值占国内生产总值的比重已达到9.6%，我国海洋产业发展的方向一是海洋渔业、海洋交通运输业、海洋船舶工业、盐业、海洋油气业、滨海旅游业等传统产业的转型升级，二是深海油气产业、海洋生物技术及海水养殖业、极地渔业、海洋监测技术及相关仪器制造业、海水直接利用技术及海水淡化、海洋新能源、海洋信息等海洋高技术产业的创新和发展。

2012年以来我国理论界加强了对海洋经济的研究，取得了一系列学术成果，为我国海洋经济实践提供了必要的理论武器，众多学者和专家一如既往地为我国海洋强国战略的实施贡献着自己的智慧和力量。浙江海洋大学经济与管理学院的一批学者长期致力于海洋经济的教学与研究，他们学术成果丰富，又长期奋斗在教育第一线，将自己的研究成果与教学相结合，在海洋经济理论教学方面积累了丰富的经验和资料。为使这批学者的教育成果更多地惠及广大学子，我校特组织编写海洋经济系列教材。该系列教材共分为五本：刘洁、陈静娜负责《海洋经济学》的编写，胡高福负责《海洋贸易概论》的编写，陈静娜负责《渔业经济概论》的编写，方晨负责《海上国际集装箱运输管理学》的编写，阳立军负责《港口经济学概论》的编写。

该系列教材融入了广大学者们长期教学与研究的成果与经验，也吸纳了学术界最前沿的海洋经济研究成果，适合相关专业的本科生、研究生使用。

张世龙
2016年9月

前　言

　　海洋经济学作为一门相对年轻的应用经济学学科，目前在我国经济学门类中发展较为滞后。其中一个突出的表现就是，欠缺较为完善的，既有厚实的理论基础又能解释乃至引导我国海洋实践活动的教科书。教材建设是学科建设的基础，只有打好基础，才能保证学科的良性发展。正是基于这种状况，我们着手编写出版这部教材，希望可以为我国的海洋经济学的教育、海洋理念的传播与海洋经济的发展作出尝试性的探索。

　　作为教材，本书的一个突出特点是以问题为导向，从现实中凸显的海洋经济问题入手，而不是一开篇就向学生灌输理论模型，意在将学生的兴趣引向海洋经济本身，而不是经济模型。教材编写中使用大量的案例、新闻报道、统计数据及图表，为学生把所学的知识和实际相对照提供途径与方便。

　　本教材倡导海洋经济学研究要为海洋经济变革与发展做服务，**不仅讨论"是什么"的问题，还要讨论"应该是什么"的问题**，在实证分析与规范分析（或政策导向与价值判断）之间架起桥梁。

　　在教材编写时我们努力把握两大原则，一是注重培养学生综合素质，二是与时俱进。

　　本教材共14章，主要内容分为：海洋概览、海洋经济相关经济学理论、海洋产业、沿海区域经济和海洋科技、海洋管理与海洋经济五篇；涵盖了有关海洋自然、海洋与人类的关系、产权理论、外部性理论、公共选择理论、新制度经济学与公共政策理论、区域经济理论、产业经济理论等与海洋经济的发展密切相关的理论内容。

　　对本教材的使用，我们提出以下建议。

　　（1）教学建议。避免空泛的、长篇大论的讲授，以实际案例为依托，引出基本知识，提供学生理解与分析实际问题的能力。

　　（2）自学建议，先看案例。结合方法指导，分析海洋经济有哪些需要解决的问题，思考怎么去解决这些问题，并在实际工作中尝试应用。

　　本书既普及了海洋经济知识，又深入浅出地研究实际问题，可以作为海洋经济学科的本科教材与农业推广硕士研究生课程的教辅资料，又可以为研究海洋经济的学者提供一定理论和研究方法的参考。

　　编写海洋经济学的教材对我们来说，既是一种尝试，也是一个学习的过程。我们参考了国内外已有的研究成果，在内容及结构上进行了新的探索。但由于编者水平和时间有限，难免存在不足及缺陷之处，恳请读者、同行、专家批评指正，以便在修订时补充更正。

　　本书由浙江海洋大学教材出版基金资助出版。

刘洁　陈静娜

2017年01月

目　录

第三编　海洋产业

第四编　沿海区域经济

第五编　海洋科技、海洋管理与海洋经济

引　言

本书中，首先要明确的是在"海洋经济"这个偏正词组中，经济是共性，海洋是特性。

一、海洋经济的共性

按照经济学的观点，经济是约束条件下的选择问题，这不仅涉及谁是从事经济活动的主体——谁来选择，而且还涉及选择目标与后果的评价问题。任何经济问题的核心都是"激励与约束"问题，即如何在避免或尽量减少经济主体的寻租、机会主义、搭便车等行为情况下，激励经济主体的主动性与创造性，以最小的资源损耗获得最大的社会经济收益。

海洋经济活动的参与主体或者说资源配置的选择主体是发展海洋经济首先必须明确的。无论是从经济学理论，还是从海洋经济发达国家实践及中国的改革实践来看，海洋经济发展的资源及条件，都应该大量开放给普通的公民和民营资本，而不是垄断在政府手里。让更多的民间资本参加到海洋资源的开发、利用与养护中来，才是中国海洋经济持续、稳定发展的最重要的保证。

二、海洋经济的特性

海洋作为约束条件，既是资源的有限性这种对所有经济问题都存在的约束，也是由于海洋的特殊属性——人类共同继承的财富——的约束。海洋经济是开发和利用海洋中的各种资源的经济活动。可以说，海洋经济是一种依赖海洋资源与环境，以消耗资源和环境为代价的经济活动。因此，整个海洋生态系统是海洋经济发展的平台，海洋生态系统也就因为人类经济活动的加入而耦合成海洋生态经济系统。那么，发展海洋经济的目的也就不仅是从海洋中获取资源产品及经济效益，而是必须同时考虑经济活动的两种结果（经济效益与生态效益），使海洋保持持续提供海洋资源产品和环境服务的能力。也就是说，现代海洋经济应该是可持续发展的经济。海洋经济可持续发展蕴涵三方面内容：海洋经济的可持续性是中心；海洋生态系统的可持续性是特征；社会发展的可持续性是目的。三个方面融合统一构成海洋经济可持续发展的内核。

需要强调的是，当代海洋经济的大发展并非是由于陆地资源枯竭而产生的，而是受科技进步推动的资源与利益的分享推动的。第二次世界大战的后果之一就是使全球权力分配重置，势力范围重新划分。随着现代军事活动的发展，潜艇活动的深度和范围日益扩大，海底导弹发射场的设置，水下导航、通信和监听系统的建立，深海底核试验场的修建等，都迫切需要提供精确、系统的海洋地质资料。许多国家一面拼命争夺制海权，一面在全世界各大洋广泛开展调查，全面收集各种海洋地质和地球物理资料。大规模的海洋地质和地球物理调查工作，不仅大大丰富了人类的海底地质知识，还发现了蕴藏量超出想象的石油、天然气、铜、钴、镍、锰等矿产资源。有识之士开始深谋远虑地把注意力集中到海底矿产资源的勘查和开发利用上。各国对海底矿产的争夺，直接演变为对海洋国土的权益要求，从而打破了传统的海洋管理秩序。

由此可见，现代海洋经济是以新的科技革命为背景，其发展过程的基础是资本、知识和高技术。海洋石油工业、海底采矿业、海水化学工业、海水养殖业、海洋能源利用和海洋空间利用等海洋产业迅速在一些重视发展海洋的国家兴起。由此我们也可以推断出海洋经济自身发展路径，海洋经济具有高技术、高投入、高风险、高收益的特征。发展海洋经济过程中相关制度体系的变革与创新都应该围绕这四个特征建立，考虑如何促进研究与开发活动、促进长期投资、降低风险与高收益的可持续获得性。

三、海洋经济学

给事物下定义非常困难。黑格尔说："概念总之必须首先被认为是对于有和本质，或对直接物和反思的第三者"[1]。所以任何理论与学科体系，它一开头的概念最困难。

海洋经济学是一门应用经济学。旨在运用经济学理论和研究方法来探究海洋资源开发利用和管理过程中的经济问题，寻求开发利用、改造培育、保护管理等制度和政策。所以，海洋经济学一方面研究经济人"个体"如何利用海洋资源实现其行为效益最大化；另一方面探求整个人类如何"理性"地对待和开发海洋资源。"理性"地对待和开发则是指寻求当代人合理开发海洋资源的有效途径及"经济"策略，以及海洋

---

1 [德]黑格尔.逻辑学[M].梁志学译.北京：人民出版社，2002.

资源可持续开发利用的方式和方法，以满足人类社会各代人的可持续利用。

（一）海洋经济学的研究内容

海洋不仅涉及自然的、技术的问题，而且涉及社会的、经济的与政治的问题。实际上，前者是海洋资源的界定，包括海洋资源性质，海洋空间的各种边界问题，如海洋与陆地的边界、海洋水体的边界、海洋的国际边界等问题；后者属于海洋资源的社会经济性质，即产权和利益问题，经济主体对海洋资源的所有权、使用权及经营权、分享权或剩余索偿权、处置权等的结构和分布，决定了海洋资源开发利用的状态。所以，海洋经济学的研究范畴涉及海洋资源性质，海洋资源的经济价值的评价，产权的界定与保障，公平与效率问题，持续性开发利用的激励约束机制，开发利用活动的社会关系和文化状态等的研究。

根据这些研究范畴可以逻辑地决定海洋经济学的研究任务包括以下几项。

1. 探讨海洋资源的性质及特征

尽管海洋经济学不直接研究海洋资源的技术问题，但是，技术方面的信息资料有助于评价经济价值，选择开发利用的技术方案及其经济路线。这就要求准确把握海洋资源的稀缺性（可再生性和可耗竭性)、不确定性、共享性与外部性等，从而弄清海洋资源的环境问题、开发利用的拥挤问题等的原因；必须了解海洋资源的分类及其空间特点，为海洋经济的区划规划、开发管理奠定了基础。海洋资源开发总是表现为产业形式和空间状态，因此，海洋经济发展状态必须要从海洋产业及其空间布局来描述，也就是海洋经济的产业及其区域性研究。

2. 海洋资源产权与制度设计

"海洋"的产权具有共享性、其开发利用具有较强的外部性，产权界定尤其重要。从宏观上来看，海洋资源的权力涉及国家领海权，需要国际法来协调。关于海洋的国际政治、国际法也应是海洋经济学涉及的范畴。在主权范围内，海洋资源产权界定与公平和效率有重要关系，这是政府制定法律和制度的重要理论依据，也是实现国家持续性开发利用与个体利益最大化的激励相容机制的基础。

（二）海洋经济学的研究方法

海洋经济学研究方法的主要特点在于实证研究和规范研究的结合，一般的模式是从事实出发，选择恰当的方法，进行理论假设，并以实证考察得出的数据及知识来检验和修正所选的方法和假设，从而使方法更科学，使研究结果不断地接近客观现实。实证研究回答现实经济"究竟是怎样的"，并不说明"应该是什么"或"应该怎样行动";规范研究则相反,它要回答的恰是"应该是什么以及如何做"。实证研究和规范研究结合的研究结论能准确提出对策。实际上,经济学研究范式及方法随着研究内容变化和范围扩大而不断创新。

现代经济学的前沿已形成了交易费用理论、产权及制度经济学、博弈论及信息经济学、组织(企业)理论、公共选择理论、公共经济学等学科分支,我国经济学研究与教学还处于引进、消化和吸收阶段,这些理论和方法,将为我国海洋经济的研究提供可以借鉴的研究范式和方法论,并指明研究方向。

第一编

海洋概览

[本篇导读]

本篇主要介绍有关海洋的自然常识以及人类与海洋的关系。

海洋是生命的摇篮，孕育了人类文明。海洋是地球生命支持系统的一个基本组成部分，也是资源的宝库以及环境的重要调节器。全球人口的 70% 以上，过半数的超百万人口的大城市，都离海岸不足 100 千米，这反映了人类与海洋关系的密切。1997 年《自然》杂志曾刊文公布了海洋对人类的生态服务价值的评估结果，大约为每年每平方千米 40.52 万美元。要解决困扰全世界的人口、资源和环境等难题，人类社会的发展必然会越来越多地依赖海洋。

海洋是一个开放的、多样的复杂系统，这决定了海洋的开发与利用是一个多学科综合与交叉的复杂体系。海洋的开发与利用不仅依赖于自然科学与技术的进步，也通过人与海洋的相互作用与社会科学相联系。

21 世纪是人类开发利用海洋的新世纪。《联合国海洋法公约》确定的国际海洋法律原则，是人类应共同遵守的准则。维护海洋健康，保护海洋环境，确保海洋资源的可持续利用和海上安全，已成为人类共同担负的使命。

第一章　海洋自然

教学目标
- 了解海洋自然资源与环境
- 知道海洋资源的丰富性与有限性
- 探讨海洋环境演变的可能原因

第一节　海与洋

一、地表海陆分布

地球表面总面积约 5.1×10^8 平方千米，分属于陆地和海洋。若以大地水准面为基准，陆地面积为 1.49×10^8 平方千米，占地表总面积的 29.2%；海洋面积为 3.61×10^8 平方千米，占地表总面积的 70.8%，海陆面积之比为 3：1。而且地表海陆分布极不均衡。在北半球，陆地占其总面积的 39.3%，在南半球，陆地占总面积的 19%。海洋即"海"和"洋"的总称。

地球上的海洋是相互连通的，构成统一的世界海洋；而陆地是相互分离的，故没有统一的世界大陆。在地球表面，是海洋包围、分割所有的陆地，而不是陆地分割海洋。少数地球以外的星体曾经也有海洋，一些尚有海洋或冰洋，如卫星土卫六、木卫二，一些行星如火星、金星曾经可能有过海洋或火浆洋。

二、海洋的特征

（一）系统的特殊性与复杂性

水与其他液态物质相比，具有许多独特的物理性质，如极大的比热容、介电常数和溶解能力，极小的黏滞性和压缩性等。海水由于溶解了多种物质，因而性质更特殊。这不仅影响着海水自身的理化性质，而且导致海洋生物与陆地生物的诸多迥异。陆地生物几乎集中栖息于地表上下数十米的范围内，海洋生物的分布则从海面到海底，范围可达 1 万米。海洋中的近 20 万种动物、1 万多种植物、还有细菌和真菌等，组成了一个特殊的海洋食物网。再加上与之有关的非生命环境，则形成了一个有机界与无机界相互联系与作用的复杂系统——海洋生态系统。

（二）海水形态不停变化

作为一个物理系统，海洋中水–汽–冰三态的转化无时无刻不在进行，这也是在其他星球上所未发现的。海洋每年蒸发量约 44×10^8 吨，可使大气水分 10～15 天完成一次更新，势必影响海水密度等诸多物理性质的分布与变化，进而制约海水的运动以及海洋水团的形成与长消。固结于旋转地球坐标系中来观察，海水的运动还受制于海面风应力、天体引力、重力和地球自转偏向力等。诸如此类各种因素的共同作用，必然导致海洋中的各种物理过程更趋复杂，即不仅有力学、热学等物理类型，而且也有大、中、小各种空间或时间特征尺度的过程。但是其中的运动过程，则具有特殊的重要性，因为海水无时无刻不在运动着。

（三）复杂系统的多层耦合

海洋作为一个自然系统，具有多层次耦合的特点。地球海洋充满了各种各样的矛盾，如海陆分布的不均匀、海洋的连通与阻隔。海洋水平尺度之大远逾数万千米，而垂直向尺度之小，平均水深只有 3795 米，两者差别极为悬殊。其他矛盾诸如：蒸发与降水，结冰与融冰，海水的增温与降温，下沉与上升，物质的溶解与析出，沉降与悬浮，淤积与冲刷，海侵与海退，潮位的涨与落，波浪的生与消，大陆的裂离与聚合，大洋地壳的扩张与潜没，海洋生态系平衡的维系与破坏等。它们共同组成了这个复杂的统一体。当然，这个统一体可以分成许多子系统，而许多子系统之间，如海洋与大气、海水与海岸、海底、海洋与生物及化学过程等，大都有相互耦合关系，并且与全球构造运动以及某些天文因素等密切相关。这些自然过程通过各种形式的能量或物质循环，相互影响和制约，从而结合在一起构成了一个全球规模的、多层次的复杂的海洋自然系统。

三、海洋的划分

根据海洋要素特点及形态特征，可将其分为主要部分和附属部分。主要部分为洋，附属部分为海、海湾和海峡。

（一）洋

洋或称大洋，是海洋的主体部分，一般远离大陆，面积广阔，约占海洋总面积的90.3%；深度大，一般大于2000米；海洋要素如盐度、温度等不受大陆影响，盐度平均为35，且年变化小；具有独立的潮汐系统和强大的洋流系统。世界大洋通常被分为四大部分，即太平洋、大西洋、印度洋和北冰洋。

（二）海

海是海洋的边缘部分，据国际水道测量局的材料，全世界共有54个海，其面积占世界海洋总面积的9.7%。海的深度较浅，平均深度在2000米以内。其温度和盐度等水文要素受大陆影响很大，并有明显的季节变化。水色低，透明度小，没有独立的潮汐和洋流系统，潮波多由大洋传入，但潮汐涨落往往比大洋显著，海流有自己的环流形式。

按照海所处的位置可将其分为陆间海、内海和边缘海。陆间海是指位于大陆之间的海，面积和深度都较大，如地中海和加勒比海。内海是伸入大陆内部的海，面积较小，其水文特征受周围大陆的强烈影响，如渤海和波罗的海等。陆间海和内海一般只有狭窄的水道与大洋相通，其物理性质和化学成分与大洋有明显差别。边缘海位于大陆边缘，以半岛、岛屿或群岛与大洋分隔，但水流交换通畅，如东海、日本海等。

（三）海湾

海湾是洋或海延伸进大陆且深度逐渐减小的水域，一般以入口处海角之间的连线或入口处的等深线作为与洋或海的分界。海湾中的海水可以与毗邻海洋自由沟通，故其海洋状况与邻接海洋很相似，但在海湾中常出现最大潮差，如我国杭州湾最大潮差可达8.9米。

需要指出的是，由于历史上形成的习惯叫法，有些海和海湾的名称被混淆了，有的海叫成了湾，如波斯湾、墨西哥湾等；有的湾则被称作海，如阿拉伯海等。

（四）海峡

海峡是两端连接海洋的狭窄水道。海峡最主要的特征是流急，特别是潮流速度大。海流有的上、下分层流入、流出，如直布罗陀海峡等；有的分左、右侧流入或流出，如渤海海峡等。由于海峡中往往受不同海区水团和环流的影响，故其海洋状况通常比较复杂。

（五）海岸带

世界海岸线全长44×10^4千米，它是陆地和海洋的分界线。由于潮位变化和风引起的增水–减水作用，海岸线是变动的。一般概念上，水位升高便被淹没、水位降低便露出的狭长地带即是海岸带。目前，世界上约有2/3的人口居住在沿海地带，海岸带的地貌形态及其变化对人类的生活和经济活动具有重大意义。

第二节　海洋矿产资源

海洋是巨大的资源宝库，海洋底蕴藏着丰富的矿产资源。在陆上矿产资源日益枯竭的情况下，开发利用海洋矿物资源更显得重要。海洋矿产资源的种类很多，不同学者的分类也有差异。按照矿产资源形成的海洋环境和分布特征，分别介绍滨海砂矿、海底石油、磷钙石和海绿石、锰结核和富钴结壳、海底热液硫化物、天然气水合物等资源类型。

一、滨海砂矿

陆上碎屑物质被径流搬运至河口、海滨地带，或者原地残存的物质和海底产物经波浪、潮流、沿岸流反复分选，其中一些化学性能稳定和密度较大的有用矿物，在特定地貌部位富集到具有经济意义时便成为滨海砂矿。此类矿产开采方便、选矿技术简单、投资小，是开发最早的海底矿产资源。

滨海砂矿的种类很多，柯南（D.S.Cronan，1980）将滨海砂矿分为非金属砂矿、重金属砂矿、宝石及稀有金属砂矿三大类，每大类包括若干种。据统计，滨海钛铁矿产量占世界钛铁砂矿总产量的30%、锡砂占70%、独居石占80%、金红石占98%、金刚石占90%、锆石占96%。

一个滨海砂矿往往是由一种或几种矿产为主、有时伴生有若干种有用矿物的不同组合。我国是世界上滨海砂矿种类较多的国家之一，矿种达60多种，总探明储量达数亿吨。具有工业开采价值的主要有钛铁矿、锆石、金红石、磷钇矿、铌铁矿、钽铁矿及石英砂等。我国滨海以海积砂矿为主，其次为海/河混合堆积砂矿，多数矿床以共生–伴生组合形式存在。

二、海底石油和天然气

海底石油和天然气是最重要的海底矿产资源。自20世纪50年代以来，世界油气勘探和开采工作由陆地逐渐转向海洋，目前已有 100 多个国家和地区在 50 多个沿海国家的海域从事油气勘探和开发。世界海洋石油资源量占全球石油资源总量的 34%，全球海洋石油蕴藏量超过 1000 多亿吨，其中已探明的储量约为 380 亿吨。英国能源咨询公司道格拉斯—威斯特伍德（Douglas-Westwood，DW）公司发布的 2005 年的《世界海洋油气预测》认为，世界海洋油气产量将从 2004 年的 3900 万桶油当量/日增加到 2015 年的 5500 万桶油当量/日。2004 年海洋油气产量分别占全球总产量的 34%和 28%，到 2015 年则将分别到达 39%和 34%[1]。

海底石油的生成受到一定条件的限制，其分布亦不均衡。世界海底油气藏主要分布在被动大陆边缘的沉积盆地中，而主动大陆边缘较少。大洋盆地一般沉积较薄，沉积物细、有机质含量低、不利油气的生成和储藏。世界探明的四大海洋油气区分别是波斯湾、加勒比海的帕里亚湾和委内瑞拉湾、北海和墨西哥湾。其中波斯湾是目前海洋石油资源最丰富的地区，面积约 150×10^4 平方千米，已探明储量超过 120 多亿吨，约占世界海洋石油探明储量的 50%。

我国沿海有广阔的大陆架，包括渤海、黄海的全部，东海的大部和南海的近岸地带，这里分布着许多中—新生代沉积盆地，沉积层厚达数千米，估计油气储藏量可达数百亿吨，很有希望成为未来的"石油之海"。目前我国近海已发现的大型含油气盆地有 7 个，它们分别是渤海盆地、南黄海盆地、东海盆地、台湾浅滩盆地、南海珠江口盆地、南海北部湾盆地和南海的莺歌海盆地。

三、磷钙石和海绿石

磷钙石又称磷钙土，是一种富含磷的海洋自生磷酸盐矿物，它是制造磷肥、生产纯磷和磷酸的重要原料。另外，磷钙石常伴有高含量的铀、铈、镧等金属元素。据估计，海底磷钙石达数千亿吨。

海绿石是一种在海底生成的含水的钾、铁、铝硅酸盐自生矿物，一般呈浅绿、黄绿或深绿色，可以从中提取钾，也可用作净化剂、玻璃染色剂和绝热材料。

四、锰结核和富钴结壳

锰结核又叫锰矿瘤、锰团块或多金属结核，发现早期曾称其为铁锰结核。它主要

1　苏斌等.世界海洋石油工业现状和发展趋势[J].中国石油企业，2006，1.

是由铁锰氧化物和氢氧化物组成，并富含铜、镍、钴、钼和多种微量元素，广泛分布于深海大洋盆底表层。估计世界深海底锰结核的总储量为 15 千亿~30 千亿吨，是最有开发远景的深海矿产资源。

锰结核一般呈褐色、土黑色和绿黑色，由多孔的细粒结晶集合体、胶状颗粒和隐晶质物质组成，常为球形、椭圆形、圆盘状、葡萄状和多面状。结核的个体大小悬殊，小的直径不足 1 毫米，大者直径可达几十厘米甚至 1 米以上，常见的为 0.5 ~ 25 厘米。大部分结核都有一个或多个核心，核心的成分可以是岩石或矿物碎屑，也可以是生物遗骸，围绕核心形成同心状金属层壳结构，铜、钴、镍等金属元素就赋存于铁、锰氧化物层中。结核含有 30 多种金属元素，其中的铜、镍、钴、锰、钼都达到了工业利用品位，仅太平洋 1800 万平方米的范围内，在表层 1 米厚的沉积物中，结核就超过 1 万多亿吨，可提取锰 200 亿吨、镍 90 亿吨、铜 50 亿吨、钴 30 亿吨。另外，结核中还有含量很高的分散元素和放射性元素，如铍、铈、锗、铌、铀、镭和钍等。

锰结核的成因是个复杂的问题，至今仍未有公认的见解。锰结核主要分布在太平洋，其次是印度洋和大西洋的所有洋盆和部分深海盆地。根据世界洋底的构造地貌特征和海区所处的构造位置以及锰结核的成分、地球化学和丰度，可在世界大洋划分出 15 个锰结核富集区，其中 8 个位于太平洋。东北太平洋克拉里昂与克里帕顿断裂带之间的 C-C 区（7° N—15° N，114° W—158° W）锰结核丰度高达 30 千克/米^2，铜、钴、镍的总品位一般大于 3%，是最有开采价值的海区。中国已于 1991 年 5 月成为世界上第五个具有先驱投资者资格的国家，在 C-C 区终于获得 15 万平方千米的锰结核资源开辟区。

富钴结壳是一种生长在海底硬质基岩上的富含锰、钴、铂等金属元素的"壳状"沉积物，其中钴的含量特别高。钴是战略物资，备受世界各国的重视。结壳往往产于水深不足 2000 米的半深水区，开发技术和成本都比锰结核低，是具有巨大经济潜力的深海金属矿产类型。

五、天然气水合物

天然气水合物是近 20 年发现的一种新型海底矿产资源。它是由碳氢气体和水分子结合而成的冰晶状固体化合物。因 95%以上的天然气水合物由 96.5%的甲烷和 3.5%的水在低温高压条件下被冻结成固相，故又称固态甲烷或甲烷水合物。冻结作用使天然气水合物的体积大大缩小，如果充分分解，1 立方米的天然气水合物可释放出 150 立方米的甲烷气。

天然气水合物一般在温度小于 4℃（指深海沉积层的温度）、有机质较丰富、压力较大的沉积物中形成。在温度小于 10℃、压力大于 10 兆帕的条件下得以保持其固态，海底以下数百米至 1000 米的沉积层内的温–压条件能使天然气水合物处于稳定的固体状态。

具有形成天然气水合物的海域大致为 4000 万平方千米，约占世界海洋总面积的 10%。至 1996 年在世界海域已发现有 57 处产地，估计储量为 1000 千亿~10000 千亿立方米，是世界天然气探明储量的十余倍。有人预计，天然气水合物将是 21 世纪人类的新型能源。

第三节　海洋生物资源

浩瀚的海洋蕴藏着十分丰富的海洋生物资源、海水化学资源。世界海洋生物资源的开发利用，主要集中在海洋渔业资源和海洋药物资源两个方面。全世界海洋生物种数约为 20 万种。海洋生物种类组成多样性高、门类齐全，拥有许多古老的种类，例如，被誉为活化石的鲎、海豆芽等。海洋中的生物资源数量相当可观，有人估计，海洋每年约生产 1350 亿吨有机碳。

1977 年世界渔业捕捞量达到 1.21 亿吨的最高纪录，但是，在世界 15 个最主要的渔区中，有 11 个渔区的捕捞量下降，主要鱼类资源 60% 已被充分或过量捕捞。自 1929 年以来，最有商业价值的鱼类捕捞量下降了 1/4。迫使渔民转而捕捞质次价低的鱼类。

水产养殖是目前增长速度最快的蛋白质来源之一，平均每年增长 10%。据联合国粮农组织（FAO）统计，1984—1996 年，全世界水产养殖的产量从 700 万吨（价值 100 亿美元）增加到 2300 万吨（价值 360 亿美元），增长了两倍多。水产养殖的快速发展，也带来了很多问题。例如，不少渔民用野生鱼制成的高蛋白颗粒饲料喂养虾和鲑鱼等肉食性鱼类，1985—1995 年，全世界的虾农用 3600 万吨野生鱼饲料养出的虾产量只有 720 万吨。同时，养虾业的污染也十分严重，每年有超过 1.5 万公顷重要的海岸地区被废弃。在美国西北部，太平洋鲑鱼已在大约 40% 的繁殖区绝迹，300 多个鲑鱼种群濒临灭绝的危险，其主要原因是上游生态环境恶化。

在不破坏生态平衡的情况下，海洋每年可提供 30 亿吨水产品，够 300 亿人食用。也有人推算，海洋向人类提供食物的能力，相当于全世界陆地耕地面积所提供食物的 1000 倍。目前世界海洋捕捞和养殖的范围只占大洋面积的 10%，绝大部分海域尚未开发。FAO 把鱼类、肉类和豆类列为人类三大蛋白质来源。随着世界人口的不断增加，人类将更加重视海洋、让海洋来解决人类食物的供应问题。人类极大地寄希望于进一步开发富饶的海洋生物资源。

从生物学上分，海洋生物资源包括鱼类资源，海洋无脊椎动物资源，海洋脊椎动物资源和海洋藻类资源。

一、鱼类资源

鱼类资源是海洋生物资源的主体。它们是人类直接食用的动物蛋白质的重要来源之一。鱼的种类很多，全世界有 2.5 万~3 万种，其中海产鱼类超过 1.6 万种，有渔业价值的约为 200 种。

世界渔场主要分布于太平洋、印度洋和大西洋。可划分为太平洋西北部、东北部、中东部、中西部、西南部、东南部；大西洋西北部、东北部、中东部、中西部、地中海、黑海以及大西洋西南部和东南部；印度洋东部和西部。

太平洋鱼类资源非常丰富，是世界各大洋中渔获量最高的海域。太平洋的渔获量可占世界总渔获量的一半左右。这里有盛产鳀鱼的秘鲁渔场。此外，还有千岛群岛至日本海北太平洋西部渔场以及中国的舟山渔场等，这里主要有鲑鱼、狭鳕、太平洋鲱鱼、远东拟沙丁鱼、秋刀鱼等鱼种，产量居世界各海区第一位。

大西洋的渔业资源也很丰富，主要渔场有挪威沿岸到北海的大西洋东部渔场和纽芬兰渔场等；此外，还有西北非洲和西南非洲渔场等。大西洋的渔业生产量在世界各海区中居第二位。

印度洋的渔业资源主要集中在西部，东部产量不高，印度洋的底层鲱类和中上层鱼类资源尚有进一步开发的潜力。

二、海洋无脊椎动物资源

海洋无脊椎动物门类众多，据估计有 16 万种。经济价值较大，目前已被人类利用的有 130 多种，如乌贼、章鱼、鱿鱼、贻贝、牡蛎、扇贝、蛤、对虾、龙虾、蟹等。

大西洋西北部是世界上捕捞头足类的中心，年产量级为 100 万吨。大西洋中东部是世界上头足类捕捞的第二渔场，年产约 30 万吨。中国北方黄海、东海是以日本枪乌贼和大枪乌贼为主。南方以曼氏无针乌贼为主，与大黄鱼、小黄鱼，带鱼并列为中国有名的四大渔产。据估计，在世界大陆架和大陆斜坡上部海区内头足类的蕴藏量约800 万~1200 万吨，有 90%尚未开发。

三、其他海洋脊椎动物资源

（一）海龟与海鸟

海龟是珍贵的海洋爬行动物。全世界海龟共有 7 种，生活在热带海洋中。除了食用，海龟还可入药，龟甲、龟掌、龟肉、龟血等都是名贵药材和营养品。全世界有时一年可捕捞海龟 3 万吨以上，致使海龟数量越来越少，目前已被列为重点保护对象。

海鸟的种类很多，约 350 种。其中大洋性海鸟约 150 种，比较著名的海鸟有信天翁、海燕、海鸥、鹈鹕、鸬鹚、鲣鸟、军舰鸟等。

（二）海洋哺乳动物

海洋哺乳动物主要是海兽，包括鲸目、鳍脚目、海牛的全部和食肉目中的海獭。在海兽中以鲸类的种类、数量最多，全世界约有 90 种，经济价值最大。人们习惯上把须鲸和抹香鲸等大型鲸鱼称为鲸，而把小型鲸鱼称为海豚。中国的鲸类资源也十分丰富，不仅有大型的蓝鲸、长须鲸、大须鲸、拟大须鲸、黑露脊鲸、抹香鲸，还有大量的海豚，如长江口的白鳍豚，珠江口到厦门海域的中华白海豚等。现在，大小鲸类已属保护对象。

四、海藻资源

海藻是重要的海洋生物资源之一，全世界有 70 多种海藻可供人类食用。海藻的营养价值很高，不仅是人民生活中重要的副食品，又是医药上疗效显著的药材，而且有些是重要的工业原料，有的还广泛地被用做饲料和肥料。全世界海洋中海藻每年的生产量为 1300 亿~1500 亿吨，但为人类所利用的只是其中很少的一部分。在约 4500 种定性的海藻中目前只有 50 种左右被人类广泛利用，可见其资源潜力是非常大的；中国是利用海藻最早且最广泛的国家之一，常见的且经济价值较大的种类有 20 多种。

五、海洋药物资源

（一）海洋药物资源开发现状

人类利用海洋生物作为药物的历史悠久，在中国的《黄帝内经》《神农本草》《本草纲目》中都有海洋药用生物的记载。

目前，在海洋生物中发现可作为药物和制药原料的已达千余种。我国从 20 世纪 80 年代以来，已生产出一批海洋药物，如河豚毒素、鲎试剂、珍珠精母注射液、刺参多糖钾注射液、海星胶代血浆、褐藻淀粉硫酸酯、藻酸双酯钠（PSS）、藻酸丙二酯、甘露醇烟酸酯及人造皮肤等。90 年代以后，利用高新技术研制海洋新药物已成为药用海洋生物资源开发的主流。当前，国际上海洋药物开发的主要方向有以下几个方面：增强机体免疫功能的药物，抗心脑血管疾病的药物，抗风湿、类风湿方面的药物，抗肿瘤药物，抗过敏药物，抗病毒类药物（包括艾滋病药物），防治肥胖和有益健美药物，抗衰老和妇幼保健药物，功能紊乱调节药物（包括抗抑郁，内分泌失调，性功能障碍等），补益类营养保健药物。

（二）海洋生物活性物质的研究与开发

海洋活性物质是存在于海洋生物体内的如海洋药用物质、生物信息物质、海洋生物毒素和生物功能材料等各种天然产物，一般都以微量形式存在。因此，如何获得足够量的活性物质是能否被人类利用的关键。海洋生物活性物质的研究与开发，也就是对上述天然产物的研究与开发。

在海洋生物中存在大量的具有药用价值的活性物质，大致包括以下几个方面。

（1）海产生物毒素。包括河豚毒素、石房蛤毒素、海葵毒素。其中有的是肌肉神经阻滞剂，可作为麻醉药；有的具抗白血病活性，而海葵多肽毒素对心脏、神经均有抑制作用。

（2）抗肿瘤物质。例如，从软体动物中分离出来多肽或蛋白质化合物具有很强的抗肿瘤、抗白血病作用；鲨鱼黏多糖有较强的抗癌作用。

（3）抗真菌、抗细菌和抗病毒物质。从海泥和单胞藻中分离的代谢物及从棘皮动物、被囊动物中分离的化合物具有抗菌作用；海洋真菌的顶头孢菌的代谢产物可制成头孢菌类的抗生素；从被囊动物分离的化合物对病毒则有抑制作用。

（4）具有心血管活性化合物。从海洋生物中可分离出多种具有心血管活性的化合物，例如，从单胞藻、鱼油中分离出多种不饱和脂肪酸（如 EPA、DHA 等）具有防止血小板聚结和心血管硬化的功能。

（5）其他生物活性化合物。当前，应用高新技术分离、提取、纯化海洋生物活性物质是药用海洋生物资源开发的热点，并且已取得可喜的进展。值得注意的是海洋中单胞藻数量大，其生物活性物质的应用潜力很大，但由于其含量在不同的藻种或生命周期各阶段有很大的差异，因此必须使用生物技术（如克隆培育），进行工厂化生产，才能取得更大的经济效益。

第四节　海洋在气候系统中的地位

海洋在地球气候的形成和变化中的重要作用已越来越为人们所认识,它是地球气候系统的最重要的组成部分。20 世纪 80 年代的研究结果清楚地表明,海洋–大气相互作用是气候变化问题的核心内容,对于几年到几十年时间跨度的气候变化及其预测,只有在充分了解大气和海洋的耦合作用及其动力学的基础上才能得到解决。

海洋在气候系统中的重要地位是由海洋自身的性质所决定的。

地球表面约 71% 为海洋所覆盖,全球海洋吸收的太阳辐射量约占进入地球大气顶的总太阳辐射量的 70% 左右。因此,海洋,尤其是热带海洋,是大气运动的重要能源。

海洋有着极大的热容量,相对大气运动而言,海洋运动比较稳定,运动和变化比较缓慢;海洋还是地球大气系统中 CO_2 的最大的汇。上述这些重要性质,决定了海洋对大气运动和气候变化具有不可忽视的影响。

一、海洋对大气系统热力平衡的影响

海洋吸收约 70% 的太阳入射辐射,其绝大部分(85% 左右)被储存在海洋表层(混合层)中。这些被储存的能量将以潜热、长波辐射和感热交换的形式输送给大气,驱动大气的运动。因此,海洋热状况的变化以及海面蒸发的强弱都将对大气运动的能量产生重要影响,从而引起气候的变化。

二、海洋对水气循环的影响

大气中的水气含量及其变化既是气候变化的表征之一,又会对气候产生重要影响。大气中水气量的绝大部分(86%)由海洋供给,尤其低纬度海洋,是大气中水气的主要发源地。因此,不同的海洋状况通过蒸发和凝结过程将会对气候及其变化产生影响。

三、海洋对大气运动的调谐作用

因海洋的热力学和动力学惯性使然,海洋的运动和变化具有明显的缓慢性和持续性。海洋的这一特征一方面使海洋有较强的"记忆"能力,可以把大气环流的变化通

过海–气相互作用将信息储存于海洋中，然后再对大气运动产生作用；另一方面，海洋的热惯性使得海洋状况的变化有滞后效应，例如海洋对太阳辐射季节变化的响应要比陆地滞后 1 个月左右；此外，通过海气耦合作用还可以使较高频率的大气变化（扰动）减频，导致大气中较高频变化转化成为较低频的变化。

四、海洋对温室效应的缓解作用

海洋，尤其是海洋环流，不仅减小了低纬大气的增热，使高纬大气加热，降水量亦发生相应的改变，由于海洋环流对热量的向极输送所引起的大气环流的变化，还使得大气对某些因素变化的敏感性降低。例如大气中 CO_2 含量增加的气候（温室）效应就因海洋的存在而被减弱。

海洋是地球上决定气候发展的最主要的因素之一。海洋本身是地球表面最大的储热体，海流是地球表面最大的热能传送带。海洋与空气之间的气体交换[其中最主要的有水气、CO_2 和甲烷（CH_4）]对气候的变化和发展有极大的影响。

海洋是许多动植物的生活环境。海洋中的绿藻是大气层氧气的主要生产者之一。热带珊瑚礁是地球上物种最丰富的生态系统（甚至比热带雨林还丰富）。人类至今对于深海生物的了解仍知之甚少。海洋拥有许多陆地上没有的动植物种类，且种类数量比陆地繁多，而且海洋内仍有相当多未被发现的生物品种。

第五节　海洋生物多样性的利用和保护

一、海洋生物多样性的利用

迄今，辽阔的海洋已为人类提供了多种多样的食物、药品以及工业材料等。

（一）食物

人类虽然在陆地上安居，但却消耗着大量的海洋鱼类、无脊椎动物和藻类。根据联合国粮农组织的报告，2009 年全球海洋总的渔获量（包括鱼类、甲壳类、软体动物和藻类）已达 1.45 亿吨，成为世界上动物蛋白的最大来源。值得注意的是，海上养殖（包括人工养殖和半人工养殖）已占海洋渔业总产量超过一半，并且正以每年7%的速度增长，大大高于捕捞渔获量的增长速度。

目前，被人们直接食用的鱼、虾、贝、藻等的种类仅占海洋生物总物种数量很小的一部分。海洋生物多样性为我们提供了广阔的开发利用前景。

（二）医药材料

人类利用海洋生物作为药物治病已有千年以上的历史。自公元前 300 年起，中国和日本就用海藻来治疗甲状腺肿大和其他腺体病，罗马人用海藻来治愈伤口、烧伤和皮疹，英国人用紫菜预防长期航海中易得的坏血病，食用角叉藻治疗各种内紊乱病。但是直到 1950 年，人们在一种荔枝海绵提取物中发现了一些自然形成的阿拉伯糖苷化合物，才激发了从海洋中寻找药物的兴趣。目前从海洋生物中已经发现具有重要生理及药理活性的化合物就达上千种，中国近海已发现具有药用价值的海洋生物有 700 多种。

（三）工业材料

海洋生物的工业用途最早是从海藻开始，17 世纪的法国科学家从褐藻灰分中提取钠盐（苏打）和钾盐（钾碱）。随后，又从海藻的分解过程中获得了碘和可用于爆破的丙酮溶剂。甘露醇等亦是海藻工业中的主要产品之一。

藻胶主要是从红藻和褐藻中提取的多糖产物。其中琼脂是从红藻中的石花菜、江蓠中提取的。琼脂可以直接食用，同时作为食品保护剂、固定剂或作为啤酒、葡萄酒和咖啡生产中的澄清剂，又可以用琼脂代替淀粉制备糖尿病人的食物。更重要的用途是作为微生物的培养基基质等。螺旋藻能直接作为"绿色食品"供人类食用，因其含有 60%～70% 的蛋白质（并由几百种的蛋白质组成），所含 18 种氨基酸中有 8 种是人体所必需的。从螺旋藻中分离出的"拟生长因子"（GFL）可以强烈刺激人体细胞增长；螺旋藻经过特殊诱变，可以大幅度增强 SOD（Superoxide Dismutase，超氧化物歧化酶）的合成，从而清除自由基，保护细胞 DNA、蛋白质，防止癌变和衰老；从螺旋藻中提纯的藻蓝蛋白可以提高机体免疫力；螺旋藻中维生素种类丰富，其中维生素 B_{12} 的含量是已知生物体中含量最高的，胡萝卜素含量比胡萝卜内的含量还高十倍以上，为维生素 A 的前体，同样可以抑制自由基，抑制癌症和肿瘤的发展；螺旋藻多糖可以提高淋巴细胞的活性，增强机体免疫力；还有易被人体吸收的多种微量元素和矿物质，能有效调节机体生理平衡及酶的活性。

从甲壳类（虾和蟹等）动物的外壳中提纯的甲壳胺及其衍生物已在诸如化工、贵重金属提取及污水处理等很多领域内得到广泛的应用，尤其在饮料和药物制剂方面更为突出，用它制造的人工皮肤对各种创伤面具有镇痛、不过敏、无刺激、无排异、贴敷性较好和治疗时间明显缩短等优点。

斯里兰卡、菲律宾、印度尼西亚和波利尼西亚等一些岛屿国家，广泛利用活珊瑚、珊瑚石、珊瑚沙等作为重要的建筑材料。

随着海洋科学研究的深入，还将会有更多的海洋生物物质被不断的开发利用。

二、海洋生物多样性对海洋环境和调节全球气候的作用

海洋生物的生理过程对海洋环境的变化起作用。全球大气中 CO_2 含量上升，使海洋表层溶解碳的浓度提高了 2%，但仍没有深层水高。这是因为浮游动物捕食及其有机组织（有些种类是碳酸钙质贝壳）下沉而造成的。可以想象，如果海洋浮游植物全部消失而海洋环流依旧，那么，在相当短的时间里，大气中的 CO_2 的水平将迅速增加至目前的 2～3 倍，因为深海水会再回到表层并向大气内释放 CO_2。正是由于海洋生物有"生物泵"作用，从而阻止了上述现象的发生。在生产力最高的一些海域，如陆架、大陆坡上升流区以及辐散区（如赤道和近极区）等，往往也是"泵"工作最艰苦的区域。

珊瑚礁、红树林、海草等群落，不仅丰富了海洋生物多样性，支持着重要的食物网，增加了海洋生态系统中的能量流动。同时，还能缓冲风暴潮及狂浪的冲击，保护了岸滩，而且具有造陆的贡献。在印度洋，西太平洋的许多群岛，如马尔代夫群岛、土阿莫土群岛及马绍尔群岛等，都是通过造礁珊瑚和富含钙质的藻类，如仙掌菜等共同形成珊瑚礁。

三、海洋生物多样性面临的威胁

在漫长的岁月里，海洋生物不断遇到非生物环境变化的挑战。人类活动大大增加了环境变化的强度、速度，并且造成难以恢复或无法逆转的后果。强烈的环境变化必然威胁到物种的生存。

海洋生物多样性面临的威胁最初来自人类活动最高密集的河口和沿岸近海水域，但是现今人类活动已遍及海洋各处，当今物种和生态系统所受到的威胁已达到最为严重的程度。

（一）过度利用

人类为从海洋中获取食物、药品、原材料等而大量捕捞海洋生物。具商业价值的海洋生物在很多地区被过度捕捞。过度捕捞不仅损害物种规模，而且会引起物种遗传上的变化，改变与捕食动物、共生者、竞争者和捕食动物之间的生态关系。目前全球的海洋水产捕捞业不仅过度捕捞诸多目标鱼类和无脊椎动物，非有意捕捞也捕杀了大

量无脊椎动物、鱼类、海龟、海鸟和海洋哺乳动物。许多海洋动物一旦被大量捕捞后就难以恢复，地中海海豹等物种已近灭绝边缘，加勒比海水獭和大海雀也大受其害。无脊椎动物中的海绵动物、腔肠动物中的珊瑚类、软体动物中的珠母贝、夜光蝾螺和鲍类，以及海洋植物中的红树林，在不同国家的局部海域内同样受到过度利用，一些物种濒临灭绝。

（二）海域自然条件改变

填海造地、采伐红树林、海岸河口筑堤、海滩挖沙、采矿和石油天然气的开发等都严重地改变了局部海域的自然环境，使海洋生物承受巨大的环境压力。所有这些人为活动对海洋生物多样性的损害作用往往是多方面的。

（三）海域污染

海域污染主要来自城市生活和工业废弃物、农业上过量的化肥和农药的排放以及航运业的排入。近 20 年来，大规模发展起来的海水养殖业，同样对海洋生态环境产生严重影响。此外，空气中传送有害物质将危及海域。噪声污染对海洋哺乳动物也产生了威胁。

（四）海洋污染

海洋污染是海洋环境一个突出的问题。1982 年《联合国海洋法公约》对海洋污染定义为："人类直接或间接把物质或能量引入海洋环境，其中包括河口湾，以至造成或可能造成损害生物资源和海洋生物，危害人类健康、妨碍包括捕鱼和海洋其他正当用途在内的各种海洋活动、损坏海水使用质量和减轻环境优美等有害影响。"按此定义，海洋污染物指的是污染海洋的物质或能量。如石油及其炼制品、重金属、农药、放射性物质、热废水、固体废弃物、病原生物等。

由于海洋空间广阔，而致有观点盲目认为海洋有无限的自净能力，进而有意识地向海洋倾废。但是进入 21 世纪之后展开的海洋科学研究证明，海洋环境也是强度有限的生态系统，因为海洋互相沟通，动力因素极其复杂，局部的海域污染也可能逐渐波及全球，甚至可能对全球生态环境产生长期危害。

为了避免污染物对全球生态环境产生长期危害，应逐步过渡为科学倾废。初级阶段，人们关心的是污染物在海洋环境中的含量及其迁移、转化和存在形式。此外，还应注意污染物与海洋生物学过程的关系，从生物地球化学的角度宏观地观察污染物的迁移、转化和归宿，从污染物的长期慢性效应观察生物的生化、生理、细胞、个体、种群、群落生态对污染物的反应及作用。因为废弃物在海洋中的分布、归宿与影响受物理、化学和生物过程的制约，这些过程改变了污染物的浓度、化学形态、生物利用率或毒理学效应。因此，充分理解生物过程的重要性，包括微生物反应、生物地球化学循环以及污染物对海洋生态系中重要生态成分的生物效应，是预测废弃物排放对海洋环境影响的关键。

（五）海域外来物种入侵

海域外来物种是指由人类活动有意或无意引入在某海域历史上从未出现过的物种。外来物种具有竞争性、捕食性、寄生性和防卫性。物种侵入有可能导致海域自然生物群落的根本变化，再加上寄生虫和疾病的影响，所造成的经济和社会后果是严重的。如引入西大西洋的栉水母已对亚速海和黑海的渔业造成严重影响。

（六）全球气候变化

据估计，由于温室气体的增加，地球平均温度在下一世纪将增加 $1 \sim 3℃$，温室效应改变了地球表面热量分布，也将改变海洋环流、降水和风暴路径。海水温度的上升将引起水体膨胀，冰川融化，从而使海平面上升，继而引起海岸带生态系统向陆地后退，直接影响全球海洋海岸带的生物多样性。海面上升也将损害岛屿生态系统，甚至给一些海岛国家带来灭顶之灾。全世界的盐沼、红树林、珊瑚礁等生态系统亦将随着海平面上升而遭到严重破坏。再者随着全球变暖，浮游生物生态类型的分布必将改变，有可能向极地移动，从而影响全球海洋生态系统的格局，或在世界范围内重组海洋生态系统。

四、海洋生物多样性保护

海洋生物多样性是人类赖以生存的宝贵财富，人类开发利用海洋生物资源应该遵循可持续发展的原则。必须清醒地意识到：海洋生物物种是海洋生物物种多样性的基本单位（成分），只有在种群间得到自然平衡，物种和物种多样性才能持续发展；海洋环境多样化是丰富海洋生态系统多样性的重要基础，生物与环境之间都必须依靠对方的正常运转，才能保持生态系统平衡而得以持续发展；为了当代人类的受益，更是为了造福于后代子孙，必须采取保护海洋生物多样性的对策。海洋生物多样性保护是全球海洋国家共同的任务，只有通过国际或地区合作、交流、共享信息技术，才能使海洋生物多样性保护收到更大的成效。

第二章　人类与海洋

教学目标：

- 了解人类与海洋的关系
- 知道海洋资源开发可能导致的各种问题
- 探讨海洋资源开发与利用的可能方式

海洋对自然界、对人类文明社会的进步有着巨大的影响，人类社会发展的历史进程一直与海洋息息相关，人类的文明与进步直接受益于海洋。海洋是生命的摇篮，它为生命的产生于进化提供了条件；海洋是风雨的故乡，它在控制和调节全球气候方面发挥有重要的作用；海洋是资源的集合，它为人们提供了丰富的食物和无穷尽的资源；海洋是交通的要道，它为人类从事海上交通，提供了经济便捷的运输途径；海洋是现代高科技研究与开发的基地，它为人们探索自然奥秘、发展高科技产业提供了空间。

在人类进入 21 世纪的今天，海洋作为地球上的一个特殊空间，无论是它的物质资源价值还是政治经济价值，都远远超出人们原有的认识。人们对海洋的需求不再只是渔盐之利、舟楫之便了。科学技术的高速发展，使人类有条件以进军姿态走向海洋。

【**案例**】*海豚湾——没有需求就没有供给*

《海豚湾》是一部拍摄于 2009 年的纪录片，由路易·西霍尤斯执导，里克·奥巴瑞主演，该片记录了日本太地町当地的渔民每年捕杀海豚的经过。影片 2009 年 7 月 31 日在美国上映。2010 年 3 月 7 日，美国第 82 届奥斯卡金像奖把最佳纪录长片奖颁给了《海豚湾》，环保人士对此欢欣鼓舞，然而该片所反映的海豚捕杀之地日本太地町却愤怒了。

在日本本州岛最南部的和歌山县，有个叫"太地町"的小村镇，面朝太平洋，三面悬崖高耸。5.96 平方千米的镇上，住着约 3600 名居民，其中约 1/3 从事捕鱼业。

表面上看，小镇处处标榜着对鲸类动物的喜爱：镇中心树立着微笑的鲸鱼模型，渡船采用海豚的造型，地上石板印有拟人的海豚形象，镇上还有专门供奉鲸灵的寺庙……这里包装得好像一个主题公园；然而背后，却暗藏杀机。

17世纪初的江户时代，太地町的渔民们发明了长矛捕鲸法，"鲸鱼镇"太地町成为日本传统捕鲸法的发源地。到了现代社会，捕鲸仍是当地居民的重要收入来源。1986年，国际捕鲸委员会颁布了禁止商业捕鲸令，但一年后，"以研究为目的"的"限量捕鲸"行为仍然存在，而且日本的海豚和小鲸捕杀量增长了3倍。每年，平均有2.3万头海豚被日本"合法"围杀。光是在小小的太地町，就要"处理"1500多头海豚。

日本国内约有近80家水族馆，其中近半数的园馆饲养着鲸类。被抓来的海豚通常在两年里都会死去。而落选的海豚，成了市民的盘中餐。每年有5000吨海豚肉出现在日本市场上，大多数普通市民却根本不会想到，自己吃的是海豚肉，因为包装上写的是鲸鱼肉。

拍摄到的画面让摄影团队彻底震惊了。屠杀开始后，蓝绿的海水瞬间变成令人触目惊心的红色，亲眼看着孩子、父母被屠杀，海豚的哀叫从有到无，最后只剩下日本渔民的谈笑风生和海豚的尸体在水中漂浮。

第一节　人类对海洋的认识、开发与利用发展史

从海洋科学的诸多领域发展历史来看，所经历的是一个猜测、试错、推翻的不断循环渐进的过程。经过20世纪80、90年代的"海洋大科学"研究，尤其是全球海洋观测系统，海洋科学钻探、热液海洋过程及其生态系统、海洋生物多样性、海岸带综合管理科学等多领域的研究发展，海洋科学技术发展为一个庞大的学科群。同时，人们也越来越认为该学科群是解决人类面临巨大的人口、资源和环境压力以及全球变

暖、"厄尔尼诺"现象等世界性问题困扰的金钥匙。由此，海洋科学技术成为21世纪最具活力，最有发展前途和热点的科学技术之一。

一、人类对海洋的早期的观测、研究（18世纪以前）

古代人类在生产活动中不断积累了有关海洋的知识，也得出了不少出色的见解。公元前7至公元前6世纪，古希腊的泰勒斯认为大地是浮在茫茫大海之中。公元前4世纪古希腊的亚里士多德，在《动物志》中已描述和记载了爱琴海的170余种动物。当然，对海洋更多的了解，还是从15世纪资本主义兴起之后。在被称为"地理大发现"时代的15—16世纪，意大利人哥伦布于1492—1504年4次横渡大西洋到达南美洲；葡萄牙人达·伽马于1498年从大西洋绕过好望角经印度洋到印度；1519—1522年葡萄牙人麦哲伦完成了人类第一次环球航行。此后，1768—1779年英国人库克进行了4次海洋探险，首先完成了环南极航行，并最早进行了科学考察，获取了第一批关于大洋深度、表层水温、海流及珊瑚礁等资料。

这一时期的许多科技成就，有的直接推动了航海探险。如1567年鲍恩发明计程仪，1569年墨卡托发明绘制地图的圆柱投影法，1579年哈里森制成当时最精确的航海天文钟，1600年吉伯特发明测定船位纬度的磁倾针等；有的则为海洋科学分支奠定了基础，例如，1673年英国人玻意耳发表了他研究海水浓度的著名论文，1674年荷兰人列文·虎克在荷兰海域最先发现海洋原生动物，1687年英国人牛顿用引力定律解释潮汐，1740年瑞士人贝努利提出平衡潮学说，1770年美国人富兰克林发表湾流图，1772年法国人拉瓦锡首先测定海水成分，1775年法国人拉普拉斯首创大洋潮汐动力理论等。

在人类早期认识海洋的历史中，中国作出了巨大贡献。公元前4世纪时，中国先民已能在所有邻海上航行。早在2000多年以前，已发明指南针，且至少在1500年以前就将其应用于航海，从而使人们更能远离海岸涉足重洋。至汉朝，中国不仅陆路通西域，海路也通东亚日本、南亚印度尼西亚、斯里兰卡和印度，甚至远达罗马帝国。1405—1433年，郑和先后率船队七下西洋，渡南海至爪哇，越印度洋到马达加斯加，堪为人类航海史上的空前壮举。12世纪时中国的指南针经阿拉伯传入欧洲，促进了欧洲的远洋航行探险。

关于我国人民对于海洋知识的认识，在《诗经》中，已有"朝宗于海"的记载，《尔雅》中还有关于海洋动物和海藻的文字。公元1世纪时，王充已明确指出潮汐与月相的相关性。8世纪时窦叔蒙的《海涛志》，进一步论述了潮汐的日、月、年变化周期，建立了现知世界上最早的潮汐推算图解表。11 世纪燕肃在《海潮论》中分析了潮汐与日、月的关系，潮汐的月变化以及钱塘江涌潮的地理因素。在宋代，已开始养殖珍珠贝。《郑和航海图》中不仅绘有中外岛屿 846 个，而且分出 11 种地貌类型。1596 年屠本峻撰成区域性海产动物志《闽中海错疏》。蜿蜒于我国东部和东南沿海的海塘，工程雄伟，堪与长城、大运河相比。

二、海洋科学的奠基与形成（19—20 世纪中叶）

这一时期的特点，既表现在海洋探险逐渐转向为对海洋的综合考察，而更重要的标志是海洋研究的深化、成果的众多和理论体系的形成。

在海洋调查方面，著名的事件有：达尔文随"贝格尔"号 1831—1836 年的环球探险；英国人罗斯 1839—1843 年的环南极探险；特别是英国"挑战者"号 1872—1876 年的环球航行考察，被认为是现代海洋学研究的真正开始。"挑战者"号在三大洋和南极海域的几百个站位，进行了多学科综合性的观测，后继的研究又获得了大量的成果，从而使海洋学得以由传统的地理学领域中分化出来，逐渐形成为独立的学科。这次考察的巨大成就，又激起了世界性的海洋调查研究热潮。在各国竞相进行的调查中，德国"流星"号 1925—1927 年的南大西洋调查，因计划周密、仪器新颖、成果丰硕而备受重视。"流星"号的成就，又引发挪威、荷兰、英国、美国、苏联等国先后进行环球航行探险调查。这些大规模的海洋调查，不仅积累了大量的资料，而且也观测到许多新的海洋现象，还为观测方法本身的革新准备了条件。

在海洋研究方面，重要成果很多。英国人福布斯在 19 世纪 40—50 年代出版了海产生物分布图和《欧洲海的自然史》，美国人莫里 1855 年出版《海洋自然地理学》，英国人达尔文 1859 年出版《物种起源》，它们分别被誉为海洋生态学、近代海洋学和进化论的经典著作。在海洋化学方面，迪特玛 1884 年证实了海水主要溶解成分的恒比关系。在海流研究方面，1903 年桑德斯特朗和海兰·汉森提出了深海海流的动力计算方法，1905 年埃克曼提出了漂流理论。海洋地质学方面，英国人默里于 1891 年出版了《深海沉积》一书。特别是斯韦尔德鲁普、约翰逊和福莱明合著的《海洋》（The Oceans）一书，对此前的海洋科学的发展和研究给出了全面、系统而深入的总结，被誉为海洋科学建立的标志。

专职研究人员增多和专门研究机构的建立，也是海洋科学独立形成的重要标志。1925 年和 1930 年，美国先后建立了斯克里普斯和伍兹霍尔两个海洋研究所；1946 年苏联科学院海洋研究所成立；1949 年，英国成立国立海洋研究所等。

三、现代海洋科学时期（20世纪中叶至今）

第二次世界大战对海洋科学有很大的影响，一方面是"军用"学科迅速发展，但另一方面，也延缓了"非军用"学科的发展，战后海洋科学又得以恢复和迅速发展，遂进入现代海洋科学的新时期。

虽然早在1902年就成立了第一个国际海洋科学组织——国际海洋考察理事会（ICES），但大多数组织，包括政府间组织和民间组织，则成立于第二次世界大战之后。政府间组织以1951年建立的世界气象组织（WMO）和1960年成立的政府间海洋学委员会[简称海委会（IOC），隶属于联合国教科文组织（UNESCO）]为代表。民间组织如国际物理海洋学协会（IAPO）于1967年改为国际海洋物理科学协会（IAPSO），1957年成立海洋研究科学委员会（SCOR），1966年建立国际生物海洋学协会（IABO），国际地质科学联合会（IUGS）也下设海洋地质学委员会（CMG）等。

这期间，海洋国际合作调查研究更大规模地展开，如国际地球物理年（IGY，1957—1958）、国际印度洋考察（IIOE，1957—1965）、国际海洋考察10年［IDOE，1971—1980），包括6个分计划31项活动］、热带大西洋国际合作调查（ICITA，1963—1964）、黑潮及邻近水域合作研究（CSK，1965—1977）、全球大气研究计划（GARP，1977—1979，第1次全球试验FGGE及4个副计划）、世界气候研究计划（WCRP，1980—1983，包括4个子计划）、深海钻探计划（DSDP，1968—1983）。在1980年以后，有关机构又提出了多项为期10年的海洋考察研究计划，如世界大洋环流试验（WOCE）、大洋钻探计划（ODP）、全球海洋通量研究（JGOFS）、热带大洋及其与全球大气的相互作用（TOGA）及其组成部分热带海洋全球大气耦合响应试验（TOGA-COARE）。1993年决定实施的气候变化和可预报性研究计划（CLIVAR），为期15年，而1994年11月正式生效的《联合国海洋法公约》，则涉及全球海洋的所有方面和问题。

这期间各国政府对海洋科学研究的投资大幅度地增加，研究船的数量成倍增长。20世纪60年代以后，专门设计的海洋研究船，性能更好，设备更先进，计算机、微电子、声学、光学及遥感技术广泛地应用于海洋调查和研究中，如盐度（电导）–温度–深度仪（CTD）、声学多普勒流速剖面仪（ADCP）、锚泊海洋浮标、气象卫星、海洋卫星、地层剖面仪、侧扫声呐、潜水器、水下实验室、水下机器人、海底深钻和立体取样的立体观测系统等。

短短几十年的研究成果早已超出历史的总和，重要的突破层出不穷。板块构造学说被誉为地质学的一次革命。海底热泉的发现，使海洋生物学和海洋地球化学获得新的启示。海洋中尺度涡旋和热盐细微结构的发现与研究，促进了物理海洋学的新进展。大洋环流理论、海浪谱理论、海洋生态系、热带大洋和全球大气变化等领域的研究都获得突出的进展与成果。大量科研论著面世，令人目不暇接，特别是一些多卷集系列著作，如海尔主编的《海洋》（The Sea）、莫宁主编的《海洋学》（Океанология）等，堪称为代表性著作。

四、海洋开发与利用的未来

当今世界，人口激增，耕地锐减，陆地资源几近枯竭，环境状况渐趋恶化。众多的有识之士把目光再次投向海洋。一些国家相继制定了 21 世纪的海洋发展战略，许多知名的科学家、政治家异口同声地称 21 世纪为"海洋科学的新世纪"。联合国及有关国际组织，也更加关注海洋事务。全世界面临的人口、资源、环境三大问题，几乎都可以从海洋中寻求出路，海洋科学则是架设在它们之间的桥梁。海洋科学在历经古代、近代和现代的发展之后，必将迎来一个更为辉煌的新时代。

第二节　海洋开发与海洋环境

【专题阅读】翰·格里蒙德：海洋状态堪忧，罪魁祸首就是人类[1]

人类自海而来，尽管现在，海底已不是我们生存发展之地，但人类和海洋的密切关系却不曾改变。

海面和近海水域，人类活动的影响日益显著，因为 90% 的海洋生物都聚集在此。这种现象也是不足为奇的。人类已经改变了地貌和大气，如果说海洋还没有受到影响那就太奇怪了，何况几百年来海洋都是食品仓库、运输方式、垃圾处理场，近来又成为休闲娱乐场所。证据不胜枚举：人们原先认为，鱼类是我们取之不尽的食物，但现在，几乎全世界的鱼类资源都呈下降趋势。大型肉食性鱼类锐减 90%（包括金枪鱼、旗鱼、鲨鱼等），河口和近海水域的大型鲸鱼减少了 85%，小型肉食性鱼类也少了近 60%。确实，信天翁、海象、海豹、牡蛎……这些最常见的海洋生物数量锐减，更难计数。而这种情况是最近几个世纪才开始的。

珊瑚礁是海洋中生物最丰富、生态系统最多样的地方，因而被喻为"海洋热带雨

---

1 The Economist. Troubled waters , Dec 30th 2008.

林"，但它却是破坏最严重的地区。过去，大鱼往往栖居于此，因此，它就吸引了大批渔民，为了捕获猎物，人类可以不择手段，各种工具无所不用其极，包括炸弹。现在未遭受人类破坏的珊瑚礁大约只剩5%，被完全破坏的占到1/4，但所有的珊瑚礁在全球气候变暖上都是不堪一击的。

就算是只针对个体，这些情况就已经很棘手了，但所有这些却存在联系，而且往往是相互促进。在整个食物链中，一旦有一个物种遭到破坏，那么上下层结构都因此发生连锁改变。生态多样性源于相互依赖，然而近几十年来人类对其冲击太巨大，以致海洋生物的自然平衡遭到破坏的情况比比皆是。

自然共同体条件下，人是自然的一部分，就像海洋是地球的一部分一样。首先，存在于自然共同体中的人，必须适应和顺从自然界的变化才能生存。在海岸带生活的人类逐渐了解海洋特性并学会从海洋中获取生存资料。其次，在个体智力和体力都无法与环境（特别是恶劣的海洋环境）抗衡时，必须依赖群体的力量才能保持种群的存在。由于人的身体结构决定了体力和速度在自然界中并不具有绝对优势，因此，按照达尔文的"进化论"观点，大脑智力进化解决种群困境成为生存竞争的自然选择。最后，人学会了利用和制造工具（包括在海上活动的舟楫），驯服动物，学会利用海洋和自然的规律，越来越高于一般生物的存在，成为自然界中最具灵性的高级动物，同时也逐渐散发出"能动性"的光辉。16世纪"新航路"开辟后，海上贸易得到极大发展，商品流通开始向世界范围扩大，人与人的交往打破了封建社会的地域限制，海洋对于改变人类生活和世界历史发挥了前所未有的作用。沿海国家的海权争夺也由此拉开序幕。人类的一切活动都围绕对人的有用性，满足人的需要进行，神圣的自然（海洋）丧失了独立存在的地位、价值和意义，被视为"支撑和满足人类生存发展的资源"，并且在本质上与道德无关，是可以任由人处置的存在物。确切地说，自然（海洋）成为某个人、某个群体的私有财产或者整个人类的公有财产。在与海洋的关系中，人开始把海洋当成资源的无偿提供者、陆地废弃物的接纳者，人类掠夺式地从海洋索取一切生存资源，从不考虑海洋的承受力和永久的未来。人与海洋成为一种赤裸裸的消费关系。自然（海洋）已经被人类活动和占有方式从空间上割裂成碎片，不再具有整体连续性，而人类则由于交通、通信的发达和生产社会化程度的提高，日益成为联系紧密的整体。正是在这样的条件下，海洋出现了危机、资源被肆意滥采，近海渔业资源枯竭，赤潮频繁发生，海岸湿地生物种类锐减，海洋灾害频发。人类赖以生存的海洋生态系统悄然变得越来越不适应人类的生存发展。由于社会共同体中把海洋当成异己的对象进行掠夺为人所用，海洋以自身特有的方式报复了人类，并危及人类生存，于是，人们不得不思考人类的可持续发展与海洋可持续存在的内在联系。

可持续发展思想就是把人和海洋等自然环境看成一个有机的生态共同体。人们终于意识到自己的本质和地位，看到了海洋、自然和其他物种的存在及价值。承认世界的多样性，对自然（海洋）和其他物种给予应有的尊重，并与之保持和谐的关系，这就是生态共同体。

沿海地区，区域经济高速发展，工矿企业发达，交通运输繁忙，城镇人口剧增，逐渐形成了一大批"城市群"。依托且服务于城市群的蔬菜林果业、各种企业、水产养殖、加工业以及旅游观光业等应运而生、蓬勃发展。交通运输的需要，激发了各地开辟和扩建港口的热情，近海海底油气田的开发也加快了步伐。然而，在沿海区域百业繁荣的同时，也出现了污染海洋环境的新问题，不仅范围不断扩大，程度也日益加重、影响日益深远，引起了世界范围内人们的极大关注。

一、海洋环境损害与污染

（一）海洋环境损害的类型
海洋环境损害的类型主要有以下几项。

1. 盲目填海造地
沿海城镇人口膨胀，土地价值激增，于是竞相"与海争地"。据估算，填海现已使我国原有的海岸线长度，减少了 3000 千米以上。许多不合理的填海，破坏了原有海湾的水动力环境和生态环境，导致岸滩游移多变和生态平衡失调，例如海南岛对红树林的破坏，福建填海对文昌鱼栖息环境的影响等。

2. 违规海洋工程
未经科学论证而匆忙兴建的海洋工程，往往带来意想不到的环境损害，最常见的是造成新的航道淤积、海岸冲刷后退、破坏鱼虾贝藻栖息繁育场所等。

3. 滥采沙石，乱伐防护林
如我国辽宁旅顺的砾石堤，由于过度开采，已经引起岸线不断后退。海南岛东岸和南岸，滥采滨海钛、铁，危及海滩和沙堤。

4. 酷渔滥捕
早在 1920—1935 年间，日本渔轮对渤、黄海的真鲷酷渔滥捕，导致资源破坏，至今未能恢复。近年来中国沿海渔船越来越多，因此马力越来越大，网眼越来越小，捕捞时间越来越长，频率越来越高，总捕获量越来越多，捕获鱼龄却越来越小。已经造成重要渔业资源的严重衰退甚而破坏。如大黄鱼、小黄鱼、鳕鱼、真鲷、太平洋鲱鱼、带鱼、墨鱼等，单种鱼类的捕获量，比历史最高水平下降了四到九成。炸鱼、电鱼、毒鱼等破坏性事件，也时有发生。

5. 不合理的养殖

为追求增产，盲目扩大养殖面积，提高养殖密度，加大施肥强度，造成养殖环境失调，引发病害，甚至酿成"人为赤潮"。

（二）海洋环境污染的类型

海洋环境污染的主要类型有以下几类。

1. 陆源性污染

随着沿海城镇和工业的发展，中国沿海排放入海的工业污水和生活污水逐年递增，年排放量已不下 80 亿吨。东海沿岸排放量最大，环渤海、黄海和南海北部沿岸也与日俱增。除污水排海之外，城市垃圾、工矿业废渣等倾倒入海也是很大的污染源，城郊农业化肥、农药的残渣废液和塑料污染，亦不容忽视。由于上述诸因素的作用，在渤海的辽河口、锦州湾、渤海湾和莱州湾，黄海的大连湾、胶州湾，东海的长江口、杭州湾以及浙南至闽东沿岸，已成为严重污染区。南海的珠江口、粤西和海南岛沿岸，污染也日趋严重。

陆源污染中，主要为有机污染和重金属污染，重金属污染主要指汞、镉、铅等重金属。中国的长江、珠江、鸭绿江等排汞入海的污染源有 60 多处。据测算，排入四个海区的汞，以东海的量最多，又以长江口至杭州湾一带的浓度为最高，其次是渤海的辽东湾。镉也主要是由江河携带入海的，如珠江、长江、滦河等 60 多处形成了排镉入海的污染源；镉的入海总量以南海最多，平均浓度又以南海北部某些海域居高。中国沿海铅的主要污染源多达 80 余处，入海途径亦主要靠河流携运；排入量以南海最多，珠江口的平均浓度最高，其次在粤西沿岸。此外，在浙江南部沿岸也曾出现过高浓度的铅污染。

中国沿海有机物污染源较多，可达 150 多处，主要入海形式也靠江河携运。衡量各种有机物的污染程度，通常用化学需氧量（COD）作为指标。据测算，辽河口的 COD 最高。就海区平均而言，渤海居四个海区之首，其中又以莱州湾居三个海湾之冠。

2. 海洋石油污染

其主要途径来自：海底石油、天然气的勘探和开发生产；往来穿梭的船舶排放含油污水；大型油轮的事故泄油；新兴的拆船业也造成相应的石油污染。

（三）海洋污染的危害

海洋污染的直接受害者，主要是海洋生物。例如石油污染，在海面扩散成油膜，既遮拦阳光辐射，影响海洋植物的光合作用，又阻碍了海–气交换，导致大面积海水缺氧，进而危及海洋动物。再者，油膜和油块还会粘堵鱼鳃、粘连鱼卵及幼鱼，既能导致窒息死亡，也可能使幼鱼致畸变异。重金属和有机物的污染，不仅使潮间带的生物类群种数剧减，甚至累及附近的海鸟与海兽。此类现象在营口、锦州、塘沽、羊角沟、大连、青岛及浙、闽沿岸时有所闻。赤潮频发危害也很大，可使水产养殖大幅度减产甚至绝产。人类自己有时也成为海洋污染的直接受害者，如溢油污染海滨浴场，引发入浴者的过敏或皮炎病等。

海洋污染的间接受害者当然是人类自己。水产养殖的锐减或绝产，经济损失动辄以十万元计屡见不鲜。鱼、虾、蟹类的远遁或减产，又使捕捞费用剧增，引发售价上涨，必然再累及广大消费者。食用了富集污染物的水产品，人体当然要受害，例如经检测发现，渤海、黄海沿岸渔民头发中的汞、镉等重金属的含量，远远高于内陆地区居民群众。因误食被污染的蚶、蛤、鱼类而致中毒或染病的事件，也屡有报道，通过食物链而富集某些致癌物，对人类的危害更严重。

（四）海洋污染的治理

"海涵"寓意量大，缘于海水之众；海洋又具有物理自净能力，也容易使人们过高地估计海洋的纳污能力。然而事实教育了人们，纳污的"海涵"是有限度的。对于特定海域而言，它所能容纳的污染物质的总量更有限度，一旦超过了这个最大负荷量，再回头去治理，就比治理陆地上和大气的污染还要困难得多。其原因在于，海洋污染的治理，需要的周期更长、技术更复杂、投资也更多，而且还不容易收到预期的效果。

治标不如治本。因此，要治理海洋污染，首先要抓好对污染源的治理。随着各国将发展的目光投向海洋，公共危机也不断向海洋集中。海洋危机管理的研究显得愈加重要和紧迫，由于海洋的流动性、整体性、广阔性等特点使海洋危机治理比一般公共危机治理的难度更大。海洋是全人类的海洋，不可分割，海洋危机治理的有效途径是加强国际合作，集合全球力量共同应对海洋公共危机。

二、海洋生物资源的持续开发利用

（一）合理开发利用海洋生物资源

在自然界中一切能为人类所利用的自然要素就是自然资源，海洋生物资源属于自然资源中的生物圈资源，其重要特征是具有可更新性，如果合理利用，便可以保持生物资源的生态平衡。滥捕和捕捞过度，是引起许多重要海洋生物资源下降的原因。世界上许多传统性经济鱼类，都因过度捕捞而日趋衰竭。中国近海渔业资源也遭受到严重的破坏，特别是近海渔业资源从 20 世纪 60 年代后期起就开始衰退。带鱼从年产量 100 多万吨降到 50 万吨左右，小黄鱼几乎不见，大黄鱼产量不足 3 万吨。由于大规模的底拖网，导致了网眼越来越小，有价值的鱼获越来越少的恶性循环。现在，黄海的带鱼和小黄鱼，已形不成渔汛。东海的大黄鱼和带鱼，产量大幅度下降。

保护海洋生物资源，使人类可持续利用，一方面必须加强海洋渔业环境保护，尽量预防和消除海洋环境污染；另一方面就是做到合理捕捞，既要使人类捕捞的产量达到最大，又要使海洋生物资源有所增长。

（二）实现海洋农牧化

所谓海洋农牧化就是像陆地农业种植庄稼、放牧牲畜那样在海洋中开展海洋生物的养殖和增殖。这是开发海洋生物资源的一种新途径。

目前，全世界可以进行人工养殖的贝类约有近 100 种，主要有牡蛎、贻贝、扇贝、蛤、鲍等。在鱼类养殖方面，世界已养殖的鱼类目前约 100 种，但能形成规模化的仅 20 种左右。虾类和藻类的养殖在世界上占较大的比重，也是中国的主要养殖品种。全世界目前有 50 个国家和地区在养殖对虾，品种近 30 种，但形成商品仅 10 余种，世界虾类养殖产量 80% 集中在中国和东南亚一带。世界藻类养殖，主要品种有海带、紫菜、裙带菜、江篱、石花菜、麒麟菜等。藻类养殖较天然海域采捕单位面积产量高。近几十年来，世界水产养殖得到持续增长，产量从 20 世纪 50 年代的不到 100 万吨，增加到 2014 年的 7378 万吨。全世界有 200 余个国家和地区从事水产养殖。2015 年中国水产养殖总产量达到 4937.9 万吨，在全球水产养殖国家中遥遥领先。

从总体上看，海水养殖的优越性较高，首先是可养的品种多，其次是有广阔的水域可供养殖和增殖，有天然饵料可以充分利用。目前世界上主要海水增养殖类型有：把人工繁育的苗种，放流到天然水域中增殖；采取天然苗种养成商品规格上市；全人工养殖、利用人工育种和杂交品种高密度养殖等。近几十年来，增殖渔业获得较大的发展，当然，也有几个问题必须注意。水域的生态系统调查，海洋环境和资源的保护与管理，渔场的改造，苗种的优质，放流的规格，数量的限制，放流的时间，放流对象的生长发育以及大规模实施苗种放流增殖和移殖以后出现的水域生态平衡，种间关系，种群替代等复杂的生物学问题，都是必须认真加以研究的。盲目的增殖放流，有可能导致局部海域生态平衡失调，出现与人们预期相反的结局。总之，要持续发展海水增养殖业，必须十分重视改善环境，培养高产、优质、抗逆的优良品种，还要建立防病、治病的体系。

（三）开发海洋生物新资源

世界海洋渔获量分布是不均匀的，目前，92%的渔获量来自大陆架海区，大洋和深海鱼类捕捞甚少。据估算，海洋鱼类年可捕量为 0.9 亿~1 亿吨，其中深海区约占2500 万吨；深海鱼类主要有蓝牙鳕、长尾鳕、黑鲽、金眼鲷、灯笼鱼等，大洋上层鱼类主要有金枪鱼等。另外，大型无脊椎动物资源也很丰富。大洋性和深海生物资源的开发依赖于捕捞技术的提高。

在南大洋水域内磷虾有十余种，数量最多并作为最大潜在渔业资源引起世界各国关注的是大磷虾。磷虾的营养价值高，蛋白质含量为 17.65%，与大黄鱼和带鱼差不多；它含人体所必需的全部氨基酸，赖氨酸的含量尤其丰富，占蛋白质含量的 9.73%，高于大黄鱼、带鱼和对虾的含量。南极磷虾是目前人类所发现的生物中含蛋白质最高的一种。根据澳大利亚和阿根廷专家估计，一年捕捞 700 万吨的磷虾就可以为全世界1/4 的人口每天提供 20g 高质量蛋白质的食物。据估计，南极磷虾的现有资源为几亿吨到几十亿吨，年可捕量在几千万吨到 2 亿吨。

思考题

1. 如何保护海洋资源？
2. 海洋资源的开发与保护有什么样的矛盾？能否解决？
3. 你如何看待人类与海洋的关系？
4. 海洋科学的发展与海洋资源的开放利用有什么样的关系？

推荐阅读

冯士筰等.海洋科学导论[M].北京：教育科学出版社，1999.

[英]卡鲁姆·罗伯茨.假如海洋空荡荡：一部自我毁灭的人类文明史[M].吴佳其译.北京：北京大学出版社，2016.

中国大百科全书编辑委员会.中国大百科全书,大气科学、海洋科学、水文科学[M].北京：中国大百科全书出版社，1987.

Cronan D.S. Marine Minerals in EEZ.

Chaponan & Hall, 1992: 25-114:

第二编

海洋经济相关经济学理论

[本篇导读]

本篇主要讨论与海洋经济现象与问题相关的现代经济学理论，用经济学理论来解释国际及各国政府有关海洋经济发展的各项公共政策。本篇以解释海洋资源配置的经济学作为逻辑起点，从经济学的理论前提开始，包括产权理论、外部性理论、公共选择理论、公共政策理论与新制度经济学理论，并把这些理论作为海洋经济学的应用理论基础。这样可以引导学生对海洋经济学的学术渊源与理论演进的认识更加清晰。

正如熊彼特在他的《经济分析史》中所说的：科学是与我们自己和我们前辈人头脑里创造的东西的一种永无休止地搏斗；同时，如果它有所进步的话，那是以一种纵横交叉的方式前进的；它的前进不是受逻辑的支配，而是受新思想、新观察或新需要的冲击以及新一代人的偏好与气质的支配。因此，任何企图表述科学现状的论述实际上是在表述为历史所规定的方法、问题与结果，只有对照其所由产生的历史背景来考察才有意义。对于任何一门科学或一般科学史，我们所能提出的最高要求是它能把人类思维的方法告诉我们很多人类行动的任何领域都能显示人类的心智活动，但是没有哪个领域像经济学领域这样逼近实际的思想方法。

20世纪60年代后，随着人类社会实践的发展，以经济学为基础的一系列相互交叉的领域逐渐被涉及与深入研究，来解释与阐述社会实践中出现的一系列问题。虽然这些领域的研究重点各异，但都体现了经济学理论对传统的突破与新的发展。所有这些分支学科都可以列入"新政治经济学"的范畴，如：①公共选择学——制度经济学源出于此，公共选择理论集中于分析可供选择的政治选择结构以及结构内部的行为；②产权经济学；③法经济学或法律解决分析；④新制度经济学；⑤管制经济学等。如果下一个更为宽泛的定义，制度经济学可与范围更广的新政治经济学这一术语相提并论，并可以囊括上述的所有学科。因为每个学科都将注意力集中到经济与政治行为者进行选择的法律政治制约条件上面。不过差别还是存在的。

第三章 理论前提与社会哲学基础

教学目标：
- 了解经济学的研究基础与框架
- 了解经济学的哲学基础
- 了解经济自由主义的内容
- 探讨海洋经济的经济学基础

经济学是一门研究人类经济行为和现象的社会科学。因此，一方面，所有的经济学理论最终都要接受现实的检验；另一方面，新的理论的创立和旧的理论的发展也要受现实的启发。现代经济学以研究市场经济中的行为和现象为核心内容，而市场经济已被证明是目前唯一可持续的经济体制。越来越多的经济学家认识到，经济学的基本原理和分析方法是无地域和国别区分的。"某国经济学"并不是一门独立学科，也不存在"西方经济学"与"东方经济学"或"美国经济学"与"中国经济学"的概念。然而，这样说并不排斥运用经济学的基本原理和分析方法来研究特定地区在特定时间内的经济行为和现象；实际上，进行研究时必须要考虑到某地某时的具体的经济、政治和社会的环境条件。

第一节 经济学的研究基础

一、经济学的诞生

人类对于财富的欲望与追求是没有止境的，伊壁鸠鲁写道："财富不在于拥有大量财产，在于拥有较少的欲求。"最初的财富形式是土地，其价值是可保存的。马其顿帝国和蒙古帝国都曾横跨欧亚大陆。1200—1400年，欧洲城市的租金开始稳定上升。如果成吉思汗活到今天，或许会对人类与土地之间关系的变化感到非常惊讶。

在他所处的时代，他控制的土地就是他的，但如果别人能迫使他离开，那块土地就不再是他的。而现在，控制土地的人既不需要守卫，也不需要去占领，占有土地只涉及文件交换。

经济学诞生并繁荣于欧洲（特别是英国）的原因在于资本主义制度。不同于其他的经济制度，资本主义似乎把个人生活的全部活动统一为一个独立自治的社会生活王国，这个王国服从于法律等的管制。而早期的经济制度，只是作为一个部分嵌入在文化与政治的秩序之中。在资本主义经济中，随着生活的领域从家庭、宗教、政治化习俗中独立出来，一种特殊的心理状态——按照古典经济学家的分析与归纳，自利、理性的（和道德无关的）"经济人"——开始统治着我们在经济领域的行为。

利益（interest）是激情（passion）与理性（rationality）的中介。激情，中译本译作"欲望"，从而遮蔽了激情所含的非理性因素。根据赫希曼的论证，资本主义其实是从欧洲主流意识形态——崇尚荣誉与权力，向马基雅维利的"利益主宰世界"的理性立场的连续演变的结果。同时，理性既然"是且应当是激情的奴隶"，它就只好寻求以害处较小的激情来抑制害处较大的激情。自利的算计于是抑制了权力冲动。

按照赫希曼的论证，在人类的各种强烈欲望当中，最重要的是：性的欲望，权力欲望，财富欲望，对荣誉的欲望。自罗马时代以来，君主们的权力欲望和武士们的荣誉冲动多次成为毁灭欧洲的力量。培根、霍布斯、孟德斯鸠最早意识到以财富欲望抑制权力欲望和荣誉冲动的可能性。培根写道："我思考的是，该如何使一种欲望反对另一种欲望，如何使它们相互牵制，正如同我们用野兽来猎取野兽……"。霍布斯最重要的发现，是他关于社会契约的相互作用的特殊概念，让人们之间的利益相互制衡，这是斯密的"看不见的手"概念的预备概念。孟德斯鸠在《法的精神》中有一句话："幸运的是人们处在这样的境况中，他们的欲望让他们生出作恶的念头，然而不这样做才符合他们的利益。"同样，大卫·休谟（《人性论》）曾经说过："……我们确信，两种相反的罪恶并存时，要比它们单独存在时更为有益；……。绝大多数情况下，人类只能用一种罪恶来消除另一种罪恶；假若如此，人类就应当倾向于选择对社会危害最小的解决方式。"

1769 年，一位苏格兰历史学家在其著作里这样写道："贸易有助于使那些维持国家之间的差别和敌意的偏见逐渐消失。它使人们的生活方式变得文明与温和。"显然，这是苏格兰启蒙思想家承接的著名口号——"经济的文明化影响"的渊源。斯密进一步指出：人们追求财富的欲望是"与生俱来，至死方休的欲望，尽管它是温和的且不易冲动的欲望。"维柯更为全面地阐述了这种想法，"社会利益使全人类步入邪路的三种罪恶——残暴、贪婪和野心，创造出了国防、商业和政治，由此带来国家的强大、财富和智慧。社会利用这三种注定会把人类从地球上毁灭的大恶，引导出了公民的幸福。这个原理证明了天意的存在：通过它那智慧的律令，专心致力于追求私利的人们的欲望被转化为公共秩序，使他们能够生活在人类社会中。[1]"

资本主义不仅将经济从周围的社会结构和道德约束中解放出来，它还被赋予某种规律性，并最终被描述为具有普适性的法则。以供求关系为例，其结果是单一价格法则。这个占主导地位的古典和新古典传统法则意味着，在竞争均衡中，一个给定的商品不会以不同的价格交易，超额供给或超额需求也不会存在。经济人和单一价格法则之类的简化，使得数学推理最终得以应用于经济学，这极大地提高了经济学的清晰性和连贯性。

二、经济学研究对象的演变

对日常生活问题的反省提供了辨识"根本问题"的机会。经济思想是对经济活动的反省。经济学是对经济活动核心议题的反省所导致的知识。若市场经济是经济活动的主要形式，则"定价"就成为核心议题导致"价格理论"。若农业是经济活动的主要形式，则地租与赋税就成为核心议题，导致"古典政治经济学"。若奴隶与城邦是经济活动的主要形式，则政治成为核心议题并有"家政学"的建立。今天，服务业是主要的经济形式，人力资本成为核心议题，知识与创新理论是经济学的新形态。

经济学除了研究人类日常经济生活的学问之外，马歇尔还强调经济学是社会科学的一部分，它研究人类社会与个人追求"较好生存"（wellbeing）的物质活动。因此，经济学其实是政治经济学，并且是比"财富"或者"增长"更为重要的"人学"的一个方面。

以斯密为代表的古典政治经济学家探讨的核心议题是财富的创造、分配、积累。围绕这些核心议题，斯密论述了劳动分工创造财富的三大途径，即劳动时间的节约，物质资本的积累，技术发明机会的拓展以及劳动分工受市场广度的限制等基本命题。

以萨缪尔森为代表的新古典经济学家探讨的核心议题是收入分配、资本积累、技术进步。围绕这些核心议题，主流经济学家们论述了物质资本和人力资本的增长方式、学习过程、知识的外溢效应以及获取知识的速度依赖于人力资本投资等重大命题，并且试图把这些议题纳入博弈论分析框架。由于博弈论对新古典经济学的重新解读，主流经济学家们意识到并能够分析"分配"对"产出"的重要影响。例如，最简单的有关两阶段博弈的"纳什威胁"的"均衡解"，意味着如果双方在博弈的第一阶段不能就他们在第二阶段的对总产出的分配即财产权利的界定问题上达成可实施的合作协议，那么，总产出就将因双方的不合作行为而大大降低（O. Hart and J. Moore, 1990）。

1 [美]赫希曼.欲望与利益：资本主义胜利之前的政治争论[M].冯克利译.杭州：浙江大学出版社，2015.

而以布坎南为代表的新古典政治经济学家们所探讨的核心议题是如何在基于方法论个人主义和契约主义的立宪经济学分析框架内，来解释与优化资源配置的游戏规则。沿着这一思路，布坎南等人的努力，与阿罗（Kenneth Arrow）、森、梅尔森（R. Myerson）等人的努力相互融合，汇入今天可称为"新政治经济学"的这门学科。

三、经济学的研究前提与分析框架

（一）经济学的研究前提

经济学的核心的方法论有三个基本假设。

第一个假设：方法论个人主义。西方的社会科学的主流思路就是方法论个人主义。依照这种方法论，个人被认为是决定私人行动与集体行动的唯一的终极抉择者。只有个人才作出选择和行动，集体本身不选择也不行动，对集体进行选择而提出分析是不符合通行的科学准则的，集体选择应该被看成个人通过集体而不是通过个人，来实现自己最大目的的个人行动选择。由于每个人的爱好、能力及条件不同，个人所理解的成本、收益是有区别的。个人的选择具有主观性质，他人无法预测。由于个人是集体决策的最终承受者，也只有个体才具备评判决策结果的资格。社会总量被认为只是个体所作的选择和所采取的行动的结果。如果所分析的群体同样进行选择和行动，则不符合已被接受的科学准则了。重视说明相互作用的非预期总量结果，是自早期苏格兰道德哲学家洞察它们以来就一直继续着的，这样的案例既包括早期亚当·斯密的"看不见的手"的个体理性选择与集体利益和谐，也有现代博弈论中的"囚徒困境"所显示的个体理性选择与所谓集体利益的冲突。

自由主义的伦理观主要表现在 7 个方面：①自由主义，不同于古典（保守）自由主义，主导着英美等发达资本主义国家的政治经济制度发展和价值塑型；②社会以原子化个人的自由为基础；③个人仅仅是自利的；④所以，经济社会的一切关系都是工具性的（相互利用的）；⑤自由市场就其本质而言是稳定的和自矫正的；⑥在政府与商业之间有天然（合理）的劳动分工[1]；⑦商业的唯一伦理责任是实现经济资源有效配置并且最大化股份持有者的财富（利润），这一责任被表述为所有者与管理者之间

---

1 正如美国已故古典自由主义代表人物哲学家罗伯特·诺齐克在其名著《无政府、国家与乌托邦》中所阐述的：我们有关"国家"的主要结论是：一种"最小限度的国家"——即一种仅限于防止暴力、偷窃、欺骗和强制履行契约等有限功能的国家——是被证明为正当的；而任何功能更多的国家都将因其侵犯到个人权利（不能被强迫去做某些事）而被证明为不正当。由此并可以得到两个值得注意的启示：国家不得使用其具强制力的机构来迫使一些公民帮助另一些公民；亦不得以同样方式禁止人们追求自身的利益或自我保护。（前言）个人的权利优先于国家的权力。国家只能作用于属于个人权利之外的活动空间，而不是个人享受国家权力之外的活动空间；是个人的权利决定国家的性质、合法性及其职能，而不是国家的性质、合法性和职能决定个人享受多少权利。

的"委托–代理"关系。

芝加哥经济学派的方法论个人主义的经济分析所要求的诸多前提包括：①偏好的稳定性，从而对行为的约束条件能够解释更多的行为差异；②制度环境的稳定性，因为大范围制度变迁通常导致局部均衡分析方法失效。

经济自由主义是个人主义在经济上的必然结论。这里所讲的个人主义不是利己主义和自私的代名词，是指尊重个人、承认个人在限定的范围中，其自己的观点和爱好是至高无上的，其自己的目标是高于一切而不受任何他人命令约束的。

第二个基本假设：经济人假设（homo economics）。经济系统依靠参与者的行为和心理功能维系而成，属于社会–行为组织。因此，若要成功地使人们有秩序地参与其中并接受其结果，则此组织的奖惩系统（"约束–激励"机制）必须融入参与者的一些基本心理特征。例如，自由市场可以视为一系列的规则，其中规定了偷窃他人财物是非法的并会受到惩罚。规则也规定人们可以根据自己的意愿以任何价格自由进行买卖，却不能串谋操纵价格，否则就违反了反垄断法。这些规则组成了一个奖惩系统，奖励某些行为，惩罚另一些行为。要预计自由市场的规则会引致怎样的后果，我们必须预计人们在面对这些诱因——约束与激励——的时候会如何反应。但要预计人们如何反应，我们必须先要对人的本性作出评估，因为它是人类行为的最终动因。假如人天生是自私和不诚实的，则自由市场的规则会引致一些后果；假如人天生是利他和富有同情心的，则同样的规则会引致不同的结果。可见，参与者的特质对一个经济的均衡状态会有重大影响，不对人性作出与现实相符的假设，便难以讨论社会或经济制度的特性。任何一种经济或社会制度，若它的奖惩制度与参与者的本性不一致的话，会导致与制度的预期目标相悖的结果。只要回顾一下早期的乌托邦公社实验与苏联的农业合作化运动，即可以看见因错认参与者的动机和本性而失败的例子。当然，对人性下定义或为其寻找根源不仅十分复杂而且充满争议。

在对经济行为者的许多不同的描绘中，经济人的称号通常是加给那些在工具主义意义上是理性的人的。在理想情形下，经济行为者具有完全的充分有序的偏好、完备的信息和无懈可击的计算能力。在经过深思熟虑之后，他会选择那些能够比其他行为能更好地满足自己的偏好（或至少不比现在更坏）的行为。这里，理性是一个手段–目的的概念，不存在偏好的来源或价值的问题。理性的经济行为者总在寻求讨价还价，从不付出比他需要付出的更多，或得到比在一定价格下他可以得到的更少。

这样一种社会理论是个人主义的和契约式的，它的来源包括霍布斯的《利维坦》和边沁主义者的功利主义。个人偏好的满足，再加上能带来幸福的计算，正是使社会运转起来的东西。社会关系体现了个人偏好服务的交换，在这个意义上，社会关系变成了工具。这个基本模型后来变得更复杂了。风险理论考虑到一个行动可能会有几种可能的结果。经济行为者通过估计每种结果实际发生的可能性及其效用，来估价自己的行动的预期效用。这就要求他对各种结果有一个概率分布，即使这只是主观的。其他还包括对信息成本、信息处理成本和行动成本的考虑。当其他经济行为者参与进来时，问题就复杂了。也许通过对策论（或博弈论）能更好地加以说明。然而，基本观点仍然是，经济行为者是理性的，他们在各种约束的限制下，追求目标函数的最大化。

自洽地理解个体行为，要求三项基本因素，它们都涉及信息的交流、收集、解释：①社会与个体对各种目的的界定；②给定有限的资源，给定社会制度，给定技术性知识的状态，选择者对各种可供选择的行动方案的界定；③就各种目的而言，评价可供选择的方案的准则。分析可供选择的规则，其最终目的是将这种选择告知人们。对每个可选择规则所预定的运行特性都必须进行考察，这些特性将反映在一定制约条件内个体行为的具体化模型中。

这个看法不仅存在于新古典经济理论中，也可以纳入同样的理性工具模型（然而他们利润最大化的愿望却异化于自己，是竞争的资本主义制度强加给他们的）。这个看法也不局限于经济行为者的任何一个目标明确的愿望。比如，追求快乐最大化的自私动机所包括的范围还可以更大，可以包括伦理上的偏好，也可以包括对苹果和橘子的一般愿望。但是，经济行为者是为了自己的利益的，在广义范围下，他们的行动总是在于满足他们正好具有的偏好。而且即使没有其他条件，这个适中的基础也足以使一个充分发展的社会理论建立在一种经济行为者模型中。该模型也可用于其他社会科学。

例如在政治学中的一种假设是使得所有的政客或是政治家，并不比一般的老百姓更少关注个人的私利。这个假设是最重要的一个。在古典经济学加的论著中已提过这一主张，大卫·休谟和 J.S.穆勒都将其称之为方法论原则："为强化一切政府制定，并使法律的若干禁止与控制条款固定化好，应当把每个人都假设为无赖，唯利是图，别无他图。"（休谟，1741 年）"宪政政府的绝对原则需要把政治权力假设为完全用于促进统治者特色目标的实现，此非事情经常如是，实乃事物趋势所然，自由制度之特殊用途即在于抑制此类趋势。"（穆勒，1861 年）

第三个假设：政治市场里的交易行为。把政治活动或政治行为视为市场交易行为，以权利为媒介。这是布坎南最大的一个贡献，他因为此项研究而获得诺贝尔奖。社会理论家高夫曼认为社会有三个交往层次，社会只有这三类交往层次，即一类社区的；一类是市场的；还有一类是政治的。政治的交往市场里是以权力作为媒介的，而市场交往里是以货币为媒介，社区交往里的媒介则是情感。

资源配置问题的思路，存在着一个连续谱系。一个极端，是个人主义的自由市场思路。这里，个体知道他们自己的偏好；然后，借助市场体系，发出和收集关于这些偏好的信号，建立协调个体之间自愿选择的激励。另一个极端是可以称为中央集权的配置过程。这里，决策由一个被视为权威的群体或个体作出的；其余个体的选择不被许可。第三种可能性，是依据传统作出决策的经济；过去似乎是恰当的行为模式被嵌入到当前的行为系统之内。市场、指令、传统，可以存在于多数社会里，每一思路通常强调和决定经济的一种特征。

经济，只是构成社会系统的许多部分或子系统当中的一个。按照西方科学的简约主义思路，社会系统可以被设想为包括政治、宗教、伦理、法律、氏族、符号、价值、习俗、禁忌以及其他各种制度和过程在内的许多子系统。还可以界定其他的子系统，如医疗保健系统、交通运输系统、教育系统、法律系统、工业系统、社会交往系统、通信系统等。这些子系统还可以细分，如医疗保健系统可以细分为保险系统、医疗教育系统、医院系统等。学者关于上述各子系统的影响或关系的强度与作用方向所持的看法，是解释各经济思想流派之不同思路的重要因素。

任何经济系统在社会中，都有两项相关的功能：其一是在个体福利的改善与社会整体福利的改善之间谋求平衡；其二是在相互竞争的用途和社会成员之间配置稀缺资源。故而，资源的有效配置绝非经济过程的目的，而是达到更高目的的手段。上述第一项功能对任何经济系统来说都是最重要的，如何在正义、稳定、和平的社会里最好地确保个体的自由与福利，是一条贯穿了经济思想史的主线。

在这一主题上，存在两种极端看法：一种认为社会成员之间存在着利益的自然和谐或存在某些自然过程使不同利益的个体、群体或阶级之间实现和谐。古典与新古典经济学的一个共同因素是相信自由市场内的个体之间的自愿交换将解决一切或多数冲突；另一种是马克思主义经济学，它相信资本主义社会内部存在不可调和的阶级利益冲突，这将导致资本主义的灭亡。

（二）经济学的分析框架

人类行为太复杂，人与人之间的相互作用或社会行为就更加复杂，于是，有必要对复杂的现实加以抽象。这些抽象被表达为模型、类比或隐喻；这些模型可以被表达为故事、数学体系（方程）、图形或其他反映了社会与经济系统的元素间关系的表达，故而，社会成员所持的价值可以受到我们相信和使用的理论、模型、或故事的影响。我们所学习、所讲授、所接受的东西，就是我们文化的实质。

现代经济学代表了一种研究经济行为和现象的分析方法或框架。作为理论分析框架，它视角（perspective）、参照系（reference）或基准点（benchmark）和分析工具

（analytical tools）组成。接受现代经济学理论的训练，是从这三方面入手的。理解现代经济学的理论，也需要懂得这三个部分。

首先，现代经济学提供了从实际出发看问题的角度或曰"视角"。这些视角指导我们避开细枝末节，把注意力引向关键的、核心的问题。经济学家看问题的出发点通常基于三项基本假设：经济人的偏好、生产技术和制度约束、可供使用的资源禀赋。以这种视角分析问题不仅具有方法的一致性，且常常出人意料，却实际上合乎情理逻辑的结论，所以我们会听到人们惊叹："我怎么没有想到？"经济学的这些视角起初是研究纯粹的经济行为的，后来被延伸到政治学、社会学等学科，研究范围涉及选举、政体、家庭、婚姻等问题。

第二，现代经济学提供了多个"参照系"或"基准点"。这些参照系本身的重要性并不在于它们是否准确、无误地描述了现实，而在于建立了一些让人们更好地理解现实的标尺。一般均衡理论的奠基人之一的阿罗曾经说过：一般均衡理论中有五个假定，每一个假定可能都有五种不同的原因与现实不符，但是这一理论提供了最有用的经济学理论之一。他的意思是这一理论提供了有用的参照系，就像无摩擦状态中的力学定理一样，尽管无摩擦假定显然是不现实的。

第三，现代经济学提供了一系列强有力的"分析工具"，它们多是各种模型和数学模型。这种工具的力量在于用较为简明的图像和数学结构帮助我们深入分析纷繁错综的经济行为和现象。

第二节 经济学的哲学基础

一、知识、秩序

（一）知识

对昨天的反省与生存困境，都让我们关注日常生活。可是我们每一个人的日常生活的范围都是"局部的"。柏拉图把基于局部的个人体验所得的对世界的看法叫做"Doxa"——意见（Opinion）。赫拉克立特把从各不同局部提出的"意见"之间的对话中自行显现的世界秩序叫做"logos"。Logos 的语言表达，可以称为"逻辑"，它与历史同一。对日常生活问题的反省提供了辨识"根本问题"的机会。问题越根本，参与对话的意见就越趋于整全。人类的认识能力似乎只能辨认那些在长期的日常生活中反复被提出来的问

题，把它们称为"根本问题"。对"意见"的超越，柏拉图称为"知识"（epistem）
——特指认识真理的过程，又称为"理论"（theoria），与"天"相联并来自天的认识。

古希腊哲学家将人类自身划分为：物理的、心理的、历史的。与此不同，罗素则
根据知识的来源将人类知识划分为：直接知识、间接知识、内省知识。此外，罗素在
《西方哲学史》中还根据知识的内涵将知识分为：科学的、神学的、哲学的。波普认
为没有给定的事实，只有相互竞争着的各种假设之中的事实。

自从启蒙时代以来，人类在自然科学和技术的运用上有了天翻地覆的变化。哈耶
克曾多次借用哲学家赖尔（Gibert Ryle）的"知其然"（know that）和"知其所以然"（know
how）这两个表面看来十分通俗，其内涵却不易理解的概念，来说明人类知识的性质。
首先，所谓"知其然"的知识，是一种我们通过学习和模仿而获得的遵守行为模式的
知识。从我们对这些模式本身的发生原因和一般效用可能茫然无知这个角度说，它们
不是通常意义上的知识，但我们又能意识到它们的存在，并使自己的行为与其相适应。
从这一角度来说，知识确实是我们理解周围环境的理智结构的一部分。这种使我们适
应或采纳一种模式的能力，同我们知道自己的行为会有何种结果的知识极为不同，在
很大程度上我们把这种能力视为当然（即习惯）。人类大多数道德规范和法律（如"分
立的财产制度"），都是这种行为习惯的产物。在哈耶克看来，这种通过学习和模仿而
形成的遵守规则的行为模式，是一个自然选择的进化过程的产物，它处在人类的动物
本能和理性之间——它超越并制约着我们的本能，却又不是来自理性。人们在不断交
往中接受了一些共同遵守的行为模式，而这种模式又为一个群体带来了范围不断扩大
的有益影响，它可以使素不相识的人为了各自的目标而形成相互合作。出现在这种扩
展秩序里的合作的一个特点是，人们相互获益，并不是因为他们从现代科学的意义上
理解了这种秩序，而是因为他们在相互交往中可以用这些规则来弥补自己的无知。

与哈耶克的无知理论相似，赫希曼认为，社会生活的复杂性给人类的认知能力设
定了根本性的限制。但这种限制本身并非不利因素，反而为人类以纠错方式发挥创造
力提供了广阔的空间，正所谓发现无知要比已知更令人着迷，改进的动力也正来源于
此，计划的失败为创新提供了机会。

知识虽然只能被个人理解，却是以社会方式被供给的。经济学，作为对经济活动
的反思所产生的知识，固然是对一切从局部体验提出来的经济"意见"的超越。但当
代知识的专业化过程使经济学家的反思总是局限于人类活动的"经济"方面，从而忽
略了人类活动的"政治""精神"甚至"历史"。对经济学的反思，要求我们超越经济
学的专业视角，把经济学作为"意见"，从各专业学科意见的对话当中，来不断呈现
更高层次的真理。

除了指出经济学是研究人类日常经济生活的学问之外，马歇尔还强调经济学是社会科学的一部分，它研究人类社会与个人追求"较好生存"的物质活动。因此，经济学其实是政治经济学[1]，并且是比"财富"更重要的"人学"的一个方面。

社会成员所持的价值可以受到我们相信和使用的理论、模型、或故事的影响。我们所学习、所讲授、所接受的东西，就是我们文化的实质。讲故事是传播价值和文明的机制之一。经济学家是讲故事的人，他们的理论和模型就是参与塑造社会特征的故事。

（二）秩序

字源学考证表明，"秩序"（order）是比"制度"（institution）远为宽泛的一个概念。制度的起源，与人为的各种设置有关，是一套"institutes"。在诺斯的著作里，"非正式制度"也包含着规范与习俗。秩序，可以是人为的，也可以是人不能意识到的。例如自然秩序，在人类之前已经存在。我们所说的"秩序"是一个比制度更为丰富的概念，是说秩序是一个自发创造的过程（procedure），而制度则只是这一主动过程的被动显现——外显的过程（process）。

结构上在特定时空被感受到并且被呈现给意识的秩序。结构上静止的，故而可以有符合逻辑的表达。静止的结构，在不同时空可以有不同形态。我们对不同形态的结构的联想，可以产生结构的流动感，称为"演化"。秩序不同于结构，是秩序的非静止的性质，即"演化秩序"。在解释世界的时候，演化理论似乎足以取代理性选择理论，从基因到物种到社会演化，最后，也被用来解释观念的演化。

秩序的未被感受到的或感受到而无法表达出来的部分，或许远比结构要广阔和深远。苏格兰启蒙思想家们，如亚当·斯密对秩序的隐秘部分表示出最高的敬畏。在斯密看来，人类渺小的理性能力只能发现秩序的一些片段，无法洞察全部秩序，更无法设计秩序，正所谓"看不见的手"。

时至今日，人类对赖以生存和繁衍的这套秩序的理解，还十分肤浅，还停留在斯密和哈耶克为我们阐述的理解中。哈耶克早年对"自生自发秩序"的推测——人脑内的神经元网络秩序与人类社会的市场秩序自己的同构性。这一同构性的当代表述是：脑神经元网络的拓扑结构，与一种叫做"友好关系网络"（friendship network）的拓扑结构具有最相似的特征。哈耶克和布坎南都强调，"交易"的固定系列语词根含有"分清敌友"的意思。布坎南解释说，交易总是与朋友的交易，不是与敌人的交易。如果与敌人成功地发生了交易，那么，敌人也就不再是敌人，此即苏格兰启蒙思想家们的

1　而新古典经济学不再等同于政治经济学，它被理解为仅仅研究经济资源的有效率配置问题。值得讨论的是下列语词的含义：（1）稀缺的生产性资源，（2）人类的物质欲求，（3）有效率的利用或管理。

著名口号"经济的文明化影响"的含义——人与人之间敌对关系的"文明化"。

市场作为"人类合作的扩展秩序",哈耶克引用先贤名言:只能被发现,不能被设计。由于作为个体每个人的知识必定是不完全的,因此人们需要有一种不断交流知识和获得知识的途径。由于人们所运用的关于各种情境的知识,不是以集中或于整合的方式存在的,而是由彼此独立的个人所掌握的不完全的、甚至可能是相互矛盾的分散的方式的存在的。因此,社会经济问题就不只是一个如何配置"给定"的资源的问题,而是人们如何才能保证使那些为每个社会成员所知道的资源得到最佳使用的问题,也就是如何才能以最优的方式把那些资源用以实现各种只有这些个人才知道其相对重要性的目的的问题;简单来说,实际是也就是如何最有效地运用分立的知识的问题。而市场正是人们交流与沟通分立的知识的有效机制,也正是通过市场,劳动分工和以分立知识为基础的协调运用资源的做法才有可能。

(三)社会秩序[1]

诺思及其合作者提出,在人类历史上曾存在过(着)三种社会秩序:"原始社会秩序""限制进入秩序"和"开放进入秩序"。原始社会秩序是指人类以狩猎捕鱼和采集野生食物为生阶段的早期社会。限制进入秩序在人类历史上已经存在了一万多年,目前世界上大多数国家仍然处于这个社会发展阶段。与限制进入秩序相匹配的政治体制是一种"自然国"。迄今为止,世界上只有少数国家发展到了开放进入秩序,而与其相匹配的政治形式则是一种稳定的宪政民主体制。他们认为,理解人类社会在近现代发展的关键在于弄清从限制进入秩序向开放进入秩序的转型。在第二次世界大战后,只有少数国家完成了这一社会转型,且这些国家无一例外都是政治上开放和经济上发达的国家。在限制进入秩序以及与之相匹配的自然国中,政治与经济紧密纠缠在一起,国家设定受限的进入秩序而创造经济租金,租金又被社会精英阶层用以支撑现存政治制度和维系社会秩序。因而,在具有限制进入秩序的自然国中,政治体制对经济体制而言不是外生的,政府是经济活动中首要的和最重要的参与者;同样,经济体制对政治体制来说也不是外生的,即"经济租金的存在建构了政治关系"。

正因为这样,限制进入秩序的特征是不断创生出有限进入一些有特殊价值的权利和活动的特权,而这些特权又为国家内部的某些政治和军事精英及其集团所维系和享有,从而"产权的发生和法律制度亦为精英的权利所界定"。这样的社会安排,必然导致在自然国中"国家控制贸易"。

---

1 [美]诺斯等.暴力与社会秩序:诠释有文字记载的人类历史的一个概念性框架[M].杭行,王亮译.上海:上海格致出版社,上海人民出版社,2013.

由于在限制进入秩序中，"一个自然国的维系并不依赖于非精英阶层的支持，他们并不能有效威胁国家和特权阶层"的统治，反过来他们也"无法信任国家所作出的保护他们权利的承诺"。由此，诺斯及其合作者发现："由于自然国具有建立在排他、特权、租金创造之上的内在力量，它们是稳定的秩序，因而，要完成其转型极度困难。"

尽管如此，他们还是相信，依照其理论分析框架，从长期来看，任何一个国家都不可能在缺乏进入政治组织的情况下来保持经济的开放进入，或者换句话说，经济中的竞争必然要求政治上的竞争，因而"开放进入经济组织"与"限制进入政治组织"的失衡体制格局不可能永远维系。他们由此认为，尽管这种自然国"能提供一种长时段的社会稳定，为经济增长提供某种环境条件，但总存在蕴生社会动乱的可能性"，从而"暴动和内战经常是一种可能的结果"。

值得注意的是，在这些新近发表的作品中，诺斯、瓦利斯和温格斯特也提出了一个很深刻的观点：尽管在具有限制进入秩序的自然国中可以像开放进入秩序一样有法律，甚至有"法治"，但这些法律和"法治"只对一些精英来说才有实际意义。

诺斯及其合作者认为，正是这一区别，使得经济学家们在对制度的经济绩效影响方面的经验研究中陷入极大的困惑：为什么同样的法律和制度在不同国家和社会中有不同的社会功能和社会作用？为什么有些法律和市场制度在一些国家和社会中作用良好而在另一些社会中却几乎无法发挥作用？为什么形式上相同或相类似的制度在不同社会体制中的经济绩效不同？

很显然，在诺斯、瓦里斯和温格斯特看来，这主要取决于社会秩序是"限制进入的，还是开放进入的"。对此，三位作者曾明确表示，"答案在于开放进入和竞争：所有这些机制在开放和竞争存在的条件下在运作上会有差异。自然国限制进入和排斥竞争者。这使一些组织的形成变得非常困难，使那些能协调民众反对政府的组织极大地受限"。相反，在一个开放进入秩序中，"政治竞争实际上要求众多大的、复杂的和良好组织的利益群体存在，以致不论在任何政治制度存在的条件下，他们均能有效地相互竞争"。由此，他们得出一个尤为重要的结论："只有在经济竞争存在且有复杂的经济组织出现的前提条件下，可持续的竞争民主才有可能。"

二、理性、个人主义与市场

（一）理性与规则

关于经济学"理性"含义的经典性看法大致有如下几种。第一层含义是"人的自利性"假设。虽然这只是一个"工具主义"的假设，对亚当·斯密来说，人的双重本性原本是包括"自利性"与"社会性"的，这种认识一直延续到奥地利学派的熊彼特。对许多当代主流经济学家来说，人的"社会性"归根结底是基于人的"自利性"基础之上的，而人的"自利性"是生存竞争和社会进化的结果。

第二层含义是"极大化原则"（亦可称为"极小化原则"）。马歇尔的《经济学原理》与奥地利学派的"边际革命"承接了边沁的功利主义哲学，同时引进了实证主义的行为概念，个体对自身最大"效用"[1]的追求，或等价地追求最小"成本"，导致形式逻辑上的"极大化原则"。这一原则要求"理性选择"将幸福扩大到"边际"均衡的程度：个体为使"效用"增进一个边际量所必须付出的努力，相等于这一努力所带来的"成本"。

第三层含义是每一个人的自利性行为与群体内其他人的自利行为直接的一致性假设。这导致了"社会博弈"的现代看法。

新古典经济学假定的人是工具理性的、算计的、寻求偏好满足的人。新古典经济学在成本-收益结构的框架内讨论对习惯和制度的遵循与顺应。在理性人的最大化假定下，当遵循规则的收益大于成本时，人们会循规；相反，当遵循规则的成本大于收益，人们会选择违规。但根据新古典完全竞争市场的假定，如果人是完全理性的，而市场又是完全信息、零交易成本的，那么循规和违规是等价的。也就是说，循规和违规没有差别，都能给利益相关人带来最大化收益。因为交易主体各方的行为信息能预先确知，各方循规或违规的收益、损失及惩罚都能被正确地预期，不存在不确定性。所以，交易主体与其违规，不如循规；或者相反。由此可见，在新古典经济学条件下制度没有意义，也就不需要或无所谓循规或违规。以上是从新古典经济学的逻辑出发得出的结论。但面对现实中存在的违规、违约行为，新古典经济学主张由独立的第三方法庭来执行。

新制度主义经济学将规则遵循与理性选择统一起来，把遵循规则归结为理性选择的结果。这是因为存在：①信息和决策成本；②认知及信息处理约束；③尝试逐案调整而出错的风险；④个人由于其行为被规则决定而得到的某种利益[2]。但是新制度主

1　效用一词的内涵，从功利主义哲学家边沁、穆勒，边际效用学派的创始人戈森、杰文斯，到新古典经济学的集大成者马歇尔，都把它定义为"使人们感到幸福和满足的心理状态"。即便在萨缪尔森的《经济学》中，效用也被定义为"主观上的享受或有用性"。之所以强调这一点，是因为人们常常错误地理解经济学中的"效用"，将其视为外在的、物质的、独立于行为主体，类似古典政治经济学与马克思主义政治经济学中的"使用价值"，但这样缩小了"效用"的外延。在经济学中坚持使用"效用"，指行为主体主观上、心理上的"满足感"，其外延较宽泛，既可以包含人们的物质享受，也可以包含人们的精神享受与心理满足。例如，人们可以通过帮助他人获得心理满足。因此杰文斯与马歇尔等人在分析"效用"时，都十分自然地提到人民对"尊严""荣誉""责任""自豪感"等的追求。这种广义的效用最大化，既不排斥人们追求"精神世界的极大丰富和文化生活的深入发展"，也没有和"极大化原则"经济学"理性"范式相悖，甚至可以实质性的介入"利他"行为的存在。

2　[英]马尔科姆·卢瑟福.经济学中的制度[M].陈建波，郭仲莉译.北京：中国社科文献出版社，1999.

义经济学不能解释当遵循规则对自己根本无益甚至受损时人们为什么仍遵循规则。诺斯等经济学家试图通过修改理性人最大化假定来解决这个问题。如果扩大理性人的效用最大化内涵（既包括物质报酬又包括非物质报酬），那么理性选择行为模型不但仍然适应，而且能大大增强其解释问题的能力。

不仅如此，新制度主义经济学更关注个人的违约行为。经济学家们沿着新古典成本–收益原则的思路探讨制度什么时候倾向于自我实施，什么时候需要第三方强迫执行。科斯、威廉姆森等经济学家通过增加经济人的约束条件，即在有限理性、正交易成本和人的机会主义行为等约束条件下解释人们对规则的遵从与背离。

哈耶克从有限理性和制度演进论角度出发，认为规则遵循是对人类不能完全理解其环境的一种反应。他认为，人是追求目的的动物，也是遵循规则的动物。

经济学对个体理性——即"自利性"或"极大化原则"的强调，已经不可避免地引出了在群体之中理性的个体之间如何协调的问题。这个问题被诺贝尔经济学奖得主诺斯称为"一切社会理论的核心问题"。1998 年诺贝尔经济学奖得主阿马蒂亚·森说，经济学"理性"的含义有两种：一是指个体追求某种工具价值的"最大化"；二是指个体决策过程在逻辑上的无矛盾[1]。在森之前对经济学"理性"作了更为现代表述的是获得了诺贝尔经济学奖的数学家纳什，他明确指出经济学家惯常使用"效用函数"及其理论需要更正，并提出用"博弈论"作为其替代理论的可能性。例如一次"囚徒困境"式的博弈均衡，可能使所有的理性博弈者都不满意。但当桑塔菲研究所历时 10 年，横跨 15 个不同国家、民族与文化背景为样本的一次性博弈实验"最后通牒"（ultimatum game）[2]，经济学家可以宣称，人类的理性并没有像纳什所预料的那样陷入"囚徒困境"而不可自拔。"最后通牒"之所以能够超越"囚徒困境"，关键在于博弈双方有一种对于"公平"认同的"共识"，而这种"共识"是我们人类在几百万年

1　[印度]阿马蒂亚·森：伦理学与经济学[M].王宇，王文玉译.北京：商务印书馆，2000.

2　"最后通牒"最早是德国洪堡大学谷斯教授在 20 世纪 80 年代中期提出的，其内容非常简单：让两个实验对象分 1000 元钱，随机决定由一个人分配，如果另一个人接受，就按第一个人的方案分配；如果另一个人拒绝，则两个人 1 分钱也得不到。为了把实验严格限制在"纳什均衡"的状态下，必须杜绝被实验者的"串谋"；另外，还必须反复向被实验者说明，这样的实验"仅此一次"，不存在双方的"讨价还价"，这也是这个实验称作"最后通牒"的原因。显然，按"纳什均衡"推断，第一个人只留 1 元钱，第二个人也应该接受，因为它总比什么都没有好；如果第一个人预料到这一结果，那么他的"最优"方案就应该是"自己拿 999 元，给对方 1 元"。这是一个标准的"纳什均衡"。但是，反复的实验表明，这种赤裸裸的"理性"行为从来没有发生过。在圣路易斯华盛顿大学的实验表明，日本学生在作为第一个人提出方案时几乎总是只拿 500 元，留下一半给另一个人；而中国学生和犹太裔学生则一般是自己拿 700 元，剩下 300 元给另一个人。为了使这一实验具有更广泛的代表性，美国桑塔菲研究所用了 10 时间，在全世界找了 15 个不同文化背景的小型社会，包括原始土著、半开化的渔村、城市旁的乡村、前计划体制瓦解后的城市等，其结果大致相同，仍然不支持"纳什均衡"。

的进化中所确立起来的，它已经形成了一种类似于本能的"偏好"。虽然，这种"偏好"对每一个个体来说，会因经济地位、文化教育、传统习俗的不同而不同，但总是很稳定，以至于没有人能够忽视它的存在。但某个人具有"公平"的"偏好"时，他就会从"公平"的事件中获得"效用，当他为了"公平"而放弃金钱时，对他来说，"公平"的效用大于金钱的效用，他的行为依然是理性的。

人类的这些共识包括公平、信任、责任、合作、道德等，正是因为这类共识，才使社会成为可能。但我们在讲"理性"的时候，说的总是个体的理性，因为理性作为思维的形式之一，个人的大脑是它唯一的载体。我们无法想象，人类可以用一个集体的大脑或者社会的大脑来思考问题，所以，集体理性是无法定义的。因此，社会成为可能的各种共识，只有内化成为每一个社会成员的个人的理性，才能发挥其理性的功能。人类演化出语言与文字后，文化与教育在强化或改变人类的行为偏好方面起到了主导作用。当人类需要在更广大的范围内、更深刻的程度上维持自我与他人的交往与合作时，制度的博弈演进，包括习俗、惯例、宗教与法律，就成了延续与维护人类理性的重要工具。但不管这些工具多么有效，在实践中，它也必须通过改变或影响一个人的偏好和效用函数才能发挥自己的作用。

博弈论研究人与人之间行为的相互影响和作用。信息经济学研究信息不对称对个人选择及制度安排的影响。"当参与人之间存在信息不对称时，任何一种有效的制度安排必须满足'激励相容'（incentive compatible）或'自选择'（self-selection）条件"[1]。二者强调博弈的技术结构、信息结构对交易各方的制约。如果所有的制度都是"纳什均衡"，那么规则是自我实施的。这里，规则是确定的利益主体——参与人博弈后的行为结果。但如果规则是事先确定的，博弈中人群的分布是随机的，那么"囚徒困境"可能说明在信息不完全、不对称条件下参与人各方"违规"是最优的选择。只有通过无数次博弈改变"信念"和信息结构，交易双方才倾向于遵循规则。

（二）个体自由与自由市场

实验表明，人类本质上既是自我关注的，又是关注他人的。恰好因为"非合作"行为，才有超越私人关系的市场。非合作行为不是惩罚对等性而是建设对等性的缺失。产权和交易有助于消除惩罚行为。实验表明，我们对他人的关注来源于我们对自己的关注，前者成为社会交换过程中的对等性要求的基础。如果我们不在社会情境内，则我们对他人的关注将会消失，我们看到的，将是赤裸裸表现出来的自我关注行为。斯密恰恰打算把每个人的利己之心与其同情心之间的表面冲突视为上帝的伟大设计的

1 张维迎.博弈论与信息经济学[M].上海：上海三联书店，上海人民出版社，1996.

一部分。

休谟于 1747 年写下了"理性是并且应当是激情的奴隶",这样看来,理性仅是达到目标的一种工具。理性是不能问目标的合理性的,它只能帮助人类最合理地达到目标。理性怎么办呢? 休谟发现了一个可能的出路,即寻求以害处较小的激情来抑制害处较大的激情,自利的算计抑制了权力冲动,追逐经济利益的害处远小于追求权力与荣誉,由此资本主义得以诞生,取代了中世纪的英雄与骑士,或许还可以加上大同世界或人间天堂。奈特曾在研究"自由"时,因为幸福的千差万别,所有应当给每一个人追求幸福的自由,但这就需要建立合理的社会秩序。那么这个合理的社会秩序表现为什么呢? 表现为权利(right)而不是权力(power),

西美尔在《货币哲学》的第四章中写道,"个体自由":货币是人与人之间不涉及个人的关系的载体,而且是个体自由的载体。……货币经济还在私人兴趣领域表现出了这种分化的概貌,一方面货币凭借其无穷的灵活性和可分性使多种多样的经济依附关系成为可能,另一方面,货币无动于衷的客观的本质有助于从人际关系中去除个人因素。

基于人的理解能力,格劳秀斯讨论了三种解决人类争端的途径,它们都优于战争。第一种是"会议"或"谈判",在竞争各方之间;第二种是"折中",争执各方都放弃一些自己的要求;第三种是"抽彩",让神意(即自然)决定竞争的结果。洛克在《政府两论》中继承发展了格劳秀斯的立场。格劳秀斯把买卖双方自由竞争所得的价格视为符合自然法的价格。这一价格,虽然通常反映了出售者的费用及其劳动,但可以因为存货、货币、和购买者的多寡而发生突然变动。

经济,只是构成社会系统的许多部分或子系统当中的一个。任何经济系统,在任一社会内,都有两项相关的功能:其一是在个体福利的改善与社会整体福利的改善之间谋求平衡;其二是在相互竞争的用途和社会成员之间配置稀缺资源。故而,资源的有效率配置绝非经济过程的目的,而是达到更高目的的手段。

上述第一项功能对任何经济系统来说都是最重要的。如何在正义、稳定、和平的社会里最佳地确保个体的自由与福利,这是一条贯穿了经济思想史的主线。此外,还有各种关于经济学与社会系统内部各子系统之间的关系、作用方向和作用强度的不同看法。一种极端的看法是相信经济为其他一切子系统提供了基础和解释,即所谓"经济学帝国主义"的看法。另一种极端看法是相信社会系统决定了或者应当决定经济的运行方式。

交换的资源配置机制,在社会制度的语境里也被称为"市场"。一个市场,是这样一种社会制度,它允许和鼓励任一财货的潜在的买家和卖家卷入与其他买家和卖家的自愿交换过程。这些自愿的市场交换反映了参与交换的个体的偏好。市场理论的基础是相信个体知道他们自己的偏好并且不会做出损害他们自己利益的任何行为。故而，市场里的个体所作的任何选择都代表着对他们自己福利的一种改善而不是恶化。基于这样的自利个体之间的自愿交换过程，不同个体利益之间就能够达到和谐并与社会福利相一致。边沁的功利主义是当代微观经济理论的基础，它坚持认为社会效用是个体效用函数的加总。

个人在社会政策提供的环境内作出选择。传统、习俗、文化，构成潜规则或政策，而社会制度则界定和实施这些潜规则。一个极端的特例，是个人主义的自由市场思路；所谓自由市场原理，就是自愿的（voluntary），即自愿主义的原则。自愿主义是自由交换的合法性前提。这里，个体们知道他们自己的偏好，然后，借助市场体系，发出和收集关于这些偏好的信号，建立协调个体之间自愿选择的激励。处于这一连续谱系的另一个极端的，是可以称为中央集权的配置过程。这里，决策由一个被视为权威的群体或个体作出的；其余个体的选择不被许可。

哈耶克认为，各个社会成员的利益不可能用一个统一的具有先后次序的目标序列来表达，也不存在无所不包的统一的目标序列，任何人没有能力去了解所有人的互相竞争有限资源的各种需要并给它们排出先后次序。任何人都不可能获得关于所有其他人的需求的完备知识，这证明市场机制优越于计划机制。

市场是一种整理分散信息的机制，它比人们精心设计的任何机制都更为有效。由于经济知识是分散的，不可能集中起来，因此就需要经济决策的分散化，需要有为分散的决策导向、纠偏的市场。"市场秩序之所以优越，这个秩序之所以照例要取代其他类型的秩序（只要不受到政府权力的压制），确实就在于它在资源配置方面，运用着许多特定事实的知识，这些知识分散地存在于无数的人们中间，而任何一个人是掌握不了的。"

【经典阅读】米尔顿·弗里德曼的《资本主义与自由》绪论

在肯尼迪总统就职演说中被引用得很多的一句话是"不要问你的国家能为你做些什么——而问你能为你的国家做些什么"。关于这句话的争论集中于它的起源而不是它的内容是我们时代的精神的一个显著的特征。这句话在整个句子中的两个部分中没有一个能正确地表示合乎自由社会中的自由人的理想的公民和它政府之间的关系。家长主义的"你的国家能为你做些什么"意味着政府是保护者而公民是被保护者。这个观点和自由人对他自己的命运负责的信念不相一致。带有组织性的，"你能为你的国家做些什么"意味着政府是主人或神，而公民则为仆人或信徒。对自由人而言，国家是组成它的个人的集体，而不是超越在他们之上的东西。他对共同继承下来的事物感到自豪并且对共同的传统表示忠顺。但他把政府看作为一个手段，一个工具，既不是一个赐惠和送礼的人，也不是盲目崇拜和为之服役的主人或神灵。除了公民们各自为之服务的意见一致的目标以外，他不承认国家的任何目标；除了公民们各自为之奋斗的意见一致的理想以外，他不承认国家的任何理想。

自由人既不会问他的国家能为他做些什么，也不会问他能为他的国家做些什么。他会问的是："我和我的同胞们能通过政府做些什么"，以便尽到我们个人的责任，以便达到我们各自的目标和理想，其中最重要的是：保护我们的自由。伴随这个问题他会提出另一个问题；我们怎么能使我们建立的政府不至成为一个会毁灭我们为之而建立的保护真正自由的无法控制的怪物呢？自由是一个稀有和脆弱的被培育出来的东西。我们的头脑告诉我们，而历史又能加以证实：对自由最大的威胁是权力的集中。为了保护我们的自由，政府是必要的；通过政府这一工具我们可以行使我们的自由；然而，由于权力集中在当权者的手中，它也是自由的威胁。即使使用这权力的人们开始是出于良好的动机，即使他们没有被他们使用的权力所腐蚀，权力将吸引同时又形成不同类型的人。

我们怎么能从政府的有利之处取得好处而同时又能回避对自由的威胁呢？在我们宪法中体现的两大原则给予了迄今能保护我们自由的答案，虽然这些原则被宣称为根本的方针而在实际上它们屡次受到破坏。

首先，政府的职责范围必须具有限度。它的主要作用必须是保护我们的自由以免受到来自大门外的敌人以及来自我们同胞们的侵犯：保护法律和秩序，保证私人契约的履行，扶植竞争市场。在这些主要作用以外，政府有时可以让我们共同完成比我们各自单独地去做时具有较少困难和费用的事情。然而，任何这样使用政府的方式是充满着危险的。我们不应该，也不可能避免以这种方式来使用政府。但是在我们这样做以前，必须具备由此而造成的明确和巨大的有利之处作为条件。通过在经济和其他活动中主要地依靠自愿合作和私人企业，我们能够保证私有部门对政府部门的限制以及有效地保证言论、宗教和思想的自由。

第二个大原则是政府的权力必须分散。当政府行使权力时，在县的范围内行使比在州的范围内要好，在州的范围内要比在全国的范围要好。假使我不喜欢我当地城镇所做的事情，哪怕是污水处理，或区域划分，或学校设施，那么，我能迁移去另一个城镇。虽然很少人会实际采取这一步骤，仅仅是这种可能性就能起着限制权力的作用。假使我不喜欢我居住的那个州所做的事情，那么，我能迁移去另一个州。假使我不喜欢华盛顿实施的事项，那么，在这个各国严格执行自主权的世界里，我没有多少选择的余地。

当然，成立联邦政府的不利之处对许多主张成立的人来说恰恰是权力集中具有很大的吸引力的地方。他们相信这会使他们更有效地——像他们所看到的那样——以公众的利益来进行立法，不管它是把收入从富人转移给穷人，还是从私人的用途转到政府的用途。在某种意义上，它们是正确的。但这个事物有正反两面，做有益的事的权力也是做有害的事的权力。今天控制权力的那些人不可能明天也如此，而更重要的是：一个人认为是有益的东西，另一个人可能认为是有害的。正如进行鼓动来一般扩大政府范围的悲剧一样，鼓动权力过度集中的悲剧，它主要是由那些首先会对其后果懊悔的有善良意愿的人所领导。

保存自由是限制和分散政府权力的保护性原因。但还有一个建设性的原因。不管是建筑还是绘画，科学还是文学，工业还是农业，文明的巨大进展从没有来自集权的政府。哥伦布并不是由于响应议会大多数的指令才出发去找寻通往中国的道路，虽然他的部分资金来自具有绝对权威的王朝。牛顿和莱布尼茨，爱因斯坦和博尔，莎士比亚、米尔顿和帕斯特纳克，惠特尼、麦考密克、爱迪生和福特，简·亚当斯、弗洛伦斯、南丁格尔和艾伯特·施韦特，这些在人类知识和理解方面，在文学方面，在技术可能性方面，或在减轻人类痛苦方面开拓新领域的人中，没有一个是出自响应政府的指令。他们的成就是个人天才的产物，是强烈坚持少数观点的产物，是允许多样化和差异的一种社会风气的产物。

政府永远做不到像个人行动那样的多样化和差异的行动。在任何时候，通过对房屋或营养或衣着的统一的标准，政府无疑地可以改进许多人的生活水平，而通过对学校教育、公路建筑式或卫生设备设置统一的标准，中央政府能无疑地改进很多地区，甚至平均说来所有地区的工作水平。但是在上述过程中，政府会用停滞代替进步，它会以统一的平庸状态来代替使明天的后进超过今天的中游的那个试验所必需的多样性。

（三）个体选择与社会互动

对社会互动在经济产出中的作用进行分析成为一个越来越重要的研究领域，如何将人们习以为常的相互依赖关系（Interdependence）引入经济学的效用函数中来——即对其他个体选择行为的评价是如何影响给定个体的效用函数的，成为这一研究领域的主要问题，而由此得出的结论将对个体相互依赖下的社会行为作出解释。互动分析方法在理解差异性个体带有群体互动特征的经济行为时，比如厂商的空间集聚、技术扩散、政党政治等方面，已经开始表现出强大的生命力。

自斯密以来的经济学一直秉承个人主义方法论的传统，这个方法论传统充分强调个体的私人特性（与个体的社会特性相比较而言）在行为选择决策中的决定性作用，可以看到无论是在消费者的效用函数还是生产者的生产函数中，最后的产出总是取决于个体本身对于稀缺性资源的消耗程度，而个体之间的关系在这个方法论传统下则被压缩成仅仅表现为以价格为核心的（间接的）市场依赖关系。尽管我们可以将强调个人主义分析方法的原因归于使问题变得简化的目的，但忽略个体行为社会特性的做法显然大大削弱了经济科学对于社会、经济行为的解释力，尤其是削弱了对那些高度依赖于社会环境的个体行为的解释力。事实上，如果将个体行为置于相互直接依赖（即互动）的社会群体背景下，那么其行为选择的结果将不同于单纯的个体决策。有关这一点，可以在贝克尔的《口味的经济学分析》（1998）中找到有趣而深入的论证。因此，更具说服力的经济学应该具备一种足以解释个体间相互依赖关系在行为决策中所起作用的分析方法，而互动分析方法无疑为系统地理解这一作用提供了有效的途径。诺贝尔经济学奖获得者阿克洛夫则明确地将社会互动概括为"个体效用对其他个体行动或者效用的依赖性"，并认为社会互动有可能带来偏离社会最优的长期低水平均衡陷阱。

互动分析方法的研究对象是由经济个体组成的群体的行为选择特征，而不是单个个体的行为选择特征。然而，要理解由互动的经济个体组成的群体行为特征，显然必须先对处于互动群体中的个体行为作出解释，因为由统计学原理可知，任何群体的社会经济行为特征只不过是处于其中的个体行为特征的联合概率分布而已。值得注意的是，个体之间存在的直接依赖关系，也就是以市场结构以外的因素为媒介（比如社会地位、血缘、宗教和地理区位等）进行互动的关系，决定了群体行为特征绝不是个体基础上的简单加总。由于社会互动主要表现为个体选择行为受到了群体内其他个体选择行为的影响，即个体行为与群体内其他个体行为之间存在着对应的函数关系，因而对个体选择的简单加总无疑是忽略了个体的这种社会特性。在完全理性预期的情况下，群体内的个体行为将实现静态的纳什均衡，而此时的互动行为则就体现为具有一个总体互动特征（这也就是群体的总体特征，比如血缘、宗教或者地理区位等）的概率分布，从而群体行为也就表现为具有相同总体互动特征的个体行为概率的联合分布。所以，对于具有不同互动关系的异质性群体而言，其行为的特征显然是有所差异的。正如高收入家庭对于消费的偏好不同于低收入家庭一样，

由以上分析可知，互动分析的主要目的在于理解互动个体组成的群体的行为特征，而理解群体行为特征的关键之处则在于理解个体行为如何在互动的条件下实现均衡分布，故互动分析的重点之一无疑是个体在互动条件下的行为特征。社会互动意味着个体行为对其他个体造成了外部性的影响：不仅个体行为受到其他个体行为的影响，而且其本身也在影响着其他个体的行为，我们将这种外部性影响称之为行为的"溢

出效应（spillover effect）"。在布鲁姆与德劳夫（Blume，Durlauf，1999）看来，个体行为的溢出效应正是社会互动的来源。而对于贝克尔来说，这种溢出效应体现在效用函数中，表现为消费行为的效用除了取决于个体所消费的商品和服务之外，还取决于其他个体行为的特性。实际上，以往经济学中也曾对储蓄和消费所产生的"示范"和"相对收入"效应、"随大流行为"和"势利行为"等行为的溢出效应进行过讨论，而克拉克则将犹太人群体中的直接依赖关系与他们的收入联系起来进行研究（1982）。在此，溢出效应的作用在于它使得其他个体的行为成为某个体行为函数中的一个参数，即使个体间的行为达到一定的社会一致性水平。当每个个体的行为受到群体内其他个体行为的影响时，在或正或负的溢出效应下，个体行为将偏离原先独立状态下的选择偏好。值得进一步关注的是，由于群体内不同个体之间的关系存在差异性，也就是说不同其他个体对于（或者受）某个体的行为选择的影响程度是不同的，故造成了行为溢出效应参数在个体间的非平衡分布。因此，个体行为的社会特性除了表现为其他个体行为对其的影响之外，还进一步表现为他们之间所存在的不同影响关系。

在互动的社会环境中，个体如何作出最优选择呢？在理性预期的假设条件下，每个个体都对其他个体的行为选择进行了合理的预期，也就是说个体的主观预期等同于所有其他个体的实际选择分布，因而根据对其他个体行为的主观预期以及通过确定他们之间的溢出关系，某个体就可以决定自身的行为选择概率分布。此时，个体行为符合由总体规定的社会一致性水平，这就意味着个体的行为为最优选择，即实现了静态的互动均衡。所有偏离一致性水平的个体行为都是非均衡的，而将被最终调整到均衡状态。

三、经济自由主义的基本原则

经济自由主义并不意味着仅仅要求政府不应当干什么，而要求政府采取各种积极的行动，尽量运用社会的自发力量，尽可能少地借助强制手段，不是像手艺人做手工活那样去塑造成果，而应像园丁培育他的花木那样通过提供适宜的环境去促进成长。例如帮助私人企业建立和维持与货币、市场及信息传递有关的机构，尤其是完善法律以保证竞争的健康进行。

（一）政府行为的原则与理论基础

斯密的经济自由主义并不是19世纪所盛行的放任主义，不是主张听任事物自生自灭，而是尽可能地利用竞争力量来协调人类经济行为。斯密认为国家不应扮演一个被要求束缚手脚只能袖手旁观的角色，而是创立和维持一种有效的竞争制度的积极参与者，创造条件使竞争尽可能有效；在不能使其有效的场合则加以补充；提供那些对社会有益，但由于私人经营却力所不能及的服务。

经济学家普遍认为基于政府力量的清晰界定和强迫执行的财产权利是人类走出"丛林"状态——每一个人过度投资于防卫且过少投资于直接生产的囚徒困境——的道德合法途径。他们不关心产权关系是否符合社会正义原则，这似乎表明他们默认了边沁的功利主义正义原则。如果初始权利配置不满足社会正义的原则，那么，社会成员将希望通过政府实施再分配政策来近似这一社会正义。

政策与选择，基于我们对特定行动的特定后果的预期。当代经济理论坚持认为选择是基于机会成本的选择。把各种可供选择的行动的全部可能的预期后果之间加以比较，在最好的结果与第二好的结果之间进行选择。可是，我们对每一可供选择的行动的后果的预期，其实是基于各种各样的理论的。尤其是在当代的科学和理性的世界里，理论与"知识"，成为选择的基础。选择可以是基于直觉、感受和激情的，但在工业社会里，这样的选择是不"科学"的。意识形态、理论、政策与选择的后果之间的关系是多向度的和多层面的，每一因素都同时影响并受到其他因素的影响。

马斯格雷夫于 1959 年出版了《公共财政理论》（The Theory of Public Finance），该书对公共财政领域的相关问题进行了全面、系统并严谨的论述，对公共部门在经济中的作用持一种积极、正面的观点。马斯格雷夫认为政府的主要作用有三个方面：①提供公共物品、提供资源配置过程中"市场失灵"的矫正手段；②调节收入分配以在社会成员中求得达成求得公平的社会产出分配；③在适当稳定的价格水平下运用凯恩斯政策求得较高水平的就业率（以上三项作用可以归结为配置功能、分配功能和稳定功能）。由此，马斯格雷夫有关国家的作用的观点就显得颇为积极：市场经济不可避免地会在一些基础领域出现严重的缺陷，提供必要的矫正措施以使其走上正轨就成为政府必要的工作。

而约在同一时期，布坎南和塔洛克的著作《一致同意的计算》则对公共部门的作用提出了完全不同的、不那么令人乐观的观点。这本著作的主题就是关于经济和社会中多数主义政治可能带来的有害的效应。他们认为，特殊利益集团和联合体等会促使政府制订一些增进其集团利益却要由整个社会和经济来承担其成本的项目计划，结果就形成了公共部门过度扩张的强烈的倾向，伴随着转移支付水平的不断提高（有时也不太明显），税率也不断提高。因此布坎南和塔洛克建议政府要采取一系列"规则"或者是宪法来有效地限制公共部门的扩张。与积极性政府的观点不同，布坎南和塔洛克的观点是反对政府干预市场的。

（二）政府行动：是好是坏

从知识分子的观点出发，所有的经济学家都持有个人主义与契约主义的哲学框架。没有人把国家本身看作是一个有机的组织单位，正如马斯格雷夫所说的，"我认为国家可视为个人参加而结成的合作联盟，形成该联盟就是为了解决社会共存的问题并且按照民主和公平的方式解决问题"。尽管有这样的共识，经济学家们还是很快地走向了两种截然不同的研究思路。

对于马斯格雷夫来说，公共部门自有其在市场中存在的合理性。它不应被视为对私人市场"自然秩序"的"偏离"，而是作为致力于解决一套不同的问题同样有效或"自然的方法"。按着这种观点，私人部门和公共部门是互为补充的，在促进社会福利的过程中二者协力发挥作用。

与此不同，对于布坎南来说，公共部门代表一种严重的威胁。布坎南运用简单但是极具启发性的模型阐释了他对多数主义体制下利益集团掠夺税收体系下的"公共池塘"资源以谋取自身利益的内在倾向。在布坎南看来，多数主义政治不可避免地会出现多数人联合体促使政府通过财政政策按照自己的利益来重新分配资源。这会导致公共部门破坏性增长，从而对税基施加压力，为社会和经济带来各种各样的负面效应。

从这种观点出发，核心的问题就变成了如何建立一套宪政体系来限制政府的过度膨胀和破坏趋势。这类限制可能会是放弃简单多数原则，建立一套包容更多数人的多数人规则（就像布坎南在《一致同意的计算》一书中提到的那样）或者是在宪法中规定类似保持预算平衡的条款等形式。为使这规则更具有普遍性，布坎南主张一种"对普遍性的限制"（constraint for generality），他认为这可以有效地限制政治家们，使其在决策时要真正地从"公众"的角度考虑或多或少地公平地提供社会福利。这可以消除在多数主义制度环境中某些指定对象的福利并自然地将其转移。布坎南解释道，"这里我认为最重要的事情和我最主要的动机从规范意义上来说就是防止通过政治程序的人剥削人，这正是我全部研究方法的推动力。"尽管马斯格雷夫也承认存在一些无效率的和误导的政策，但他认为问题根本不在于限制政府，"规则的作用不仅在于限制，它还具有能动的作用，（使人们的行动成为可能）"。像市场一样，政府本身也会为社会福利的改善做出他自己的贡献。

很显然，二者的分歧导致了截然不同的关于政府规模与范围的观点。布坎南注意到，二者的区别仅在于：马斯格雷夫认为集体行动能做的"好事"相对更加重要，而他却认为不受约束的集体行动可能做的"坏事"相对更加重要。

除了对政府总规模的观点不同外，这种分歧还在政策手段的取向上产生了重要的差别。根据其普遍性原理，布坎南主张实行辅以"全民性社会津贴"的单一税制[1]。在这个倡议下，所有的收入都课以单一的税率，同时以人均相同的方式发放社会津贴。这样每个个人都可以收到一份固定的（社会津贴），同时以固定的税率为其收入纳税。从理论上讲，这种制度可以做到公平地分配人们同意的水平的社会津贴。低收入个人可以收到一大笔超过其所纳税额的津贴，这样他们就可以收到正的政府的净转移。马斯格雷夫强烈地反对这种提议，原因是它可能会给预算体制带来极大的成本；进一步说，它事实上对高收入阶层起不到累进税的效果。马斯格雷夫认为，联邦税制的核心在于要实行累进的个人所得税制，这样才会带来真正的社会公平的结果。

（三）社会结构和改革

对 20 世纪的社会结构和改革的评价还是一件复杂的事。无论对其作出正面的评价还是反面的评价都可以列出一长串理由。举个例子说，在正面评价中，有财富的大幅增长、人们健康水平大幅度提高，包括人们预期寿命提高、新生儿死亡率下降、共产主义衰落、全球性民主进程取得重大进展、少数派的处境有所改善等，诸如此类。但是显然还存在一些令人忧虑的事情，这些"坏"的事情不仅包括布坎南所提到的因公共部门扩张而带来的问题，而且还包括不断增加的对地球环境以及自然资源的容纳能力等施加的压力、核扩散的威胁、持续不断的伦理冲突、艾滋病以及其他传染性疾病所造成的恐慌等。

布坎南认为，整个 20 世纪是个"可怕的世纪"，"过度膨胀的福利——转移支付国家"带来了严重的道德问题，"市场经济中的信任似乎已经被无所不在的诉讼的威胁所代替，政治生活中的信任也因无孔不入的腐败而摇摇欲坠。大量的道德败坏现象，究其根源就是相对于整个经济而言，公共部门的规模过度膨胀"。"我们宝贵的社会资本遭到了严重贬值，这些宝贵的社会资本体现在这样的态度上，个人独立、遵纪守法、自强自立、勤奋工作、自信、永恒感、信任、互相尊重和宽容等。"在描绘了理想状态的社会道德结构后，布坎南提出了一系列改革方案，旨在削减政府规模并通过普遍性原则限制多数主义政治侵夺公共池塘资源的能力。

20 世纪 80 年代后，许多国家的公共政策的核心思想转向了诸如放松管制、私有化和致力于对"政府失败"的研究而不再过多地考虑市场的局限性等，政策设计的主题就是想办法寻找将市场激励引入到公共项目规划中的途径。如政府利用补贴的方式解决外部负效应的问题，在存在外部成本的情况下，如企业排污给附近的河流造成污染，政府向企业提供补贴，鼓励其扩大投入，采取减除污染的措施，改进生产工艺，

1　flat tax，这个词的中译有很多，如统一税制、均一税制，甚至有人译成平税制。

从而减少向河流排污的量。美国 1990 年的"清洁空气法案"修正案中为减少酸雨而实行的对含硫物排放实行补贴制就是这方面比较有创见而且成功的例子。

市场机制对经济增长具有巨大的推动力，但是它不是万能的。事实上市场机制在有效配置社会短缺资源方面显然会存在一些失灵的地方。举个常见但很重要的例子，市场机制可能会引起过度的空气污染，原因很简单：以个人寻利为宗旨的企业没有任何激励去减少废气排放（这些企业在使用稀缺资源如劳动力和原材料等时，必须为此承担社会成本，而排放废气则不必承担社会成本）。因此，通过公共政策来促进空气环境的清洁以增进社会福利就显得至关重要了。

而且尽管经济持续的扩张带来了总产出和财富的大量增长，但这种增长并未惠及所有家庭。按照标准的测量方法，大家基本上都承认近年来收入分配的不平等程度有扩大的趋势。这显然就是自由市场体制的问题之一：尽管它可以促进经济增长和效率，但同时它也带来了风险和不安全感。我们需要想办法提高底层家庭的收入水平，增进个体各种发展机会等。这当然并不是要我们从现在对社会福利改革的努力中倒退回去，而要找一种新的办法来提供社会保障网络，如对一些工作的激励或补贴、促进良好的教育发展等。

还有，人们必须得重新考虑、重新构建支持老龄化社会的规划。这个问题并不难理解，20 世纪 60 年代的美国，大约有超过 5 位纳税人支持 1 位社会保障受益人的，而到了 1999 年这个比例下降到了 3.4，到 2030 年这个比率可能到低到 2.1。老龄化的浪潮同样也已经席卷中国，2005 年的中国，相对每 100 名适龄工作成年人，仅有 16 名老年人；而这一老年抚养比到 2025 年将会翻番到 32%，到 2050 年会再翻一番，达到 61%，将会有 4.38 亿中国人年龄达到或超过 60 岁，其中 1.08 亿超过 80 岁，劳动者的负担将增长 3 倍[1]。因此人们所要做的就不仅仅是去"修补"社会保障和医疗体制，而是要构筑一套复杂的一揽子方案，使得个人和公共部门都努力为老年人提供退休收入和医疗保健服务等。这个一揽子方案可能包括鼓励人们增加私人储蓄、提高退休年龄等。

但在现实生活中，人们常常看到有些管制措施要么是不能达成既定目标，要么是代价昂贵。近年来政界与学界花费了大量的精力和代价，试图找到一种灵活有效的程序，通过制定环境质量标准及设计合理有效的方法以从根源上制止污染。和环境问题一样，人们所面临的许多经济和社会问题的解决方案都取决人们对市场和政府各自的优势和局限的理解、取决于人们是否有能力设计一种可以使市场和政府协调运转以促进社会福利。

1　2015 年中国人口老龄化现状分析及发展趋势预测，中国信息产业网数据整理，www.chyxx.com

第四章　产权理论

教学目标:

- 了解稀缺性与财富的关系
- 知道产权与公地悲剧
- 了解产权制度与经济增长的关系
- 探讨海洋资源开发利用中的产权问题

有效的经济组织是经济增长的关键,产权理论研究的主要内容集中于产权、激励与经济行为的关系,尤其着重于不同的产权结构对收益——报酬制度及资源配置的影响。科斯对灯塔制度的研究:说明了私人产权的作用,也说明了私人经营的效率比由政府一般课税资助的效率高。

第一节　产权的概念

一、财富

经济学也是研究关于财富的生产、交换、分配和消费的科学。古典经济学的杰出代表亚当·斯密就把他的代表作取名为《国民财富的性质和原因的研究》(即《国富论》),无数经济学名著也在其书名中涉及财富这个范畴。然而,究竟什么是财富?经济学家并没有统一的看法。

早在资本主义发展初期,在政治经济学形成的时代,经济学家对财富这一范畴就有不同的理解和争论。重商主义和重农主义是古典政治经济学产生之前的两大主要经济学派。重商主义者把财富等同于货币或金银,认为只有金银等贵金属货币才代表真正的财富。一个国家是穷是富,决定于它掌握的金银量,因而尽可能多地积累金银，便是一国致富的唯一途径。为此他们主张，应加强出口限制进口，通过贸易顺差而输入金银，以使国家变得富裕。这正是当时不产金银的欧洲国家主要采取的经济政策。

重农主义者与重商主义者的观点完全不同。在他们看来，不但货币不是财富，甚至工业和商业活动也不创造财富；只有农业中的土地产品才是财富的源泉，而且只有"纯产品"，即农业总产品扣除生产过程中所耗费的生产费用后的剩余部分的增加，才意味着一国财富的增长。由此他们认为，只有农业活动是生产性的，只有土地所有者和土地耕作者是生产阶级；而其他经济活动都是非生产性的，商人、制造业者和制造业工人都是非生产阶级。这样，重农主义把财富从产品的价值形态还原为产品的物质形态，尽管这是在非常狭隘的观点下的还原，并且从经济学的观点看包含着许多明显的谬误。

以威廉·配第为代表的古典政治经济学家，在批评重商主义和重农主义的基础上，继续了对财富概念的这种还原。不过，配第并没有前后一致的财富定义，但当他说"土地为财富之母，而劳动则为财富之父和能动要素"[1]这句曾被马克思所引用和肯定过的话时，他实际上把财富还原为由劳动和自然物质相结合而生产的一切物质产品。亚当·斯密继承了这一思想，在《国富论》中，他采用了坎梯隆给财富所下的定义："一个人是富还是穷，依他所能享受的生产必需品、便利品和娱乐品的程度而定。"又说，"劳动是为购买一切东西支付的首次价格，是最初的购买货币。用来最初购得世界上的全部财富的，不是金或银，而是劳动"。[2]在这里，斯密同样把一切物质产品都视为财富；但在后一句话中，他显然忽略了自然因素也是物质财富的一个源泉。李嘉图肯定了斯密所引用的坎梯隆关于财富的定义，进一步指出："一个人的贫富取决于其所能支配的必需品和奢侈品的多寡。""如果两个国家所具有的生活必需品和享受品数量上恰好相等，我们就可以说它们同样富有。"[3]

而在现代社会中，一切能够进入生产消费和生活消费的产品与服务显然都属于物质财富的范围。而人类社会发展的一般趋势是，社会分工不断深化，生产过程中有越来越多的服务劳动环节分离出来成为独立的服务部门；与此同时，人类的生活需求也日益多样化和趋向更高层次，有越来越多的服务作为使用价值代替产品进入个人消费。这都使得服务相对于产品在社会生产的实际使用价值或物质财富中所占的比重日趋扩大。例如美国的国民收入账户即把个人消费分为三个类别：非耐用消费品、耐用消费品和服务。早在1982年，服务已在全部消费支出中占到49%，而耐用消费品占

---

1 [英]威廉·配第.赋税论献给英明人士货币略论[M].陈冬野等译.北京：商务印书馆，1963.

2 [英]亚当·斯密.国富论[M].杨敬年译.西安：陕西人民出版社，2001.

3 [英]李嘉图.政治经济学及赋税原理[M].郭大力，王亚楠译.北京：商务印书馆，1962.

12%，非耐用消费品占 39%。[1]因此，在当今的资本主义时代和发达的市场经济中，物质财富的内涵与外延，以及相应的生产劳动的概念，已经大大地扩展了。在广大的第三产业中，不仅商业部门中有相当大一部分具有生产性质，而且那些生产性服务部门和消费性服务部门，包括教育、卫生、旅游、文化娱乐部门等，都应属于生产实际财富的生产性部门。那种把物质财富仅限于实物产品的观点，显然是狭隘的，尤其不符合现代社会发展的实际。

二、稀缺性与产权

人类生活在稀缺的世界之中，要想得到更多的东西，就必须放弃一部分别的东西。此外，资源还有着多种用途。所以，人类为了生存，一切社会都不得不面对和解决两个基本问题：谁得到什么与谁做什么？

稀缺性的概念在经济理论中起着至为重要的作用。瓦尔拉（Walras）给社会财富即经济货物所下的定义：所谓社会财富，我指的是所有稀缺的东西，物质或非物质的（这里无论指何者都无关紧要），也就是说，它一方面对我们有用，另一方面它可以供给我们使用的数量却是有限的。"有用"指"能满足我们的某种需要"；"数量有限"，则意味着一些东西只有当它们稀有时，才能被认为是社会财富的一部分。而另一些"存在的数量之多使我们每一个人都感到随手可取，可以完全满足个人的需要"，如空气、阳光等，这些东西任何人都能随心所欲地获取，称不上是社会财富。

由于存在稀缺性和有用性，瓦尔拉提出了三项重要推论：①"数量有限的有用之物是可以被占有的"，这是财产理论中很重要的思想，也是经济学和法学所共同研究的对象；②"数量有限的有用之物可以和别人所有的他物按一定的交换率（价格）进行交换"，因此，经济学典型地研究市场的定价问题；③"数量有限的有用之物可以由产业制造出来和成倍增加。换言之，它们可以再生。"因此，经济学必须把商品生产或产业作为主要的研究课题之一。罗宾斯接受瓦尔拉的观点，认为"不管经济学所关心的是什么……但它并不是如此关心物质福利形成因素的"。他指出：每一个经济问题都有着目的很多而实现目的的手段却稀缺的特点。但目的的多种性并不足以确定一个问题为"经济问题"；实现手段的稀缺性，如果不存在可供选择的多种目的这个条件，那也不足以成为经济问题。但是如果有多种目的可供选择，而实现的手段却稀缺，那我们就会面临一个经济问题。"经济学是一门把人类行为作为目的和（有着多

1 [美]H.J.谢尔曼，经济周期——资本主义下的增长和危机[M].普林斯顿大学出版社，1991（英文版）。

种选择办法的）稀有手段之间的关系来进行研究的科学。"（1932 年）

因此，一切社会的社会经济问题都有着相同的根源——稀缺。然而，由于世界各地区制度结构千变万化，对这一问题的解决办法在国与国之间并不相同。不同的制度安排有着各自的激励结构，而且这些激励对人类行为有着特殊和可预见的影响。人类行为，又进而影响着资源的配置和创新的进程。

【案例】北美印第安部落之间的产权安排

在毛皮贸易形成以前，狩猎的主要目的是为了得到食品以及猎人家庭所需要的少量的毛皮……猎人从事狩猎完全自由，而且进行狩猎时并不考虑对其他狩猎人形成的影响。但是这些外部性影响非常小，不值得任何猎人考虑。但是，毛皮贸易的产生具有两个直接的结果：一，毛皮对印第安人来说价值显著上升了；二，狩猎活动的范围急剧扩大。这两个结果都大大提高与自由狩猎相联系的收益。产权制度开始发生变化，这一变化要求考虑由于毛皮贸易而变得非常重要的经济收益。1723 年的档案中有记载："印第安人的原则是在他们所选择的狩猎地带的树顶上烧一个痕迹作为标记。因而他们可以互不侵占……到该世纪中期，这些分配区域已经相对比较稳定了。"

再者，皮革贸易还促进了更为经济地蓄养皮毛动物，蓄养要求有能力阻止偷猎，这反过来又要去发生关于狩猎土地财产的社会变迁。

所以，当产权对外部性内在化为收益与成本的影响更为经济时，它们就产生了。

案例思考题：1. 海洋网箱养鱼的产权安排是如何的？

2. 如何进行产权安排才能提高效益？（可以从资源的流动性，如渔业资源；资源的固定性，如土地等角度来进行思考）

三、产权的概念

产权，与稀缺性和理性一样，是经济学的基础。产权是一种通过社会强制而实现的对某种经济物品的多种用途进行选择的权利[1]。这种权利并不是对物品可能用途施以人为的或强加的限制，而是对这些用途进行选择的排他性权利。属于个人的产权即为私有产权，它可以转让——以换取对其他物品同样的权利。私有产权的有效性取决于对其强制实现的可能性及为之付出的代价，这种强制有赖于政府的力量、日常社会行动以及通行的伦理和道德规范。产权从而成为一种社会工具，其重要性就在于事实上它们能帮助一个人形成他与他人进行交易时的合理预期。

---

1 [英]伊特韦尔等.新帕尔格雷夫经济学大辞典[M].第三卷(K-P).北京：经济科学出版社，1996.

关于产权，费希尔认为："产权是享有财富的收益并且同时承担与这一收益相关的成本的自由或者所获得的许可……产权不是有形的东西或事情，而是抽象的社会关系。产权不是物品。"相反，产权是人与人之间由于稀缺物品的存在而引起的、与其使用相关的关系。产权的这一定义是与罗马法、普通法、卡尔·马克思的著作和新制度（产权）经济学相一致的。

产权的这一定义有两个重要含义。第一点，把人权与产权割裂开来是错误的。"我"的选举权和"我"发表言论的权利就是我的产权，因为它们明确了"我"与别人之间的关系。换句话说，这一产权定义适用于所有个人相对于别人所拥有的权利。第二点引申自第一点含义，即产权是个体之间的关系。假如"我"得到了一台计算机，所有权确定的并不是"我"与计算机之间的关系。它确定的是"我"与其他人在使用计算机的权利问题上的关系。产权具体规定了与经济物品有关的行为准则，所有人在与其他人相互作用过程中必须遵守之，否则就必须要承担不遵守所带来的惩罚成本。

所有权是产权一般概念中的一类。罗马法详细规定了几类产权：所有权（在法律限度内使用其财产的权利）、邻接权（穿过他人土地的权利）、用益权（使用属于他人的物品，或者将其出租但不是改变其质量或者出售给别人的权利）、使用权（使用他人物品的权利，但不得将之出租、出售或者改变质量），以及抵押权（保留他人物品但不使用的权利）。

所有权包含以下四个方面：①使用资产的权利（使用权）；②获得资产收益的权利（用益权）；③改变资产形态和实质的权利（处分权）；④以双方一致同意的价格把所有或部分由①、②、③规定的权利转让给他人的权利。

最后两个方面是私人产权最为根本的组成部分。它们确定了所有者承担资产价值的变化的权利。尽管所有权并不是一种不受限制的权利，它只受到法律明确规定的限制的约束，从这个意义上来说，它是一种排他的权利。对所有权的限制可以是实质性限制，如价格管制；也可以是次要的限制，如房屋周围的围栏必须在房产界线两英尺范围以内。在这一点上必须强调的是，对所有权的法律限制——无论公正与否——缩小了我们对所拥有的财产用途选择集合。

四、公共产品中的产权安排与效率

产权概念与交易成本概念密切相关，可以把交易成本定义为与转让、获取和保护产权有个的成本。如果假定，对于任何资产，每一种这样的成本都上升，并且完全保护和完全转让产权的成本达到非常高的程度，那么这些权利就是不完全的。即，只要交易成本大于零，产权就不能被完整地界定。人们不想或无法界定产权的那些财产就在公共领域，这类财产的典型如世界上大部分海域。

（一）经济物品（economic goods）

经济物品基本上可以分为两类：公共物品（public goods）及私人物品（private goods）。私人物品的特性是它只供一人享受，其他人被完全排除在外。例如，一个苹果纯粹是私人物品，因为如果"我"把它吃掉了，其他人就永不能吃它。一般在讨论市场经济的好处时，考虑的就是私人物品的市场。而公共物品则不同。首先，一个人对公共物品的消费并不会减少或妨碍其他人对它的消费；此外，一旦公共物品被生产出来，任何人都能够享用它。国防就是公共物品的一个典型例子。很明显，公共产品的特点是非排他性（non-excludability）和非竞争性。在研究公共物品市场的时候，我们时常会观察到个体理性如何破坏市场希望得到的最优状态。科斯对灯塔制度的研究说明了私人产权的作用，也说明了私人经营的效率比由政府一般课税资助的效率高。

（二）公地的悲剧

将产权分配给个别人几乎是行不通的，或者是极不讨好的。以任何形式拍卖我们呼吸的空气或是海洋给出价最高的投标者，将要面对极大的阻力，因为此举潜藏着众多对社会的不良影响。纵使产权得到分配，此类计划也只能适用于只有少量参与者的情况。在此情况下，参与者能以较低的成本与产权拥有者就资源的使用权进行谈判。如果谈判的成本太高，资源的使用权将无法被适当利用，而产权存在的理由亦会变得没有意义。

【参考阅读】囚徒困境（prisoner's dilemma）

囚徒困境是博弈论（game theory）中著名的案例。这个案例用轶事来说明：两个人因盗窃物品被捕，被怀疑有抢劫行为但无足够证据可以判他们犯那种罪行（所谓"疑罪从无"）除非有一个人或两个人都供认。但是他们能被判为占有偷来物品，而这是一个较轻的罪。囚徒单独关押不准互通信息，如果两个人都供认，两个人都将被判为抢劫而处以 2 年徒刑；如果两个人都不供认，两个人都将被判占有偷来物品而处以 6 个月徒刑。如果只有一个人供认，他则可以免于处罚，而另一个没有供认的人则会根据其合伙人强有力的作证将被判处最多 5 年徒刑。对每一个囚徒来说最有利的是都供认，因为如果另一个人供认了，他的供认会带来 2 年的徒刑，而如果他拒绝供认结果是 5 年徒刑；而如果另一个人没有供认，他也拒绝供认，结果是 6 个月徒刑，但是如果他供认则获得免刑。因此，供认是一个支配选择策略，它不管合伙人的选择如何都导致较优的结果。但是，如果两个囚徒都接受理性原则而供认，则两个人的结果（2年徒刑）要比都不供认的结果（6个月徒刑）更坏。这样，囚徒困境看来是个人理性与机体理性分歧的一个例证。从每个个体来看是合理的选择，但从所有个体的决策处境来看也许就有缺陷了，因为每个参与人的选择都影响了所有的参与人。

推广到两个以上参与人（局中人），囚徒困境变成所谓"公地的悲剧"。对于在草地上放牧的每个农民有利的是给自己的畜群增加一头牛，但是每个农民都按照自己的个人利益办事，草地可能过量放牧而对每个人不利。每个参加商业捕鱼的国家在追求利润时都过量捕获，这实质上是在现代外衣下的公地悲剧。许多社会情况都具有根据个人理性处方决策好根据集体理性处方决策分歧的同样特征。价格战好军备竞赛是显著的例子。

许多行为科学家与生物学家对囚徒困境有强烈兴趣，"理性"这个定义暗含在所有策略的形式中，特别是在经济、政治好军事背景下。这个怀疑是由在某些互相冲突的情况下根据个人和集体理性作出不同决策处方引起的。由囚徒困境推演出来的模型清楚地驳倒了古典经济学的一个基本假设，按照这个假设，在自由竞争下追求自利会导致集体最优均衡。这些模型也暴露出在互相冲突的形势下对"最坏情况"的假设所固有的错误。在纯粹军事领域以外的大多数冲突形式中，参与人的利益部分冲突，部分一致。

最后，囚徒困境及其推广——公地的悲剧，为康德的绝对规程提供了一个严格的理论基础：按照你希望别人行动的方式而行动（即孔子的"己所不欲勿施于人"）。按照这个原则行动所反映的比利他主义要多。它反映理性的一个形式，它考虑的环境是一个选择的有效性可能决定性地依赖于多少个别人采取了这个选择，以及这样一个事实，即一个选择开始时成功可能变成自取失败，因为它的成功导致别人模仿它。因此，在一个合作者的群体中，囚徒困境的背信者最初可能成功，但是如果这个成功导致背信者的增加和合作者的减少，成功会转变为失败。这一类见解显然对于解释很多形式的人类冲突是合适的。

（三）非存在产权

并非所有的资源都能由私有产权实行令人满意的控制，空气、水、电磁辐射、噪声和自然景观就是这样一些很好的例子。除私有产权之外的其他一些资源控制形式，是为了使政治或社会集团作出决策和采取行动，虽然其他形式往往服务于某种意识形态或政治目的，甚至在那些已经存在着私有产权的地方也是如此。

如果这些其他资源能够向每个使用者开放，允许使用者自由进入、平等地分享，并获取平均收益，就会出现对资源的过度使用。额外使用资源将会使实际增加的总价值低于增加的成本。这种情况表明，社会产品的价值没有达到最大化。之所以会出现这种情况，是由于边际收益低于每个资源使用者的平均收益，对此，每个资源使用者都负有责任。如公共道路或公园的过度拥挤，自由出入的公共捕鱼区的过度捕捞。典型的公有财产意味着公园樱桃树上的樱桃，从来等不到长熟就已经被人们摘光。因此就出现了这样一个极端的命题：私有产权之外的其他产权形式，减弱了资源使用与市场上提醒的价值之间的一致性。可供选择的另一种情况是，如果公有产权意味着负有责任的资源使用者能够阻挡更多的人使用资源，那么资源就将利用不足，因为他们使自己的个人收益最大化了，但那只是平均收益，而不是边际收益。这将造成只有少数人使用资源。虽然更多的资源使用者或更多地使用资源将会使那些负有责任的资源使用者的平均收益价值下降，因而无法形成较高的资源使用率；但是，额外使用资源而形成的总收益价值的增加部分，将超过额外使用资源的成本。如公立的低学费大学，为了使在校的学生教育质量达到最佳——使那些已经被允许入校的学生平均收益最大化，就要限制入学人数（有些工会，如卡车司机联合会、渔民协会等也有类似的情况）。

（四）共有产权

"共有"组织形式是为了谋求组织成员们的平均收益最大化，或者在吸收新成员的同时，为原有成员保存比新成员们大得多的集体利益。共有产权是被分析得较少的一种产权形式，它不具备产权利益的匿名可转让性。一个共有组织的成员，只有取得其他各成员或他们的代理人同意，才能将共有组织的权益转让给他人。各种俱乐部或准俱乐部类组织，都是共有组织的实例。共有组织内的专用资源是其成员本身，他们互相作用，并创造他们的社会效益。新成员会以两种方式对原有成员的已实现效益产生影响：社会共存性及组织密度加大。

第二节　产权制度与经济增长

人类社会发展的历史证据证明，当内在收益大于成本时，产权就会产生，将外部性内部化。内在化的动力主要源于经济价值的变化、技术革新、新市场的开辟和对旧有的不协调的产权的调整，一个社会的经济效益最终取决于产权安排对个人行为所提供的激励。

一、激励外部性内部化

建立与运用产权的费用包括：界定和管理产权的费用；就权力的交换和转让进行谈判和执行协议的费用。产权的一个主要功能是引导人们将外部性尽可能内部化的激励。

外部性是与确定、交换、监察或执行产权的成本相联系的。当交换的私有形式没有考虑合约双方或其他人的损失或收益时，市场的解决办法就与所交换物品的产权束的社会价值不一致。而且由于高昂的交易成本，由于存在对资源的使用与交换的法律限制，会引起私人与社会之间的这类差别。高昂的交易费用对资源使用的效应可以在许多经济实例中看到，如一些欠发达国家的私人企业里，企业主不愿意对工人进行培训。

对各种形式的外部性的分析表明，无论是交易费用的降低，还是物品价值的增加，都会导致对该物品的产权更完整的界定，并降低了私人承包与收益和社会成本与收益的差别，尽管没有将它完全消除，因而也会增加私人账目的精确性。交易费用的降低，特别依赖于技术的进步。内部化的增加主要是由于经济价值的变化，而经济价值的变化又是由于新技术的发展、新市场的开辟以及原有的界定不清的产权的变化[1]。

二、促进创新优化资源配置

所有权为所有者寻求对其资源的最佳使用提供了强大的激励。因此，所有者会对资产在不同用途上的利润率差异作出反应。在私有制经济中，利润的差异标志着社会对一些商品相对于其他商品的偏好的改变。资源所有者，为其利益所驱动，通过会对把资源从低价值用途向高价值用途转移这一指令信号作出反应。在这一过程中，利润差别通过降低这些商品的价格（得益于更多的供给）的竞争和由于生产所使用的资源的价值变高而得以消除。于是资源的配置得到了调整以生产出社会所需要的产品组合。利润差别通过资源从一种用途转移到另一种用途而被消除的趋势很容易观察到。成功的创新产生的收益要大于创新者所使用的资源在此以前所能获得的收入（这是显而易见的，否则创新就是失败的）。通过资源使用方法的成功改变；也就是说，通过有足够多的人希望利用的新交易方法的出现，利润由此在制度内部产生。创新成为利

1　例如 19 世纪末美国西部铁丝网的发明，本来是用来防止牛群逃跑的。因为它容易生产、安装简便、价格便宜，能够有效隔离牲畜，并且降低私人财产被盗的可能性，正是使用了这种带刺的铁丝网，美国农场主才能够吧自己的农场与他人的农场分割开来。从而在美国西部大开发的过程中，起到了明确产权的作用。所以，有学者称铁丝网是改变世界面貌的七项专利之一。

润的源泉，正与自由交易降低利润的原理一样。成功的创新者具有垄断地位，使其能够赚取超过机会成本的利润。于是，前一节所讨论的资源配置和使用的调整过程再一次开始。资源从旧的用途流向新的用途。不久，由于其他人在创新成功以后纷纷模仿，创新者失去了垄断地位。最终，竞争消除了利润。在这一过程中，社会恰好获得了所需数量的新东西。

三、产权影响经济行为

如前文所述，产权不是指人与物之间的关系，而是指物的存在及关于它们的使用所引起的人们之间相互认可的行为关系。产权安排确定了每个人相应于物时的行为规范，每个人都必须遵守自己与其他人之间的相互关系，或承担不遵守这种关系的成本。因此，对共同体中通行的产权制度可以描述为，它是一系列用了确定每个人相对于稀缺资源使用时的地位的经济和社会关系。所以，产权的研究要表明产权的内容如何以特定的和可以预期的方式来影响资源的配置与使用的，产权通过一些重要途径来影响经济行为。

所有权的排他性意味着所有者有权选择用财产做什么（如某片海域的使用用途）、如何使用它（养殖或造船），和给谁以使用它的权利（如自己使用或租借给他人）。所有者（或者他授权代表他的人）决定用财产做什么（如授权代理商出售他的财产）。所有者占有由其决定产生的收益，承担由此而来的成本。所有权的排他性把选择如何使用财产和承担这一选择后果之间紧密地联系在一起。

所有权因此使所有者有很强的动力去寻求带来最高价值的资源的使用方法。世界上到处都是支持这一论点的事例。人们在维护自己所拥有的海域资源和环境时比租来的更为周到。所有权的可转让性意味着所有者有权按照双方共同决定的条件将其财产转让给他人；这就是说，该所有者能够出售或者赠送他的财产。

所有权的立宪保证把经济财富与政治权力分开来。可以设想在缺乏立宪保证的苏联极权制度下，某位苏联人沿着权力体系一步一步往上爬时，他的经济福利水平也水涨船高。他得到更好的市内住房、更大的乡村度假别墅，享受着环境更好的避暑胜地以及特惠商店的享用权；另外还有许许多多其他与他在苏联等级制度中的地位直接相关的利益。而如果他被赶出苏联权力体系，他就会失去所有经济利益，与封建社会情况相差不大，政治权力体系中的沉浮直接影响到经济财富。

然而，资本主义中所有权割断了这种权力与财富之间的联系。失去政治权力的人并不失其经济财富。政治权力在社会主义社会并非是通向经济财富的唯一道路，而资本主义社会权力与财富的分离也绝不是完美的。但是，从总体上说，所有权缺失的重要后果是政治权力与财富的结合，而所有权存在的重要后果则是其分离。

排他性激励着拥有财产的人将之用于带来最高价值的用途；可转让性促使资源从低生产力所有者向高生产力所有者转移；而所有权的立宪保证把经济财富的积累与政治权力的积累分离开来。

四、产权制度与经济增长

有效的经济组织是经济增长的关键。在私有产权的自由市场经济中，价格竞争是谁得到什么的主要决定者。所有权和契约自由共同激励了寻求效用的个体去辨别、协商和执行契约性协议，这些协议趋向于将交易的范围最大化，或者换句话说，将资源配置于具有最高价格的用途。最终的结果是资源的有效配置。然而，"趋向于"一词在这里很重要。没有办法判断资源的配置是否有效，或者就此而言，是否是一直有效。经济分析所能告诉我们的是资本主义制度同时给予个体以自由和动力去从事把经济向资源的有效配置方向推进。正是从这个意义来说，市场经济是一个有效的制度。

当内在收益大于成本时，产权就会产生，将外部性内部化。内在化的动力主要源于经济价值的变化、技术革新、新市场的开辟和对旧的不协调的产权的调整一个社会经济效率最终取决于产权安排对个人行为所提供的激励。

经验证据表明了一个简单的观点——那些尊重所有权和契约自由的国家在经济增长方面做得好得多，而完全不必考虑各国可利用的资源的多少、储蓄率的高低以及以增长为取向的经济政策。经济发展中的差异似乎就来自于制度和创新进程之间的互动。

对创新的自发性接受是经济发展的主要源泉。可惜，创新无法预计。创新是由个人所发动的，这个人必须感受到做新事情的机会，愿意面对将新事物引入社会体系所带来的风险，以及具有将其完成的能力。因此，经济发展问题归结起来就是不同的制度对那些能自由地进行创新并且能够进入金融市场的人所具备的预期影响。

既然创新者并不来自于特定的社会阶层，那么，具有创新自由的人越多，创新数量增加的可能性就越高，其他所有事情皆是如此。三个重要因素决定了自由创新者的数量：选择生产组织方式的权利，获得资源的权利以及使用它们的权利。在一个私有制的自由交易的经济中，所有人（除了例如罪犯和精神病患者之外）都有权获得资源并通过它们来从事任何合法（包括创新在内）的活动。资源的所有者（或者他们所雇佣的经理们）可以从各种各样的组织结构中，从小业主制一直到大公司制以及从合作企业到非盈利组织中作出选择。私有制经济不会对创新的自由施加任何限制。

【案例】中国农业的产权改革：家庭联产承包责任制

毋庸置疑，中国农业产权改革所带来的激励机制的改变促使产量和生产力飞速增长。Lin（1992）估计在改革初期（1978—1984），家庭联产承包责任制为总产出的增加贡献了 42%～46%。Fan（1991）及 Huang 和 Rozelle（1996）发现，即使加入技术变革因素，改革初期的制度变革对产出增长所作出的贡献仍达到 30%。

实证研究人员也证实了制度改革对产出以外其他方面的影响。McMillan, Walley 和 Zhu（1989）发现在改革初期，中国的全要素生产率有所增长（23%），其中的 90% 由制度变革引起。Jin 等（2002）指出改革对生产力有着巨大的影响，是使得全要素生产率年增长超过 7%的主要因素。此外，很多的研究人员认为家庭联产承包责任制使得农业部门剩余持续增加，为 20 世纪 80 年代乡镇产业的腾飞提供了所需的劳动力，从而触发了后续发展的动力，加快了整个国家的工业化进程。

然而，在改革经过 10 年之后，中国基本耗尽了产权改革的直接功效。De Brauw, Huang 和 Rozelle（2004）指出，20 世纪 90 年代末中国粮食产出速度的放缓很大程度上是因为新的产权改革的欠缺，这也鼓励了中国领导人在 90 年代加大传统投资的力度。

五、西方世界的兴起

休谟、洛克等人，提出了理性和知识高于揭示了的真理的观点，他们的目的是为了促进人们对世界的了解。培根认为，人类的完善依赖于科学的进步及其在人类生活中的应用。洛克则提出国家应当支持自然法则，在这一结构之内个体应当拥有自由。休谟为私有产权作了辩护。

宗教改革对中世纪的伦理学和经济学有着深远的影响。它允许贪欲，并为积累财富正了名。因此，它削弱了天主教会在信仰上的垄断地位。

新疆域对资本主义兴起的最重要贡献是提供不受传统束缚的空间来试验新思想。从宗教约束、卑微的出身和传统伦理学中获得解放而得到的自由，使千百万人能够追求个人偏好、对个人行为负责并且在一个新的社会中创造自己的地位。

综上所述，中世纪人向现代人的巨大转变导致了一种新的社会经济制度的产生。很多因素促成了这一转变。这些因素大多不是新鲜事物。理性在希腊曾经扮演过重要角色；产权在古罗马得到了全面发展；而在中东，人们长期从事自由贸易并且享受着由此而来的收益。但只有当所有这些因素在欧洲聚集起来的时候，资本主义才得以诞生。早期的学者将这一新制度称为自由放任的制度，并且将之等同于个人主义和工业化。亚当·斯密则称之为经济自由的自然体系。他把它描述为自发的、自行促进的和自律的制度。个人自由、自由选择、自决和自行负责的思想是它建立的依据。

【案例】为什么资本主义没有首先出现在西班牙？

人们通常认为，虽然发现美洲新大陆给西班牙带来了巨额财富，然而其所有者在投资和消费之间选择了后者，即用于奢华和无益的战争。由于任何东西都可以用金银购买，制造业和农业也就随之凋敝。结果到了17世纪中叶金银流入终止时，西班牙王室已债台高筑，国家进入长期衰落。

但在诺斯看来，导致如此结局的核心原因，关键在于西班牙对产权保护不利，其贵族对决策层施加的影响使制度变革走向了畸形。诺斯认为，在资本主义形成的长期过程中，起关键作用的是两个外部因素：人口增长和人的独立和自由。英国出现了全世界任何地区从未有过的经济增长除了人口增长之外，是因为这里的人享有其他国家国民所享受不到的民主自由权利。工商业者要比在西班牙、法国和欧洲其他地方更能抗拒当地政治、宗教或城市行会势力的压迫、垄断和横征暴敛，因而身家财产较有保障，也较能自由经营企业，使得这里的私人收益率较高。

张宇燕认为，更进一步的原因在于，地理大发现的最大受惠者群体是王室成员和上层贵族。正是他们构成了现行制度下受益最大的既得利益集团，因而创新的动力严重不足。相比之下，在英国、荷兰等地，体制外的新兴利益集团攫取了新增财富的相当大的份额，不仅如此，上层贵族中也有不少人为牟利而加入新兴资产阶级的行列，从而使阶级结构发生了深刻变化。

第五章　外部性理论

教学目标：
- 知道外部性的定义与分类
- 了解外部性产生的原因
- 探讨矫正外部性的可能措施
- 探讨海洋环境破坏的原因与可能的解决办法

【新闻报道】漂至冲绳的中国垃圾猛增（《参考消息》，2008 年 2 月 15 日）

漂浮在冲绳海岸的垃圾数量是 10 年前的 6.8 倍。其中，来自中国的垃圾数量猛增至 10 年前的 13 倍。从垃圾的种类来看，饮料瓶等塑料制品占 79.4%，其余还有泡沫塑料和渔网等渔具，很多垃圾未经任何处理就被随意丢弃在海上。

【新闻报道】搁浅抹香鲸体内惊现汽车部件和塑料（http://www.nationalgeographic.com.cn/animals/facts/5521.html）

2016 年年初，德国石勒苏益格-荷尔斯泰因州的海岸上冲上了 13 头抹香鲸。从年初至今，在荷兰、法国、丹麦和德国的海岸上，共有 30 多头抹香鲸搁浅。

研究人员对在德国搁浅的鲸鱼进行了解剖之后发现，四头鲸鱼的胃里都有大量的塑料垃圾。根据瓦登海（Wadden Sea）国家公园的新闻发布会，这些垃圾中有一个长约 13 米的捕虾网、一个汽车塑料引擎盖和一个烂塑料桶。然而，德国汉诺威兽医大学陆生与水生野生动物研究所的所长 Ursula Siebert 称："这些海洋垃圾并未直接导致鲸鱼搁浅。"他带领的团队对抹香鲸进行了检查。

与此相反的是，研究人员推测，鲸鱼之所以在海岸上搁浅死亡，是由于它们意外地进入了浅海区域。据"鲸与海豚保护（WDC）"组织称，鲸鱼和海豚搁浅的原因有很多，比如，船只或勘探的过度噪声污染，甚至是地球磁场的微妙变化都会导致。除此之外，三年前在苏格兰海岸搁浅的巨头鲸体内含有海洋污染物造成的高浓度毒素，科学家们推断，这些毒素对鲸鱼大脑造成了压力，可能导致了它们迷失方向。Siebert 补充说，如果鲸鱼能活下来，它们体内的垃圾也会导致消化问题。这些鲸鱼死亡的时候，身体形状还算完整，但是，科学家们在他们肚子里发现的除了垃圾碎屑，还有一些破碎的乌贼。

但是，当鲸鱼或海豚吞咽下许多海洋垃圾时（无论是意外还是把垃圾当成了猎物），都会对它们的消化系统造成物理损伤。垃圾可能最终会导致动物有一种饱腹感，因而会减少它们进食的本能，进而导致营养不良。虽然垃圾对这些鲸鱼可能并非致命的，但，"它们肚子里的塑料碎屑是对人类可怕的控诉。"加拿大戴尔豪西大学的鲸鱼研究人员 Hal Whitehead 如此说道。

19 世纪末、20 世纪初，人们疯狂地捕杀抹香鲸，获取它们的鲸油和鲸脂，直到 20 世纪 80 年代末，这一行为才逐渐减少。大规模商业捕鲸的终结曾促进了全球鲸鱼数量的增加，但是，很显然，鲸鱼仍然面临着诸如船舶碰撞、渔网和海洋污染等许多威胁。

著名经济学家科斯认为，之所以会产生外部性问题，关键在于权利没有得到明确界定。而外部性的存在又会影响资源配置的效率。引入政府干预力量解决因外部效应引起的资源非帕累托最适度配置问题，又存在失效的可能性。为克服外部效应，经济学家把视线投向了产权制度，以期通过不同的产权安排解决外部效应问题。

第一节　外部性的定义与类型

一、外部性的定义

Externality 除了外部性，还有外在性、外部效应、外在经济等含义。外部性问题不仅是经济学的研究内容，也是法学、社会学、人口学甚至政治学的重要研究领域。经济学家们对外部性概念的理解也有差异，自马歇尔以后，经济学家们从不同角度对外部性问题进行了研究。庇古从"公共产品"入手，认为外部性问题具有不可分割性；奥尔森从集体行动入手，认为外部性体现个体行动与集体行动的对立；科斯从外部侵害入手，认为外部性问题不是单向的；博弈论学者则从"囚徒困境"入手，认为外部性体现个体理性与集体理性的不一致。

迄今为止，有三个比较权威的定义，这几个定义把外部性与经济学其他基本概念联系起来。范里安（Hal Ronald Varian，1984）的定义：当一个个体的行为不是通过影响价格而影响另一个个体的环境时，就称之为外部性。这一定义从个体与个体的行为关系来界定，认为人们之间存在利益冲突，一方的行为势必影响另一方的利益与不同行为策略即博弈有关。

米德（James E Meade, 1973）的定义：外部经济是这样一种事件，它将可察觉的利益（或损害）加于某个人，而这个人并没有完全赞同，从而直接或间接导致该决策失误。这一定义是从决策成本与交易成本的角度来考察的，认为双方同意的交易是有效率的交易，同意与否与心理无关，而是成本问题。

诺斯与托马斯（1973）的定义：当某个人的行为所引起的个人成本不等于社会成本，个人收益不等于社会收益时，就存在外部性。这个定义显然是从收益与成本角度来推敲的。在人与人之间的交互行动中，一个人的成本可能就是另一个人的收益，一个人的收益又可能是另一个人的成本。一种选择的收益就是另一种选择的机会成本。但是，如果产权不清楚，成本或收益便无从谈起。所以，成本和收益的界定以产权制度为基础。

外部性是经济政策理论中的一个很重要的概念。正如人们所期望的，产权问题主要包括在这些新的讨论中。按照科斯、布坎南和其他学者所发展了的观点，对与外部性相联系的所有社会成本的适当评价，要求认识到两个团体常常包含一种外部性情形。"通常认为，当 A 损害了 B 时所要解决的问题是：我们应如何阻止 A？这是错误的。我们所面对的是一个互反性的问题，未来避免损害 B，反过来有可能损害 A。所以，要解决的真正问题是：我们应准许 A 损害 B，还是准许 B 损害 A？问题是要避免更严重的损害。"

对于社会政策，基本的问题就简化成了这一点。在任何时间，都存在一个法律上认可的产权结构；如果那些试图降低或消除外部性效应的社会性行动使通行的结构得到修正，那就必须对那些从立法变化中受益的人强制收税，而向那些因新的法律造成资本或满足程度受损的人支付补偿。一般假定关于税收-补偿方案的条款协议可以经由政治程序达成，但我们这里的基本机制是"交易"。这里引出的福利意义上，经由单边的强制征税和补偿直到所有的边际外部性被消除前，完全的帕累托均衡永不会达到。如果采取税收-补偿方式，而不是交易，就应包括多方征税（补偿）。不仅 B 的行为必须要修正，以确保 B 考虑强加给 A 的外部成本；而且 A 的行为也必须要修正，以确保他考虑强加给 B 的内部化成本。在这种双重征税-补偿方案中，必要的帕累托条件能很容易地得到满足。……产权是这一分析线索的中心。

一般地，产权方法所强调的思想是，外部性是与确定、交换、监察或执行产权的成本相联系的。当交换的私有形式没有考虑合约双方或其他人到有些受损或受益效应时，市场的解决办法就与所交换的物品的产权束的社会价值不一致。而且由于高昂的交易成本，或由于存在对资源的使用与交换的法律限制，会引起私人与社会之间的这类差别。

所以，可以把外部性定义为企业或个人向市场之外的其他人强加的成本和收益。私人成本或收益与社会成本或收益的不一致，导致实际价格不同于最优价格。

二、外部性类型

外部性的一般含义，是指在竞争市场经济中的市场价格不反映生产的边际社会成本，因而产生"市场失灵"，这意味着市场经济不能依靠自身达到帕累托效率状态。

正外部性（外部经济）：社会收益大于私人收益。物品消费或生产的收益小于应当得到的收益（社会收益）；即物品消费或生产成本大于应当支付成本（社会成本）。外部经济对外带来的好处无法得到回报，具有外部经济的物品供应不足，例如教育和新技术。

负外部性（外部不经济）：社会收益小于私人收益。外部不经济对外带来的危害无法进行补偿。具有外部不经济的物品供应过多。例如乱扔或乱倒垃圾。物品消费或生产收益大于应当得到的收益（社会收益）；即物品消费或生产成本小于应当支付成本（社会成本）。

（一）拓展的解释

区际外部性：辖区之间人类行为的影响。如河流的上游对中游，中游对下游的影响。

代际外部性：代际人类行为的影响。如前代对当代，当代对后代的影响。

（二）外部性的复杂性

同一活动对相同主体会同时产生正或负的外部性。如新建一工厂，虽然使相邻社区的交通条件改善，但又使周围的空气质量下降。

同一活动对不同主体会同时产生正或负的外部性。例如某人在家中高唱周杰伦的歌，使同为追星族的邻居大饱耳福，却使年长的邻居苦不堪言。

（三）外部性的后果

（1）负外部性使产量过剩。负外部性的实质是产品的价格不能充分反映生产这种产品的社会边际成本，即，$MPC < MSC$，导致产量过剩[图 5-1（a）]。

外部边际成本指增加一个单位的某种产品给第三者带来的额外成本。

（2）正外部性使产量不足。正外部性的实质是产品的价格不能充分反映该种产品的社会边际收益，即，$MPB < MSB$，导致产量不能满足需求[图 5-1（b）]。

外部边际收益指增加一个单位的某种产品给第三者所带来的额外收益。

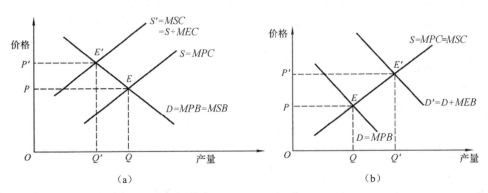

图 5-1　负外部性导致产能过剩图；正外部性导致产量不足

第二节　外部性的起源及矫正

一、外部性的起源

（一）产权与外部性

有人认为，外部性源于市场机制，厂商和消费者都不会站在 MSC 或 MSB 的角度进行决策；更多的人认为，外部性源于产权不清，若一种资源的产权没有排他功能，那么就会导致过度享用，最终使其他成员的利益受损，从而产生外部性。

一般来说，共有产权最容易导致外部性。共有产权是指辖区内的每个成员对某种财产都拥有产权，实际上这种财产并不属于哪个人。在共有产权条件下，某一个成员可以过度分享财产的权利，其他人与其谈判的成本很高。

国有产权也容易导致外部性。国有产权指财产权利名义上归国家所有，实际上由政治家或官员所选择的代理人来行使。代理人也可以过度分享财产的权利，其他人与其谈判的成本也比较高。

私有产权：依照法律，财产权利归家庭或个人所有。只有在私有产权条件下，某一个成员无法过度分享财产的权利，从而不易产生外部性。

（二）"公地悲剧"

1968 年，美国加州大学生物学教授哈丁在《科学》（Science）上发表了名为《公有的悲剧》（Tragedy of The Commons）的文章，描述了这样一种情形：早期的西方国家都有公共牧场，牧民乐于在免费的公共牧场上放牧。随着牲口数量的不断增加，牧场出现了荒漠化，畜牧业也难以为继。从经济学角度分析，对于任何一户牧民来说，每增加一头牲口所产生的收益归自己，由此带来的生态成本却由大家分担。"公地悲剧"的实质：资源的过度利用，甚至刺激人们去破坏和毁灭资源。现实生活中经常会出现"公地悲剧"的事例，如公共卫生间里的手纸被滥用。

【案例】在西北荒原上，生长着有药用价值的甘草。名义上归国家所有，事实上有关部门无法管理。于是，就有人自行去挖掘，由于没有人对那里的生态平衡负责，这种挖掘行为必然发展到过度"攫取"。结果，地表植被遭到破坏，最终退化成荒漠。

在早期美国西部大草原上，流行的规则是"圈出"。农场主要想自己的麦子不被牛吃掉，只有把麦田圈起来，把牛圈出去，否则便得不到赔偿。尽管那时美国西部很多牧场草地都有了归属，但是由于条件局限，很难划清界限。1867 年，美国人格利登发明了有刺铁丝网。由于这种栅栏既牢靠又低廉，牧场主们纷纷采用铁丝网把自己的牧场和他人的牧场区分开来。此后产权界限清清楚楚，"公地悲剧"随之终结，西部边疆的开拓也得以最终完成。有刺铁丝网被认为是"改变世界面貌"的 7 项专利之一，也是 19 世纪人类社会"十大发明"之一。

（三）"反公地悲剧"

1998 年，美国密歇根大学黑勒教授提出了"反公地悲剧"的概念。一种资源有许多拥有者，但他们中的每一个都有权阻止其他人使用资源，导致资源的闲置。

【案例】日本东京一家水泥厂每年需进口淡水沙 300 万吨，而福建闽江上游的洪水每年给闽江口带来 700 万吨河沙，阻塞航道。把闽江河沙卖给东京水泥厂，既能疏通航道又可赚取外汇。日方希望福建长期提供闽江口的淡水河沙。没想到诸多的"产权拥有者"都想得到利益。当地外贸局认为：河沙出口属于外贸，应该由他们经营；水利局认为：闽江水利归他们管，挖沙须经他们同意。交通航运局认为：挖沙与清理航道分不开，应该由己方经营。建设局认为：河沙属于建筑材料，应该由他们经营。而闽江河沙队则认为：官不应与民争利。

二、纠正外部经济性

外部性的矫正：对产品的私人边际成本或私人边际收益进行调整，使之与社会边际成本或社会边际收益相一致。

政府的反外部性措施包括：行政措施，如管制与指导；经济措施，如庇古税与补贴。

（一）公共部门对外部性的矫正

（1）课征税收（或收费）。对具有负外部性的产品征收相当于其外部边际成本数量的税收。数额等于该企业给社会其他成员造成的损失，使企业的私人成本等于社会成本。

【**案例**】瑞典和丹麦较早开征环境保护税

一是对特定商品征税，如汽车注册税、轮胎税、飞行设备税、包装物税、垃圾税、农药及杀虫剂税、化肥及饲料税、添加剂税、电池税等；二是对特定行为征税，如二氧化碳税、硫元素排放税等；三是对特定资源征税，如原油税、水资源税。

【**问题讨论**】税收方式矫正外部性有何利弊？

优点是谁污染谁纳税，相对公平；迫使污染者研发治污技术，有助于提高利用效率。

缺点是环境保护税的设计比较难。如果以污染物的排放量为税基，排放量该如何确定？

（2）发放补贴。对具有正外部性的产品发放相当于外部边际收益数量的补贴。如政府给予一些知识分子国务院或省政府特殊津贴，就是因为他们的科技成果具有正外部性；森林生态补偿基金也是为了矫正外部性；受教育者从教育中得到私人利益，比如能得到较理想的工作，较丰厚的报酬，能较好享受文化生活等，此外教育还产生许多积极的社会影响，所以政府也给予教育补贴。但补贴的缺陷是受政府财力的制约。

（3）政府规制。政府部门直接干预个人或企业从事的具有外部性的经济活动。如勒令厂商安装防污设备或改进生产工艺等；禁止砍伐原始森林等。

（4）实施专利制度。让应用新技术的人向发明新技术的付费。世界上最进步的国家，无一不是具有强大的技术力量的国家。这些国家毫无例外地都对发明创造活动提供专利制度的保护和激励。18—19 世纪的英国，工业化水平处于顶峰地位，而那时候专利制度已经在英伦三岛植根 300 多年。1623 年的《独占法》是现代专利法的鼻祖。美国于 1790 年、法国于 1791 年，通过了第一部专利法。

（5）发放可交易的污染排放许可证。政府确定污染水平，将排放额度在厂商中间进行分配。

（二）私人部门对外部性的矫正

（1）损害者与受害者谈判。科斯定理：在产权明确的情况下，若交易成本为零或可以忽略不计，则无论初始时谁拥有产权，市场机制可以把外部性内部化。

科斯认为外部性是产权不明引起的。如果产权是完全确定的并得到充分保障，有些外部影响就可能不会发生。例如一个公共的池塘，企业可能随意倒垃圾，产生外部性。如果池塘是私有的，企业倒垃圾必须赔偿污染造成的损失，这时就没有外部性了。

【案例】某工厂的烟尘使附近 5 户居民洗晒的衣服受污染，居民的损失是 375 元（5×75 元）。

治理办法一：安装除尘器，费用 150 元。

治理办法二：提供烘干机，费用 250 元（5×50 元）。

如果允许工厂冒烟，则居民会联合给工厂安装除尘器。费用 150 元，低于购买烘干机的费用，也低于污染损失。如果允许居民不受污染，工厂会主动安装除尘器。安装除尘器比购买烘干机便宜。

（2）经济组织创新。如果一条河流的上下游各有一家企业，如果给下游用水者使用一定质量水源的产权，则上游的污染者将因把下游水质降到特定水平以下而受罚。相关利益各方可以通过自愿协商谈判，来使外部性内部化。例如可以通过合并，上下游企业合并成一个企业，此时的外部影响就"消失"了，即被"内部化"了。这种办法的前提是，企业合并之后的管理成本必须小于市场的交易成本。企业规模不是无限的，成员是否自愿加入，在新的组织中作出集体决定的规则怎样。现实生活中，一些企业采取"准一体化"办法。

（3）排污权交易。是指在一定区域内，在污染物排放总量不超过允许排放量的前提下，内部各污染源之间通过货币交换的方式相互调剂排污量。

（三）其他方案

其他的矫正外部性的方法主要有道德规范和社会约束，如鼓励人们不乱扔垃圾与慈善捐款。

【案例】排污权交易

钢铁厂被允许的排污量为 300 吨。自己减污 100 吨，需耗费 600 万元。购买 100 吨排污权，耗费 500 万元。净节省 100 万元支出。

造纸厂被允许的排污量为 300 吨。自己减污 100 吨，只需耗费 400 万元。出售 100 吨排污权，收入 500 万元。净增加 100 万元收入。

排污权交易的前提条件：

（1）环境容量及其价值的确定。确定区域内允许的污染物排放量，并确定环境容量这一资源的价值。

（2）排污权配置。在现有污染源之间以及现有污染源与将来污染源之间进行合理、有效的排污权分配。通常由政府制定统一价格后拍卖。

（3）信息收集。具有不同边际成本的污染源进行交易，所以，需要大量的有关价格、需求量和供给量等市场信息。

所以，排污权交易可以提高重污染行业企业进入市场的成本。但是，排污权交易也有其弊端：排污权进入市场后，企业购买了排污指标，会认为排污是理所当然的。新建的排污企业花巨资购买排污权，会导致企业经营成本上升。

【淮河污染问题分析】理论上淮河污染问题可以通过三种办法解决：两地政府协调、诉诸法律和推行"有偿排污权"制度。

（1）发生淮河污染事件的根本原因是什么？

【提示】淮河水域属涉及两省边界的公共资源，产权归谁所有并不明晰。

（2）为什么通过谈判和诉讼方式不解决问题？

【提示】交易成本不可能忽略不计。

（3）相关地区的协商为何也不解决问题？

【提示】政府的监督成本过高。环保执法不可能每时每刻进行。

一些污染企业，故意避开两地环保联合监测的时段，在双休日或者下雨天间歇性排放。可见，"道高一尺，魔高一丈。"当监督成本过高时，政府规制就会失去其作用。

（4）能否由中央政府出面从上游地区征集一笔经费补贴给下游地区？

【提示】从理论上说，转移支付有矫正区际外部性的功能。

但是，中央政府一征一补的行为是有成本的，而且涉及多地区、众多污染企业，估计征集成本和补贴成本不会是一个小数目。结果，可能外部性有所矫正，但社会福利并没有增加。

（5）推行"有偿排污权"办法有无可能取得成功？

【提示】关键是这种制度安排，一方面使污染企业有一种内在的约束，多排污水就要多付费；另一方面使处理污水时能产生规模经济效益。

第六章 公共选择理论

教学目标:

- 了解有关国家与公共选择的常识
- 知道公共产品的需求与供给
- 知道政府失灵可能产生的问题
- 探讨减少政府失灵的可能途径

公共选择理论（public choice theory），是运用经济学工具来研究政治科学中的传统问题的一门科学。与经济学理论一样，公共选择理论认为选民、搞政治的人和官员们也有可能为一己私利而行事。政府是某些困难问题的解决者，同时其本身也造成了其他的困难。

第一节 公共选择的概念

一、有关于国家的"常识"

托马斯·潘恩的《常识》开篇就提出：社会是由我们的欲望产生的，政府是由我们的邪恶产生的。……社会中各种情况下都是受人欢迎的。但说到政府，即使是在它最好的情况下，也是一件免不了的祸害，而一旦碰上它最坏的时候，它就成了不可容忍的祸害。他还认为，如果良心的激发是苍天可鉴的、始终如一的和坚贞不渝的，那么人们就不需要其他立法者了。但事实却不是这样，一个人一定会觉着有必要拿出自己的一部分财产，或是出钱以换取其他人的保护；……既然安全是政府的目的和存在的意义所在，那么我们就可以毫不犹豫地推断说，任何即使是看起来能保障我们安全的形式，只要是代价最小而得益最大，那么所有人都愿意接受。

麦迪逊在《联邦党人文集》中写道："政府不是一个最充分反映人性的东西又能

是什么呢？人若皆为天使，也就无需政府。如天使统治着人，也就不必对政府作出外在或内在的控制。在建立由人来管制人的政府时，巨大的难题在于：你必须首先让政府能够控制被统治者；然后是迫使它管住自身。"

霍布斯同样认为，"虽然恶人在数量上少于正派人，但是由于我们无法认出他们，于是便有怀疑、提防、抑制和自卫的必要，即使这偶尔会针对最诚实最公正的人。"根据霍布斯式的假设，授予政府的任何权力，都有可能在某些范围和某些场合下偏离公民的欲求。也就是说，个人在公共选择和私人选择中有着相同的动机，作为代理人的统治者的行为动机与普通人并无根本差别。不是我们不必否认的人性趋善的经验证据，而是这种利维坦侵害的潜在可能，才使得建立一套既防范政府滥权，又约束利益集团在民主机制中寻租的基本规范成为必要。

而 2000 多年前我国的《商君书》中就已经写道"仁者，能仁于人而不能使人仁；义者，能爱于人而不能使人爱。是以知仁义之不足以治天下也。"

所以，从经济学的角度观察，政府是一种必要的"恶"，必须要对其的权力加以防范与限制。

二、公共选择的概念

公共选择理论是运用现代经济学的分析方法和基本逻辑来认识、解释非市场决策或集体决策过程和政府行为特征，把经济决策理论结合进对政治决策的解释中的一种理论。它产生于 20 世纪 60 年代初期，J.M.布坎南是其提出人之一，1986 年他凭此研究成果获诺贝尔经济学奖。

（一）公共选择的方法论

假设国家作为一种类似于市场的制度，存在是为了提供公共产品与减少外部性的话，它就必须完成现实公民对公共产品的偏好的工作，如同市场显示出消费者对私人产品的偏好一样。公共选择对非市场决策的分析思路是作出与一般经济学相同的行为假设（理性的、功利主义的个人），通常把偏好现实过程描述为类似于市场（选民从事交换活动，个人通过投票行为来显示他们的需求）以及提出与传统价格理论相同的问题（均衡存在吗？是否稳定？是否具有帕累托效率？如何实现？）。

公共选择区别于分散的个人选择，其理论的出现是对以新古典经济学为基本框架的经济理论的一个重要补充与发展。公共选择之所以必然存在，从根本上说是由于存在经济活动外部性及作为其中一个特殊方面的公共品问题存在。

公共选择论研究方法论的三要素包括：方法论上的个人主义、经济人和交易政治。

公共选择的基本行为假设是，人是自利的、理性的效用最大化者。投票人、政治家、官僚、利益集团等的行为都是根据成本－收益原则做出的。

经济人假设对公共选择有如下影响。

（1）交易经济学、交易政治与政治中的经济人，经济学家根据交易范例来观察政治和政治过程。

（2）集体行为是由个人决策者参与的集体决策产生的，集体行为可以被理解为是一种复杂交易，集体行为或选择可以纳入经济学的范围。

（3）个人决策与集体决策：作为私人自主的作出选择；作为集体代表的个人替集体做出选择；作为集体成员的个人参与集体投票。

（4）政府官员的收益可分两类：一是由职位本身得到的收益；二是由受贿等方式得到的收益。

将科学发现与政治活动相比，政治过程更像普通交易过程的利益评价和市场。政治活动的参与人其作用更类似于一个交易人，即通过可以利用的手段来表示自己的偏好，追求自己的利益，并接受这个过程产生的结果。对于政治活动的参与者，包括投票人、政治家和官僚，其行为与经济学家研究的其他人没有什么不同，他们有各自的私利，有理由被设想为追求私利最大化的人。

（二）公共选择的概念

公共选择指政治市场上的参与者，依据一定的规则，共同确定集体行动方案的过程，在这个过程中将社会成员的个人偏好转化为集体偏好。公共选择的主题与政治科学的主题是一样的：国家理论，投票规则，选民行为，政党政治，官僚体制等。

詹姆斯·布坎南认为："公共选择是政治上的观点，它以经济学家的工具和方法大量应用于集体或非市场决策而产生。"公共管理学是一门介于经济学和政治学的交叉学科，而传统财政学独立于政治活动过程考察税收和支出是不全面的，公共财政理论不能完全脱离政治活动。丹尼斯·缪勒（D.Mueller）认为，"公共选择理论可以定义为非市场决策的经济学研究或者简单地定义为是把经济学应用于政治科学"。

公共选择与市场选择相比具有不同的特征：市场选择以私人产品为对象，通过经济市场，用"货币选票"购买私人产品，行为主体是个人。公共选择则是以公共产品为对象，通过政治市场、用政治选票"购买"公共产品，行为主体是集体。

第二节　公共产品的需求与供给

一、公共产品的需求

（一）公共产品偏好显示

偏好（Preference）指消费者按照自己的意愿对可供选择的商品组合进行的排列。偏好是主观的，也是相对的，它是潜藏在人们内心的一种倾向，是非直观的，有明显的个体差异，但也呈现出群体特征。

公共产品偏好显示的途径包括以下几个：投票（直接或间接）；呼吁或发言（口头或书面）；进入或退出（用脚投票）；反叛（暴动、政变、革命）。

（二）政治市场的构成

政治市场也由需求与供给构成，而产品主要是公共产品。公共产品的需求方纳税人缴纳税收给政府，政府提供相应的公共产品，但政府是由政治家、官员与公务员构成的（图6-1）。

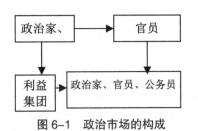

图6-1　政治市场的构成

（三）政治市场上参与者的行为

具有共同利益的人，组成特殊利益集团。不同收入来源的人可以形成利益集团，如以资本为收入来源的人所形成的资本家集团（资产阶级），而以劳动为主要收入来源的人则成为无产阶级；（比较利益集团理论与阶级理论）以收入规模大小而形成的穷人集团、中产阶级集团和富人集团；以就业部门为标准划分的纺织业集团、汽车业集团、飞机制造业集团等；以地区划分的东部集团、中部集团和西部集团；以人口和个人特点为标准所形成的老年人集团、中年人集团、年轻人集团等。一个人可以分属于不同的利益集团。利益集团可以是松散型的，不一定就要有严密的组织（狭义的定义要求有组织）。

美国经济学家奥尔森在其名著《集体行动的逻辑》中提出利益集团理论。奥尔森从集团与集体利益入手，提出这样的问题：具有相同利益的个人所形成的集团，都有进一步扩大这种集团利益的倾向吗？他的回答是：不一定。个人对集团状况改善所付出的成本，与他所获得的那份集团收益份额可能极不相称。集团收益的公共性，导致集团中的每一个人都能同样地受益，而不论他是否付出了代价；也就是说，出现了"搭便车"的情况。集团越大，分享收益的人越多，为实现集体利益而进行活动的个人分享的份额就越少。因此，作为理性的个人，都不会为集团的共同利益采取行动或较多的行动。

在奥尔森看来，集体利益可以分为两种：一是相容性的（inclusive），另一是排他性的（exclusive）。利益主体在为追求前者时是相互包容的，而在追逐后者时则是相互排斥的。相应地，集团分为相容性集团和排他性集团，前者比后者更有可能实现集体的共同利益。相容性集团在集体行动中仍会有"搭便车"问题，这就需要通过"选择性激励（selective incentives）"来解决，即对集团成员区别对待，按照对集团利益的贡献，实行奖惩分明的制度。能够充分实施"选择性激励"的集团，行动效率较高。由此可知，集团规模的大小不是集团力量大小的充分条件。一个实行了有效的"选择性激励"的小集团，可能比无法推行选择性激励，"搭便车"问题严重的大集团更有力量。发达国家农民人数较少，发展中国家农民人数较多，而前者却比后者更容易地从政府那里获得了补贴。经济学家常常以此作为小集团力量可能更为强大的例证[1]。

在西方社会中，有"铁三角"的说法。选民的行为是理性的，即选收益超过成本的方案，但他们又是无知的，即对备选方案缺乏信息。少数选民会组成利益集团，与议员、官员形成"铁三角"，指议员批准一既定项目，官僚实施这一项目，利益集团则从中获利（图6-2）。

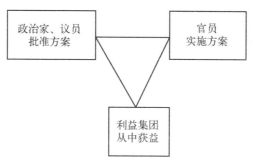

图6-2 利益集团"铁三角"

1 [美]奥尔森.集体行动的逻辑[M].陈郁，李崇新译.北京：生活·读书·新知三联书店，上海：上海人民出版社，1995.

政治家指处于政治权力顶峰地位的官员，如总统、议长等。政治家追求政治信念、权势与声誉以及金钱。官员是由政治家任命的，他们所追求更高薪水、津贴、声誉、对下级官员的任免权以及更多的晋升机会（表6-1）。

表6-1 经济市场与政治市场的区别

特征	经济市场	政治市场
偏好表达方式	以货币为"选票"，表达对私人产品的偏好	用政治选票表达对公共产品的偏好
付费与得益对应程度	个人既是选择者又是决策者，付费与得益相对应	个人是选择者但未必是决策者，纳税与获益未必对应
权责关联程度	个人作出决策，损益由决策者承担	集体作出决策，损益由集团内部的成员承担
强制程度	自愿服从，人人得其所愿	少数服从多数，被迫消费公共产品，被迫纳税

二、公共产品的生产和供给

（一）政治市场上的需求方面

理性的公民在参与政治活动之前会衡量成本与收益，从而作出选择，是否参与。例如，选民宁愿投票赞成给他带来利益的方案，但投票行为需要搜集信息、处理信息，因此需要成本；而收益是潜在的，因为单个选民投票对选举结果的影响很小，甚至可以忽略不计。所以，很多选民会保持"理性忽视"（rational ignorance），不参与投票活动，这是导致投票率低的重要原因。

（二）政治市场上的供给方面

政治家的主要目的是争取选票，不一定追求公共利益。当选后就扩大开支而不是削减税收，结果是，出现巨额的财政赤字。官僚也是"预算最大化的官僚"。官气十足、铺张浪费，贪图个人安逸和享受，工作效率低下。

【经典阅读】阿罗不可能定理：能否将个人偏好拟合为社会偏好呢？

阿罗于1951年发表《社会选择与个体价值》（Social Choice and Individual Values）一书，对此进行研究，并提出了阿罗社会福利函数。

两条公理如下。

（1）完备性公理：即对于方案X和Y，只有X＞Y，X＜Y及X＝Y这样三种情况。

（2）传递性公理：即对于方案X、Y和Z，如果X＞Y，Y＞Z，那么就有X＞Z。

五个假设条件如下。

（1）个人选择的自由。群体中各成员都能按各自的价值观自主地选择备选方案，社会选择顺序不是被强加的。

强加：社会选择无视成员们的优先选择顺序。如学生会内部无论怎样投票也改变不了课程考试评分的办法。

（2）社会选择正相关于个人选择。必须要求社会福利函数能使社会选择顺序相对个人价值观的改变产生正向反应，至少不能是逆向反应的。有 5 个人选择 X、Y，其中 3 人为 X>Y，另外 2 人为 Y>X。如果少数派中的一方改变主意，X>Y 时，X>Y 的多数表决结果不会发生改变。

（3）不相关的选择方案具有独立性。如果备选方案集合中的某个方案被排除，则剩下方案的群体优先顺序应保持原先这些方案之间的群体优先顺序。在 X、Y、Z 3 项选择值之间，假定选择顺序为 X>Y>Z，那么即使 Y 选择值已不复存在，剩下 X 和 Z 的 X>Z 的选择关系仍旧不发生改变。

（4）定义域的非限制性。群体所包括的个体至少有 2 个，待选择的方案至少有 3 个，并允许存在任何逻辑上可能出现的个体选择顺序。

（5）非个人独裁。不存在一个个体 P，当其优先顺序为 X 时，群体优先顺序就会有 X，而不顾其他成员的优先顺序如何。

所有 5 个条件都理应为民主社会所具备。阿罗认为，如果同时承认前面两个公理和该 5 个条件，就会促成投票悖论。

在每个社会成员对于社会秩序各有其特定偏好的前提下，要找出一个在逻辑上不与个人偏好相冲突的选择顺序，是不可能的。这就是阿罗不可能定理。阿罗不可能定理表明，公共部门无法把个人偏好加总成集体偏好。市场解决不好的问题，政府未必能解决得好。

问题思考：按照阿罗定理，公共利益根本不存在。是吗？

提示：阿罗把公共利益视为无差别的个人利益简单加总。这样的思维方法是否有问题？公共利益可以认为是在人与人、人与社会之间相互依存、相互作用中存在和凸显出来的整体利益吗？

（三）公共利益

（1）叠加性公共利益：是社会成员的同质性需求。如国防、治安和公共基础设施等。

（2）互惠交换性公共利益：个人利益不是通过对他人利益的排斥而实现，而是相互肯定、互为前提。如一方供给优质产品，另一方及时付款。

（3）补偿协调性公共利益：是在利益主体之间的让渡中实现的利益。如西部保护森林，东部得益，中央抽东补西。

第三节　政府的问题

一、政府缺陷及补救

政府缺陷是指在代议民主制中，人们对于公共产品的需求得不到很好的满足。

（一）政府缺陷的表现与原因

公共决策失误主要表现为无效干预、过度干预。失误的原因主要是备选方案不完全、个人偏好的困难以及政治过程中的"近视"现象。

官僚机构的低效率。由于缺乏竞争机制，官僚机构存在超额供给公共产品的倾向，监督者有受监督者所操纵的倾向。

政府机构自身扩张也被称为政府行为的"负内部性"。史普博（Spulber）最先引入内部性的概念。

内部性是指由交易者所承受的没有在交易价格中反映的收益和成本。而内部性又可以分为：正内部性，隐含的收益大于成本，如就业者上岗培训得到的好处没有在劳动合同中反映；负内部性，隐含的成本大于收益，如卖给消费者的产品有质量问题，对消费者造成的伤害没有在交易合同中反映。

寻租设租现象是政府干预的"副产品"。

（二）政府缺陷的补救

立法机构（委托人）难于制约行政机构（代理人）。缺乏类似资本市场的机制，促进行政机构效率的提高；行政机构的产出概念模糊不清，很难判断是否成功；立法机构与行政机构往往有共同的利益。补救办法有以下两个。

（1）宪政改革。宪政指依照一组根本性的指导原则和法律组织政府的制度。宪政意味着政府应受制于宪法，它仅仅是一种有限政府，即只享有人民同意授予它的权力。

（2）寻找合适的政府角色定位。政府完全退出竞争性私人产品领域；尽可能多地退出准公共产品领域；集中力量搞好纯公共产品的生产与供给。

二、寻租

寻租理论的提出使经济学研究的眼界从资源在生产领域的配置扩展到资源在生产和非生产领域之间的配置，大为增强了经济学理论对现实经济生活的阐释能力和对政策制定的指导作用。寻租理论是研究权钱交易的经济学分析，通常与政府管制有关，寻租导致社会经济资源的浪费。

【案例】"驻京办"

2011 年 1 月 29 日国办发文：县级驻京办及地方政府职能部门驻京办一律撤销，严禁在京设立新的办事机构。11 月 9 日，625 家被撤"驻京办"名录公布。

"驻京办"的职能是什么？

发展对外联络、招商引资、争资跑项、公务接待。

（一）寻租的概念

人们通过游说、行贿等活动，促使权力拥有者帮助自己确立垄断地位，以获得经济租的活动被称为寻租。

经济租，指一种生产要素的所有者获得的收入中，超过这种要素的机会成本的剩余，一般是由于不同体制、权力和组织设置而获得的"超额利润"。

$$经济租 = 要素收入 - 机会成本（次优用途上的收入）$$

如一块土地可能被所有者以 18 万元/年租给商场泊车，或者以 12 万元/年租给农民养鱼。现租给商场，租金是 18 万元，经济租是 6 万元。

（二）寻租的分类

寻租活动可以采取合法的形式，也可以采取非法的形式。合法活动如企业向政府争取优惠待遇，利用特殊政策维护本身的独家垄断地位；非法行为如行贿受贿、走私贩毒。布坎南曾举例说明寻租的三个层次：一个城市的政府用发放有限数量的经营执照的办法人为地限制出租车的数量，寻求执照的人们就会争相贿赂主管官员，产生第一层次寻租活动；吸引为争夺主管官员的肥缺而发生第二层次寻租竞争；出租车超额收入以执照费的形式转换为政府财政收入，各社会利益团体又可能为了这笔财政收入的分配展开第三层次的寻租活动。

（三）寻利与寻租

寻利活动指当一个企业家成功地开发了一项新技术或新产品企业就能享受高于

其他企业的超额收入，例如资本投入、技术发明、公平交易等，都能增加社会财富。

寻租活动指那种维护既得经济利益或是对既得利益进行再分配的非生产性活动经济租，游说、奉承、行贿等会浪费社会资源。寻租活动常见的是那种涉及钱与权交易的活动，即个人利益或利益集团为了牟取自身经济利益而对政府决策或政府官员施展影响的活动。广义而言，寻租活动是指人类社会中非生产性的追求经济利益活动，或者说是指那种维护既得的经济利益或是对既得利益进行再分配的非生产性活动；狭义的寻租活动，是现代社会中最多见的非生产性追求利益行为，是利用行政法律手段来阻碍生产要素在不同产业之间自由流动、自由竞争的办法来维护或攫取既得利益。

【案例】美国汽车制造商的行为是寻利还是寻租？

20世纪80年代早期，美国汽车工业步履维艰。宽敞、气派但油耗高的国产车需求量锐减，而车型小巧玲珑、省油的日本车市场份额逐渐扩大。

于是，美国汽车制造商花费巨资游说立法人员与行政当局。最终，美日两国达成了关于汽车进口配额的协议。1984年美国汽车制造商的利润由于这一协议而增加了89亿美元。

这89亿美元的利润，不是经由技术创新、加强管理以及降低生产成本或提升产品品质而获得的正常生产利润，而是企业借助于权力，阻止正常竞争所牟取的非生产性利润。

（四）寻租成本

寻租的直接成本包括：搜集潜在经济租信息的成本；游说有关人员的成本；贿赂有关人员的成本；维持垄断地位的成本。

寻租的间接成本（福利成本）包括：由于寻租所造成的垄断所导致的消费者剩余减少。

（五）寻租的后果

寻租活动对于寻租者而言是一种"正和博弈"，即收益大于成本；但从全社会看，是一种"负和博弈"，即弊大于利。寻租活动会抑制市场的公平竞争，造成生产的低效率和资源的浪费。如果社会制度为企业家资源的非生产性应用提供比生产性应用更高的报酬，生产力就会停滞甚至倒退。

寻租是一种非生产性活动，相关活动只产生金钱收益，并不产生包括在正常效用函数中的产品与劳务。造成了经济资源配置的扭曲，阻止了更有效的生产方式的实施：本身白白耗费了社会的经济资源，使本来可以用于生产性活动的资源浪费在这些于社会无益的活动上；这些活动本身还会导致其他层次的寻租活动或避租活动：如果政府官员在这些活动中享受了特殊利益，政府官员的行为会受到扭曲，因为这些特殊利益的存在会引发一轮追求行政权力的浪费性寻租竞争；利益受到威胁的企业也会采取行动"避租"与之抗衡，从而耗费更多的社会经济资源。

【新闻报道】广东一贪官回应纪委调查：我给他方便，他给我好处，人之常情
（陈惜辉/中国纪检监察报 2016-04-04）

广东省惠州市市环卫局安全生产科原科长谢肖伟在市环卫局生产技术科和环卫管理科等重要业务岗位担任领导长达十余年，主要负责工程设备和保洁服务外包项目的规划、采购和验收等工作。2009—2014 年期间，他先后 10 次收受广州某公司所送购物卡价值人民币 1 万元。2015 年春节前夕，某机械设备有限公司老板为感谢谢肖伟的支持，送给谢肖伟礼金人民币 2 万元；同年 2 月，谢肖伟在东平某茶庄又一次收受该公司老板"红包"、高档洋酒及高档普洱茶。

"我给他方便，他给我好处，这是人之常情，没什么大不了的。"在接受市纪委的调查时，谢肖伟大言不惭地说。正是他的这种潜意识作怪，使他对供应商送来的购物卡、礼金、礼物欣然笑纳。

不仅如此，谢肖伟在"八小时之外"，还利用职务上的便利，与供应商勾肩搭背，吃喝玩乐，经常出入饭店、歌舞厅、桑拿场所，生活糜烂，腐化堕落。2015 年 4 月，谢肖伟约一帮朋友到惠城区东平某豪华会所吃饭，酒足饭饱之后，叫某保洁设备供应商过来埋单，一次就消费 4600 元。仅这一年的 2—4 月，谢肖伟就先后 5 次要求该供应商请吃，平均每次花费都不少于 3000 元。而此前的 2013 年 1 月至 2014 年 11 月，谢肖伟共 11 次到惠州某五星级酒店等高档消费场所吃饭、唱歌或桑拿，每次都由某保洁公司为其埋单。

同时，谢肖伟在担任市环卫局工程管理科科长期间，未经组织批准擅自在惠州市某外企公司任职，领取津贴，并长期占用该公司为其配备的 29 万多元的别克汽车。至 2013 年离职，谢肖伟不仅没有交还该车，还私自将该车交给其亲属使用。此外，他还为私企老板陈某、卢某和杜某在市环卫局采购项目招投标、钱款拨付等事项中提供帮助并违规收取好处费。

问题讨论：一、怎样理解寻租的概念

1. 从外延看

布坎南：寻租是为了争夺人为的财富转移而浪费资源的活动。

克鲁格：寻租是为了取得许可证和配额以获得额外收益而进行的疏通活动。

许可证和配额之外寻求垄断收入的活动，称为 DUP（直接非生产性利益）。

2. 从内涵看

寻租活动是否必然伴随着货币的支付？"交情深"与"寻租"如何区别？

寻租活动是否必然涉及贿赂？

寻租活动是否一定是浪费资源的？如通过游说官员寻求专利制度的保护等。

三、设租

（一）设租的概念

权力拥有者以权力为资本，参与经济活动，从中收取贿赂并与寻租者共同分享经济租。设租可能是被动的，如价格双轨制条件下倒卖物资的行为。设租可能是组织行为，如提拔官员"光考察不宣布"，判案"只开庭不宣判"。设租可以利用信息优势与不对称，如医生、教师、律师等职业。

政治创租指政府官员利用行政干预的办法来增进私人企业的利润，人为创造租，诱使私人企业向他们进贡作为得到这种租的条件；抽租指政府官员故意提出某些会使私人企业利益受损的政策作为威胁，迫使私人企业割舍一部分既得利益与政府官员分享。二者的存在，更增添了设租与寻租活动的普遍性和经常性。

（二）设租行为的社会后果

导致寻租成风：诱导人们寻租，造成生产领域中人力资本的减少。

增加行政成本：导致政府部门人浮于事、办事拖拉；为治理设租活动，设立监督机构、聘用监督人员，致使行政成本大大增加。

破坏良好的道德风尚：降低官员的公共责任心和道德水准，降低公众对官员的尊重度和信任感。

（三）设租的成本收益分析

设租行为的必要条件是：

$$E_0 < (B+E_0)(1-P) \cdots ①$$

E_0——履行现公职的收益；P——设租行为被发现的概率；B——得到的租金。

设租的充分且必要条件是：

$$E_0 < (B+E_0)(1-P) + P(E_1-M) \cdots ②$$

E_1——设租者被开除公职或降职处理后得到的收益；

M——设租者受到罚款、监禁、舆论谴责等方面的制裁。

将②式变形可得：

$$(E_0-E_1)+M<B(1/P-1)\cdots③$$

左边是设租的私人成本＝公职收益的净损失＋其他损失组成。

E_0 和 M 既定：E_1 越大，设租动机越强；反之则反是。

M 和 E_1 既定：E_0 越大，设租的机会成本越大；反之则反是。

E_0 和 E_1 既定：M 越大，设租成本越高；反之则反是。

③式的右边 $[B(1/P-1)]$ 表示设租的私人收益。

当 P 既定时，B 越高，则设租的动机越强。

当 B 既定时，P 越高，则设租越是受到抑制。

【专栏】怎样看待医生收受"红包"现象？

官员的收入＝契约收入＋职务消费＋灰色收入；

医生的人力资本投资＞公务员；

医生的工作风险＞公务员；

医生的工作强度＞公务员；

医生的工作环境＜政府机关。

2015 美国十大最赚钱职业

排　序	职业名称	平均年收入/美元
1.	外科医生	352 220
2.	精神病医师	181 880
3.	全科医生	180 180
4.	企业高管	173 320
5.	牙医	146 340
6.	石油工程师	130 050
7.	牙齿矫正医师	129 110
8.	数据分析师	124 150
9.	航空管制人员	122 340
10.	药剂师	120 950

数据来源：美国就业网站（Careercast.com）

在美国，高薪行业前 10 名 90%是医生，航空、教育及法律行业也属想相对高薪行业，但在中国，金融、互联网行业收入较高，医生和教育行业的收入并不高。为人所诟病的"医生拿红包"现象，是市场对于工资水平的一种补差。透明国际（全球著名非营利性反腐败组织）主席彼得·艾根认为，确保文职人员和政治领导人的工资足能反映出其担任的职务所要担负的责任，只要条件允许，还要同私营部门的工资水平一致起来。

四、寻租设租关系

（一）商品交易关系与寻租设租关系比较

商品交易关系存在于经济市场，以公开的竞价交易方式出现，是合法的交易，可以增进社会福利。

而寻租–设租关系则存在于政治领域，以隐蔽的幕后交易方式存在，是非法的交易，是对社会资源的浪费。

（二）寻租–设租关系的形成

有租可寻：大多存在于熟人之间或亲属之间。

达成协议：一个设租者面对一个寻租者，取决于谈判；一个设租者面对多个寻租者，取决于租金的分割。

风险分担：披上合法的外衣，以子女或亲属的名义获得租金，建立"攻守同盟"。

（三）寻租、设租与腐败

腐败是指在委托–代理关系中，如果第三方试图影响代理人以获取经济租，他就可能向代理人支付一笔钱，而代理人并不把这笔钱交给委托人。

耶鲁大学政治学和法学教授、蜚声国际的腐败问题专家苏珊·罗斯-阿克曼（Susan Rose-Ackerman）认为："在所有的腐败交易中，官员实际被抓获的可能性低于三分之一。"约瑟夫·奈（1967）认为腐败是因考虑个人的金钱或地位而偏离作为公共角色所具有的正式职责的行为。施莱弗和维施尼（A.Shleifer & R.Vishny，1993）认为，腐败是政府官员为了个人利益而出售政府生产的物品，如执照、通行证、签证等。

（四）转轨时期的寻租设租行为

（1）公有经济的缺陷。一般来说，不管是在地区层面、国家层面还是国际层面，对于经济过程公有化的管理，在根本上存在着以下四大缺陷。第一，知识和信息的不对称。集体的管理者或者管理机构所掌握的知识、信息与一线工作者所掌握的知识、信息之间存在着一定的差距，这种差距使得决策难以适应经济活动的实际需要。第二，无论人们的动机如何，集体的管理者与集体的成员对经济目标的期望毕竟是互不兼容的；换句话说，这一结论的意思是，对于私有财产的保护已经成为现代政治经济学的重要理念，而这一理念很早就被亚里士多德所肯定。然而，传统社会主义统一分配的理念却是与此相悖的。第三，公有制在一定意义上是窒息人们创造力的制度，它直接构成了对个性的威胁，这一结论似乎是上述两种结论的混合物。第四，公有制不可能有效发挥对个人与集体利益的平衡功能。

（2）影响地方政府决策的各种利益集团。地方政府的决策受利益集团的影响已经很深。这种影响不仅仅局限在人事任免上。调查显示，利益集团施加影响的方式包括：贿赂，个人关系网络，游说，求助于"精英人物"，通过主管部门及其领导，借助媒体呼吁，利用既定的规则、惯例或者直接诉诸法律，施压性集体行动，参与或操纵选举等。这些方式，有直接的，也有间接的；有正式的，也有非正式的；有合法的，也有不合法的。而影响的内容包括:地方政府公共投资、财政资金分配、财政税收、政策法规的制定等方面[1]。

新闻记者、专家、法官等都可能对公共选择行为造成影响。新闻记者的报道，可以给投票人更多的相关信息，从而影响公共选择行为。2003 年，中央电视台新闻频道中的《每周质量报告》节目记者所揭露出来的许多骇人听闻的"食品"制作工艺，对公共规制的进行，起到了积极的推动作用。专家的意见更是可能对公共选择行为产生巨大的影响。有许多公共事务决策，需要有较为专业的知识。专家所发表的意见，会影响普通公众的选择。如果专家之间的意见不一致，这个时候，新闻记者的报道就可能发挥更大的作用了。在美国历史上，法官也可能影响公共选择行为，例如，美国历史上联邦最高法院曾经判决联邦个人所得税违宪。当然，法官的判决在不同法系国家的影响是不一样的。英美法系的法官的影响相较于大陆法系更大。

（3）租金规模。转轨时期的国家，由于制度建设很不完善，各种监督与防护措施比较欠缺，各级政府又掌握了较大的权力在资源配置中起着比较重要的作用，导致租金规模巨大。

租金规模可以用以下两种方式来进行衡量：

租金规模 = $\sum$（要素或商品的市场价格 – 统配价格）× 统配的数量

租金规模/GNP（国民生产总值）: 1964 年的印度为 7.5%，1968 年的土耳其为 15%（克鲁格）；1988 年的中国为 40%（胡和立）；1992 年的中国为 32.3%（万安培）。

（4）政府集体寻租。即政府机构及其成员利用国家和人民赋予的权力共同寻求自身利益最大化的租金。

1　于津涛，王吉陆.解读中国利益集团：影响地方决策政府如何应对[J].瞭望东方周刊，2004，6.

　　政府对市场干预过多，会拥有各方面特权，通过各种非生产性竞争活动，获取某些稀缺资源的供给。各种政府部门，根据自己权力的大小和范围，能够寻租的空间和数量不同，这导致了政府部门之间利益分配的不均衡。这种不均衡在权力的庇护下，形成集体寻租的阶梯结构。权力越多，得到的租金越多，当然进入这一部门的难度就越大。一旦进入，退出的机会成本就会很大，因此高级权力部门或高能权力部门，越来越人满为患。

　　集体寻租往往容易获得社会的广泛认同。如同样是国家部门，财政部的楼要比统计局的楼高大、豪华；同样是国有企业，银行的楼要比一般国企的楼豪华；某些部门收入要大大高于另一些部门。

　　集体寻租比某个人的贪污腐败更要可怕。因为寻租不增加任何财富，只不过改变生产要素的占有和使用、收益关系，很大一部分国民收入堂而皇之地装入个人的腰包，或者被挥霍殆尽。集体寻租不仅扭曲了市场规则，造成社会资源的畸形配置，宝贵的社会资源被浪费。而且还阻碍制度创新，条块分割严重，部门既得利益高于社会总体利益，不同部门官员互相公开的争权夺利。所以，加剧官员腐败。各种廉耻心和纪律意识淡薄，对于个人的贪污腐败起到了推波助澜的作用。

　　【专栏】全球清廉指数
　　全球清廉指数（Corruption Perceptions Index）是由世界著名非政府组织"透明国际"建立的清廉指数排行榜，反映的是全球各国商人、学者及风险分析人员对世界各国腐败状况的观察和感受。自 1995 年起每年发布，根据企业界及民众对当地贪污情况观感所整合出来的指数。"透明国际"在衡量腐败程度上主要用两种指标，即"清廉指数"和"行贿指数"。

透明国际组织 LOGO

　　清廉指数反映的是一个国家政府官员的廉洁程度和受贿状况，以企业家、风险分析家、一般民众为调查对象，据他们的经验和感觉对各国进行由 10 到 0 的评分，得分越高，表示腐败程度越低。而"行贿指数"主要反映一国（地区）的出口企业在国外行贿的意愿。清廉指数采用百分制，100 分表示最廉洁；0 分表示最腐败；80～100 表示比较廉洁；50～80 为轻微腐败；25～50 之间腐败比较严重；0～25 则为极端腐败。

2015 年在透明国际评分的 168 个国家当中，丹麦（91）在 168 个国家中再次名列榜首，其次是芬兰（90）、瑞典（89）、新西兰（88）、荷兰与挪威（87）、瑞士（86）、新加坡（85）。

1998 年中国清廉指数为 3.50，排名为 58 位。2009 年中国大陆清廉指数为 3.6 分，排名第 79 位。2015 年大力加强反腐的中国得到 37 分，比上一年多了 1 分；排名第 83 位，比上一年上升了 17 位。

透明国际说，腐败问题依然严重，有 68% 的国家存在严重腐败问题，包括半数的"20 国集团"国家，60 多亿人生活在有严重腐败问题的国家和地区。在透明国际评分的 168 个国家当中，超过三分之二的国家得分低于 50 分。

全球最腐败的国家为索马里、朝鲜、阿富汗、苏丹、南苏丹、安哥拉、利比亚和伊拉克。

清廉指数的结果表明，如果一个国家的基础部门功能得不到发挥，腐败就会肆虐，混乱随之滋长蔓延。"透明国际"主席拉贝勒说，阻止腐败要求各国国会加强监控，需要司法部门、独立有效的审查和反腐机构以及强大执法部门的配合，也需要增加公共预算、国家收入以及援助等项目的透明度。国际社会必须找到有效方式，帮助深受战争所累的国家发展，并维持他们自己的公共机构正常运行。

五、解决政府问题的可能途径

寻租也可以看作是个人或团体对既有产权的一种重新分配方式，因此政府在处理产权时应采取慎重的态度。因为用行政手段改变产权，会诱使有关的个人和利益团体争相影响政府决策，从而造成社会资源的浪费。某个利益团体追求一种产权的改变，会引发其他团体的形成和抗衡。只有当产权的改变仅仅涉及产权当事人的时候，产权的界定才是较有效率的，政府作为第三者的介入往往会耗费不必要的资源。

（一）重建国家理性、缩小政府干预的范围

一项政府政策造成的市场扭曲越严重，有关人员和利益团体享有的租就越多，这项政策就越难以得到矫正，因为任何矫正扭曲的努力都会遇到来自既得利益维护者的强有力抵抗。如果由于其他寻租者的竞争活动，租渐渐地从原先的享受者手中消散了，

那么矫正扭曲政策的阻力会小得多。因此一项扭曲市场的政策要延续下去需要符合两个条件：一是该政策造成的扭曲要相当严重，从而形成一个积极维护这项政策的利益集团；二是该政策造成的租应当集中在少数寻租者手中而不会轻易消散。

对于行政审批与设租的关系，常常有一种错误的认识，以为加强审批是抑制腐败的有力手段。其实，增加一道审批就增加了一项新的寻租可能性。

正如亚当·斯密所说，"政府是必要的恶（Government is a necessary evil）"，政治人并不比普通人具有更多的利他意识。他们的行为目标总是在制度规则下寻求自身利益的实现；国家干预也会带来和市场失效一样的不利后果，甚至超过前者；为了限制政治家对权力的滥用，制定法律规则的立宪限制来约束政治人的利己行为，使之限于合理范围而不至于与他人和社会的利益相冲突，则是十分必要的。在政治民主市场中，约束政治家的最终力量来自普通民众，如何保证信息充分、选民珍重自己的权利，是保证政治市场能像经济市场那样有效运行的关键所在。

【案例】分粥制度的故事

有 7 个人组成的小团体，他们想通过制定制度来分食一锅粥，但没有称量用具或有刻度的容器。

方法 1：指定一个人负责分粥。大家很快发现，这个人为自己分的粥最多。于是又换一个人，结果总是主持分粥的人碗里的粥最多。

方法 2：大家轮流主持分粥，每人一天。看起来平等了，但是每个人在一周中只有一天吃饱而且有剩余，其余 6 天都忍饥挨饿。

方法 3：大家选举一位信得过的人主持分粥。开始这位品德尚属上乘的人还能公平分粥，但不久他开始为自己和溜须拍马的人多分。

方法 4：选举一个分粥委员会和一个监督委员会，进行监督和制约。公平基本上做到了，可是由于监督委员会常提出各种议案，分粥委员会又据理力争，效率太低。

方法 5：任选一人分粥，但分粥的那个人要最后领粥。结果，每人碗里的粥每次都是一样多，因为分粥的人认识到，如果每人碗里的粥不相同，他肯定享用那最少的一份。

（二）完善权力制衡机制，减少机会主义行为

A 雇佣 B 为自己提供服务，并授予 B 一定的决策权力，授权者 A 是委托人，被授权者 B 是代理人。纳税人作为委托人，而政府是作为代理人出现的，纳税人委托政府提供公共产品，但是代理人有机会主义行为倾向。

机会主义行为是指在信息不对称条件下，代理人不顾委托人的利益，利用机会牟取自身利益的活动。以机关办公大楼为例，造得越是豪华，官员和公务员越是舒适。

（三）加强媒体网络舆论监督增，加透明度

公众痛恨寻租设租现象，但不掌握舆论工具，人微言轻。网络给公众提供了"出声"的平台。网络打破了所谓精英阶层对媒体话语权的垄断，具有强大的聚合力、良好的交互性和广泛的代表性。

言论的情绪性较为明显。但是，在"人肉搜索"之下，一旦有腐败或者不法行为，立即可能被曝光。"人肉搜索"之所以变得有效，就在于其公开、透明的特性。寻租设租者真正认识到"防民之口甚于防川"。

【专栏】征税权与宪法

人类社会最大的弊病之一是权力的滥用，也就是一部分人对另一部分人施加过度影响，不论这种影响是否为了谋求自身利益。而对权力的限制，主要来自于法律体系。在世界上所有存在过的法理体系中，只有英国法律明确规定：法律的要旨不是惩恶扬善，而是确保公权力不能随心所欲地侵犯权利，因为个人的恶再大也是小恶，而国家的恶再小也是大恶。当然，这个法理原则不是一夜之间形成的，但正是基于此，应该成为原生的宪政国家。

1215年，在泰晤士河的兰尼米德草地，约翰王与25名贵族代表签署了《大宪章》，对贵族每年向国王缴纳多少贡赋、继承遗产时应缴纳多少遗产税等都作出规定，从而在人类宪政史上写下了最为光辉的一页。

《大宪章》的核心价值体现在以下几点。第一，确立了对国王课税权加以限制、国王征税必经被征者同意的条款。从此之后，国王的权力将受到来自制度的约束，而且这种约束将不再限于一般的臣属劝谏或文化习俗的制约。除了通过合法程序，他不再享有对自由臣民的征税的权力，不再拥有武断专横之权。第二，国王征税必须得到"别人"的一致同意，其中隐含着人民开始拥有国事咨询权的意思，因而成为后世"无代表则无税"原则的基础。第三，不许对商人任意征税的规定突破了以往贵族反抗王权的局限性，有助于贵族们与市民的联合。所以，尽管在表面上《大宪章》只是一份申明国王权限范围、体现封建贵族意志和自由的宣言书，但它仍然成为英国宪政转型的一个起点。

1688年，英国经不流血的"光荣革命"确立了资产阶级议会制，奠定了君主立宪制的政治和法律基础，实现了从封建主义向资本主义的过渡，成为最早进入资本主义时代的国家。1689年，英国国会制定《权利法案》，其中第4条规定："凡未经议会允许，借口国王特权，或供国王使用而任意征税，超出议会准许的时间或方式皆为非法"，在国家法律上正式确立了近代意义上的宪政民主制度，议会承担起推行公共财政制度的历史责任。

第七章　新制度经济学理论

教学目标：
- 了解制度的决定
- 知道制度的作用
- 了解制度分析
- 探讨为什么有的国家富有的国家穷

怎样让一个国家发展和富强起来，从 1776 年出版的亚当·斯密的《国富论》开始，这种探讨从未停止过。早期的经济增长理论强调资本积累、人力资本与技术的关键作用；20 世纪 70—80 年代以来，学界努力寻找决定一个国家生存发展的根本原因，归结起来有 5 个主要的假说。第一个假说，认为有些国家比较幸运，也就是说有多重均衡点。两个完全相似的国家，由于有很小的冲击或差异，有的国家处在好的均衡点，有的则处在坏的均衡点，国富国穷完全是由于运气。第二个假说是地理论，认为世界上所有发达国家都在温带，热带的人均自然资源虽然丰富，但是热带容易产生疾病，人的生命预期短，就不愿意积累人力资本，所以经济就没法发展；或者说，热带的矿产资源比较多，大家认为生活非常容易，所以就比较懒惰，经济也就发展不起来。第三个假说强调文化的作用，认为文化中有些因素让人与人之间的合作特别容易，有些文化强调信用，就会让经济逐渐发展起来；有些文化使其政府的效率较高，也就比较容易发展。第四个假说认为，外向型的国家容易与国际经济融合，对外贸易可以使一国获得新知识、新技术和新的组织方式，经济容易发展。第五假说是对于现代社会影响最大的，认为决定一国经济发展快慢的因素，是该国的制度安排，一国的制度安排决定了该国的激励结构。制度安排好的国家，大家积极工作，去提高教育水平、技术创新，这样的经济就发展较快。

第一节　制度的决定

奥尔森在研究了大量富国和穷国后指出，国家间人均收入的巨大差距不能用获取世界知识存量或进入国际资本市场的能力差距来解释，也不能归因于可出售的人力资本或个人文化的品质差异。这消除了以生产要素解释绝大部分国际间人均收入差距的可能性。剩下的合理解释就是其制度和经济政策有高下之分了。在国家（不同制度和政策的基本单位）之间的人均收入差距远远大于一国内不同区域的差距，同样，国界有时候将贫富悬殊的地域截然分割开来。发展中国家的制度背景往往十分复杂，要实现经济发展，单纯依靠要素投入、依靠技术进步，难以成功。很多发展经济学家在对发展中国家实践历程的回顾与反思的基础上，发现不仅要注重资源配置，而且更要注重构造出执行这些政策的恰当的制定安排。从库兹涅茨（S.Kuznet）对大量低收入国家的历史统计和罗斯托（W.Rostow）对传统社会的分析中，可以发现：制度缺陷是发展中国家经济落后的根源。越来越多的经济学家开始关注并致力于产权、法律、分配、保障等方面的制度研究。不过，制度过于复杂，很难进行严格的假设和逻辑推理分析。但是有一点是肯定的：发展中国家要得到大发展，必须不断地推动制度变迁。

【专栏】李约瑟之谜——古代中国的停滞不前

英国著名科学史专家李约瑟博士在其巨著《中国科学技术史》中介绍了中国古代的发明和发现后说，"可以毫不费力地证明，中国的这些发明和发现远远超过同时代的欧洲，特别是15世纪之前更是如此"。但他感到奇怪的是，中国古代在科学技术方面领先于世界，但是为什么近代工业和科技革命却没有发生在中国？

在15世纪以前的数百年间，中国的科学技术曾经在世界上长期居于领先地位。如在数学方面，已有正负数、小数及零值的概念；早于西方200年发明了活字印刷术、鼓风机和水轮机；明朝郑和七下西洋，率领两万八千之众的大洋舰队抵达非洲东岸；四大发明对世界文明进步曾起到了伟大的作用。

然而，16—17世纪，近代科学革命开始在西方发生，特别是18世纪，世界历史走到了一个转折点。英国发生工业革命，欧洲列强紧随其后。俄国彼得大帝亲自去西方诸国考察，效仿英法，创办了俄罗斯科学院，为俄罗斯帝国的日益强大奠定了第一块基石。

而同一时期的中国雍正、乾隆两朝，虽然号称"盛世"，却实行着严苛的文化专制政策，闭关自守，对世界科学技术的巨大进步视而不见。结果迈入19世纪，古老的帝国被西方列强肆意凌辱，摇摇欲坠。前后300年的明显反差，发人深省。

对李约瑟之谜有三种解释。

1. 统治者没有竞争激励

在那些巨大的封闭经济中,统治者们在其疆域中无须像中世纪(约公元 395—1500 年)后的欧洲那样为吸引和留住有知识的、具备企业家才能的人而竞争。统治者们也无须培育那些聚集资本和企业有吸引力的制度(Jones,1981)。迄今为止,中国社会的单个成员们不能将交易成本减少到足以使经济进入一个持续的强劲增长过程。政府很少提供基础结构和服务。值得注意的是,不存在独立的司法系统,旅途中的贵重物品得不到保护,没有警察保卫生长中的庄稼。法庭在根据实物证据审理这类侵犯行为时缺乏系统的程序。契约得不到执行,商务交易倾向于面对面地进行或局限于一些群体之内(Jones,1994)。

在那些大帝国里,资本所有者和其他人不可能迁移到邻近的国家里去,因而统治者保有不受监督的权利,可以专横地、任意地没收财产。哥伦布曾带着他西航印度的计划游说一个又一个欧洲宫廷(威尼斯、英国、法国、葡萄牙、西班牙),但这样的经历不可能在中国重演。如果欧洲统一在任何拒绝了哥伦布的君主之下,则欧洲对美洲的殖民可能永远不会发生。郑和七下西洋,舰队规模远超过哥伦布的舰队。但是,在大一统的皇权之下,宦官一旦失势,郑和的远洋航行也就终止了。为了让皇帝支持其航海事业,每到一处,就要搜集各种珍禽异兽。

统治者们向农民征税,视农民为"鱼肉",统治者在不激发农民起义的前提下,为榨取税收,千方百计,为所欲为。只有那些官方没收受到限制并服从于某些法律的时期里,如在宋代(960—1279 年),中国经济才显得欣欣向荣。缺少秩序和信任,以及官方任意没收财产的惯例抑制了对工业和企业的投资,这证实,对产权和产权运用的制度保护是持续的经济增长所不可或缺的(柯武刚、史漫飞,P250)。

2. 中国古代社会过于注重实用技术,忽视了科学理论

中国古代社会过于注重实用技术,忽视了将经验上升到抽象的、思辨的科学理论。这与西方有着本质的区别。林毅夫教授认为,中国之所以在历史上能够领先世界,是因为当时的技术比较简单,可以靠经验积累来完成,所以,中国较大的人口更容易产生技术创新。但是,现代技术不是建立在经验、而是建立在科学实验的基础上的,人多因此并不能保证更多的技术创新。

但是,这个解释所忽视的,是工业革命并不是以现代科学为前提的,如同诺斯所指出的,工业革命(公认的时期为 1750—1850 年)比现代科学和技术的结合(公认为 19 世纪后半叶)早了近百年。

3. 高水平均衡陷阱

马克·埃尔文(Mark Elvin)在于 1973 年出版的《中国历史的式样》一书中,他

认为，中国之所以在工业革命之前一千多年里领先世界，而后又被欧洲所赶超，是因为中国受到人口众多却资源匮乏的限制。由于中国人口众多，她就必须全力发展农业技术，以至于到欧洲工业革命时，中国的农耕技术远远领先欧洲，这包括复种、灌溉、密植、耕种工具的改良等。但是，农业技术的改进所带来的收益完全被新一轮的人口增长所吞噬；而人口的增长又进一步带动农业技术的改进。如此往复，中国在较高的农业水平上维持了巨大的人口。相反，中国工业的发展却受到了资源有限的约束。由此中国便进入了一个"高农业水平、高人口增长和低工业水平"的高水平陷阱之中。

据葛剑雄在《中国人口简史》中的估计，在清代以前，中国的人口一直在6千万到1亿之间徘徊；但是，经过清代的"人口奇迹"，中国的人口在19世纪中叶已经达到4.5亿。可想而知，在相对狭小的可耕地上要承载如此众多的人口，土地的价值必然增加。高额的土地回报诱使人们投资农业，工业因此缺少资金，无法发展起来。相反，欧洲由于人口密度低，较低的农业水平也足以支撑人口的增长，工业回报因此高于农业回报，资金向工业集中，欧洲因此向一个高水平的均衡发展。

一、制度的决定

制度是最重要的因素，因为制度决定了一国的激励结构，制度本身是内生的。关键是制度由什么决定？

古典经济学分析，无论是马歇尔还是瓦尔拉，都试图在现有的法律—机构—制度的结构内，解释经济行为者作出的选择、经济行为者之间的相互作用及这些相互作用的结果。制度经济分析则通过对比来说明可供选择的法律—机构—制度规则组合的工作特性；而这些规则制约着经济与政治行为者的选择和活动，限定了他们进行一般选择的范围。新古典经济学的理论基础是一些有关于理性与信息的苛刻假设，隐含地假设制度是既定的外生变量。就此而论，相比较古典经济学，制度经济学涉及了更高层次的研究。制度经济学与新古典经济学有很大不同，制度经济学与法学、政治学、社会学、人类学、历史学、道德哲学等都有重要的联系。

制度的发展旨在控制人与人之间对于资源稀缺问题的相互作用。最初，制度形成的基础是风俗习惯，包括过去的经验、禁忌、行为规范和人们对其周围的世界所形成的观点。后来，宗教和其他意识形态逐步对习惯产生了显著的影响。随着现代国家的兴起，法律和规则取代了风俗习惯。制度可以被定义为对人类重复交往所作的法律的、行政的和习惯性的安排。

制度经济学的中心原则是，现代经济是一个复杂的演化系统。在满足人类丰富而多样的目标上，它的效能依赖于各种制度。制度限制着人们可能采取的机会主义行为，制度保护个人的自由领域，帮助人们避免、缓解与解决冲突，扩展了和知识的分工，由此促进经济发展。规范社会与人际交往的规则对经济增长是至关重要的，以致连人类的生存和繁荣也要完全依赖于合理的制度化支撑这些制度的基本人类价值。

二、制度的概念

制度可以定义为一套行为规则，这套规则是反复出现的博弈均衡，是所有博弈参与者的行为模式。制度是多人世界的行为规则，是"社会中个人遵循的一套行为规则"[1]，用于支配特定的行为模式与相互关系。柯武刚和史漫飞认为社会中个人遵循的一套行为规则，人类相互交往的秩序基础，必须"依靠各种禁止不可预见行为和机会主义行为的规则"[2]，即制度。新制度经济学认为，制度是一个社会的游戏规则，是构建人类相互行为的约束，是在资源稀缺的环境中为了节约交易费用从而更有效地利用资源而出现的，是人与人之间长期博弈的结果[3]。制度是具有协调功能的规则和规则集，其本质在于行为的高度可预测性，即提供相对稳定的预期，由国家规定的正式制度和社会认可的非正式制度共同构成[4]。

正式制度是指人们在非正式制度的基础上有意识地设计和供给的一系列规则，包括政治规则、经济规则和契约，以及由这一系列的规则构成的等级结构，从宪法到成文法，再到具体的细则，最后到个别契约，正式制度具有强制力。非正式制度是人们在长期交往中无意识形成的，由价值信念、伦理规范、道德观念、风俗习惯和意识形态等因素组成，而意识形态和习惯处于非正式制度的核心。意识形态是节约认识世界费用的有效工具，也是人力资本[5]和社会资本的重要内容。新制度学派将文化作为制度的载体，社会学中的新制度学派更加强调文化和文化限制等非正式制度对经济发展和社会进步的影响。作为正式制度的形成的基础和前提，非正式制度通过对正式制度的补充、拓展、修正、说明和支持，成为得到社会认可的行为规范和内心行为标准。

1　Schultz. Theodore W. "Institutions and the Rising Economic Value of Man",American Journal of Agricultural Economics,50(December 1968): 1113-1122.

2　柯武刚，史漫飞.制度经济学：社会秩序与公共政策[M].北京：商务印书馆，2000.

3　张宇燕.经济发展与制度选择[M].北京：中国人民大学出版社，1992.

4　[美]道格拉斯·C.诺斯.制度、意识形态和经济绩效[M].刘守英译.上海：上海三联书店，1994.
　　[美]姆斯·A.道，[美]史迪夫·H.汉科，（英）阿兰·A.瓦尔特斯.发展经济学的革命[M].黄祖辉、蒋文华译.上海：上海三联书店，上海人民出版社，2000.

5　林毅夫.关于制度变迁的经济学理论：诱致性变迁与强制变迁[A].R·科斯，A·阿尔钦、D·诺斯.财产权利与制度变迁——产权学派与新制度学派译文集[C].上海：上海三联书店，上海人民出版社，1996.

合适、有效的制度安排必定是正式制度和非正式制度的有机统一。

制度的概念具有一定的层次性。

（1）第一个层次是制度环境，指制度产生和发挥作用的社会行事习惯、文化和价值观念、道德背景等。与其他制度安排相比，制度环境改变很缓慢。

（2）第二个层次是立宪秩序，指赖以建立具体制度规范并显示其特征的基础规则，涉及文化、意识形态、基本政治经济体制等诸方面，是一个基本的制度集合。立宪秩序决定着制度变迁的路径、方向、性质、范围与进程。

制度变迁一旦走上某条途径，其既定方向会在以后的发展中得到自我强化，即路径依赖。沿着既定路径，制度变迁可能进入良性循环轨道，迅速优化，也可能沿着错误的路径走下去而导致劣化，甚至会被锁定在某种无效率状态之中。

（3）第三个层次是具体的政治、市场制度安排，如选举制度、产权制度、生产制度、交易制度等，它既是社会、政治、经济和思想文化生活运行的载体，也是立宪秩序借以体现自身的载体。这是一般意义上所讲的制度，即体制。

（4）第四个层次是微观的规章制度。比如单位的组织规章、制度规定、一些实施细则等。

三、制度的逻辑

经济学的一个前提假设（公理性假设）是：人是有限理性的经济人。人不仅以追求自身利益最大化为目的，而且是机会主义的。制度的作用就是尽可能明确地界定不同个人之间的利益边界（产权），规范人们的行为，尽可能地减少一些人损害另一些人利益的事情。这样，每个人都在明确的边界内最大限度地发挥创造性，追求利益最大化，整个社会的利益也就实现了最大化。

好的制度扬善惩恶，那么它的基本前提就要假定存在"坏人"。不一定假定大家都是坏人，但是只要有一个坏人存在，就需要制度存在，否则如果这个坏人做了坏事不受到惩罚，其他人就会学着也去做坏事，结果就是"劣币驱逐良币"，世风日下，道德沦丧，好人也变成了坏人。苏联的政治经济学教科书，假定以公有制为基础的计划经济条件下，人们会以全民利益为目标而努力工作，大公无私，并且按此逻辑设计了制度，结果是工作中的人们消极怠工、产品傻大黑粗、经济缺乏活力、贪污腐败遍布……。制度的逻辑错了，理论丧失了解释能力。

一些人文理论（如伦理学、人类学和宗教学）可以假定"人之初、性本善"，也可以假定人可以被教化，可以都是好人。但经济学不同，因为理性的经济人的假设前提下，在一个每个人都追求利益最大化，而在资源的稀缺性导致人们的利益会有重叠、每个人的行为会有许多外部性的世界里，必须有制度来防止一些人的正当利益被其他人损害。

四、制度的成本

古希腊哲学家亚里士多德在其《政治学》最先使用"交易"这一概念，并将其分为商业交易、金融货币交易和劳动力交易三类，并将交易与生产加以区分，定义交易为"人与人之间的关系"。科斯在其经典论文《企业的性质》中指出，使用价格机制是有代价的。随后在《社会成本问题》中，他围绕契约的流程进一步探讨，发现了在契约的签订和实施过程中，一些额外的支付是不可避免的。科斯又将交易费用的思想具体化，指出"为了进行一项市场交易，有必要发现和谁交易，告诉人们自己愿意交易及交易的条件，要进行谈判、讨价还价、拟订契约、实施监督来保障契约的条款得以按要求履行"。至此，交易费用的内涵已经明确了。但科斯并未使用"交易费用"这一名词，它是阿罗在研究保险市场的逆向选择行为和市场经济运行效率时首次提出这一名词，并将其定义为市场机制运行的费用。

任何交易都是有成本的，包括要花时间了解交易对方的信息，包括要承担交易损失的风险。在一般意义上，这是人与人打交道时所要花费的成本，经济学称为交易成本。任何制度的形成与执行，都是要有成本的，它是社会总交易成本的一种。起草和制定一种制度要花费许多人的时间，而执行这一制度，也就是使它成为可信的、真正有约束力的制度，要有司法体系，要有监督与检查，要有警察和监狱，这些都要费时费力。打官司要花律师费，告状的一方要花费很多的时间与精力，都是制度成本的一个组成部分。

制度成本太高，往往会导致制度无法实施，甚至导致流于形式，无法构成可信的、有效的制度。这种情况出现时，就可能是制度本身的某些环节上存在更为根本性的问题。好的制度不仅体现公平正义，还要便于实施，有效可信。私有制相比公有制的一个优势，就在于它承认私人利益，私人拥有产权与承担风险对应，自己"照看"自己的东西，就不必动用公权去防止贪污腐败。

科斯提出的一个著名假说：如果不存在交易成本，把产权界定给谁都没有关系，人们可以通过交易达到同样的利益均衡。但这一假说的反命题：交易成本的存在，决定了产权界定是非常重要的。事实上，由于产权本身决定了谁来支付交易成本，制度的结构就会决定经济的结构。从这个意义上说，能否对交易成本或制度成本给予充分的补偿，关系到能不能有一个好的制度。

五、制度的性质

一个社会所生产的产品，分为私人物品与公共物品两种。所谓私人物品，是指那些外部性较小、消费具有排他性、利益边界比较容易界定从而比较容易定价的物品。这种物品基本上可以按照市场规则进行生产与交易。

公共产品，其特点是因为其消费的不排他，利益界定比较困难，定价成本太高，导致无法用市场交易的办法加以提供，只能通过某种公共财政的方法由某个公共机构向大众提供。而制度的性质是一种公共产品，好的制度从本质上说必须具有非排他性，要能够被所有在这一制度下生活的人"消费"，并且是强制性地"消费"。不能因为某些人有权有势，就可以超越制度之外；也不能因为怜悯，就对所谓弱势网开一面。在现实中，任何制度的执行总会受到各种因素的干扰。这些因素可以是政治，也可以是人情，但制度的设计和实施，必须以一视同仁为宗旨。

制度之所以是一种公共品，其原因还在于在那些存在外部性的领域，制度就特别重要。在私人物品生产和交易的领域，由于个人利益比较容易界定，市场竞争与定价机制可以较为充分地发挥作用，个人趋利避害的行为本身就可以实现资源的有效配置，制度的约束就显得不那么重要。而在存在外部性的公共品的消费中，制度的约束就至关重要。比如发生环境污染的场合，私人成本与社会成本会发生偏离，产权界定与保护的制度，立法与执法的机制，就必须发挥作用，否则污染会越来越严重。公权之所以要严加规范，就是因为它会关系到许多人的利益，关系到公共产品与服务的提供。金融系统的监管、食品安全的监管、公共卫生的监督，亦是如此。

市场经济本身是一套以产权界定与产权保护为基础的制度，但市场经济的法则主要适用于私人物品的生产与交换。而在现实中，我们每天消费的还有大量公共品，在那些外部性较大、信息不对称较为严重的领域，"市场失灵"的问题就会发生，就需要有其他的制度来加以规范。经济越发展，人们消费的公共产品越多，收入差距、环境污染、公共卫生、经济波动这些问题就越为显著，就越需要有相关的制度来加以保障。正因如此，发展到今天的现代市场经济制度，就不仅是有些人所理解的只是私有产权保护与定价机制这些基础性的制度，而是还要加上公共服务、社会保障、行业监管、宏观调控、环境保护等一系列有关公共品的制度，它是所有与私人物品和公共产品相关的各种制度的一个大的集合。

公共物品的供给，本身具有垄断性，因为不可能在一条路上安两排路灯，一个国家不可能需要两套国防体系。这种公共权利的垄断性，导致了一种危险，就是政府权力可能因其垄断性而无限扩张，必须加以约束。如何约束呢?就需要在宪法层面对政府权力加以限定：只有通过公民议政，同意政府有这样的权力，政府才能去管这样的事情，否则就是违宪的。

总之，对于一个社会而言，制度具有双重性：对于私权而言，凡是没有规定不可以做的，都是可做的，以激励人们的创造力与积极性。而对于公权而言，凡是没有明确规定政府可以做的，都是不可以做的，不可"创新"或"积极"地扩大政府的审批权与干涉领域。

第二节　制度的作用

一、制度决定着激励机制

制度安排影响到人们的劳动付出和所得，并由此影响、决定着人们的行为选择。如果收入水平与素质水平成正比，愿意接受较高教育程度的人会越来越多；如果技术创新能够获得超额的收益，人们就会热衷于技术研究与开发；如果多劳动不能获得相应的高收入，人们就会倾向于少劳动、甚至不劳动；如果投资的风险太大，人们就会选择多消费、不投资。

制度的有效性决定着个人选择的有效性，从而决定着经济绩效。一个社会如果没有实现经济增长，那就是因为没有为经济方面的创新活动提供激励；也就是说，没有从制度方面保证创新活动的行为主体应该得到的最低限度的报偿或好处。如果没有专利制度，今天的技术进步会缓慢得多。

如果允许做的事情，人们都不愿意去做，或者鼓励做的事情，人们都没有积极性，这样的制度缺乏有效的激励机制。例如，走私的人贿赂海关，逃避税收，说明制度无效性。发展中国家经济发展落后的制度原因：发展中国家之所以发展不起来，在很大程度上是由于其制度环境及制度安排没有把人们的努力与报酬联系起来，无法对经济主体产生足够的激励。

制度创新还能够有效推动经济增长，在这种情况下，即使各种生产要素总量和技术保持不变时，通过制度创新，对要素进行重新组合，也能迅速实现经济增长。例如，中国在 1978 年农村经济体制改革之后，经济增长速度急剧加快，主要在于制度的激励机制发挥了作用。

二、制度能降低交易成本

有效的制度可以有效地降低交易费用（交易成本），通过削弱信息的不对称现象，消除机会主义，减少经济的外部性，增加交易的确定性，降低经济主体的经营成本。

交易费用的存在必然导致制度的产生，制度的运行有利于稳定有序的秩序的形成。制度为什么重要？从根本上说，就是它可以节省交易成本。换句通俗的话说，就是可以减少麻烦；也就是说，如果制度是可信的，如果有人不按制度办，是会受到惩罚的，那么人们就会对别人的行为有一个比较可靠而稳定的预期，人们在进行交易时就会比较简单，降低风险，可以节省大量的时间与精力。即使出了问题，有制度可循，有法律可依，也可以减少争议，处理起来比较简单方便。有人说在一些法治比较发达的国家生活、工作、做生意都比较简单，不用面对许多复杂的人情关系，其实就是说明这些国家的制度已经比较发达，人们对别人的行为都有了一个比较稳定的预期。没有制度约束，斯密所说的"看不见的手"带来的可能不是繁荣，而是社会经济生活的混乱。例如，货币金融制度为人们提供交易便利；产权制度使经济行为人对自己行为合理稳定预期，降低市场活动不确定性风险，抑制"败德"行为。

好的制度的标准，就是它是不是明确而清晰地界定了各方的权利与责任，是不是能够应对可能发生的各种问题，是不是有简单明了的处理问题的程序。而在这里，我们也可以看到，好的制度的形成一定是一个不断发展、不断修订的过程，因为最初人们不可能预见到可能发生的所有利益冲突，只有在实践中不断"出事"的过程中，才能发现原来制度的缺陷，才能不断地改进，不断地使制度趋于缜密，做到"法网恢恢，疏而不漏"。

但这时就出现了另一方面的问题：制度越发达，就越复杂，法律条文就越多，必须由专家来咨询相关的规章制度，处理各种利益关系。如果普通人陷入司法纠纷，要聘请专家才能获得法律帮助。他们就会抱怨制度不合理，成本太高。其实在规章制度基本合理的情况下，只要打官司的成本低于旷日持久的纠纷时各方所要花费的时间与精力成本的总和，这个司法过程的成本，就是合理的，也是人们可以接受的。制度的重要，首先就在于它可以减少纠纷。

制度最初不太发达，一方面表现为它还不能覆盖许多可能发生的情况（因为早期它们还没有发生过），另一方面表现为制度规定的解决问题的程序不够清晰明了，所以需要支付一些不合理的成本。而只要一个社会有一个不断改进的机制，使制度不断地发展和完善，制度成本就会降低，社会运作起来就更有效率。

三、制度为实现合作创造条件

制度能使复杂的人际交往过程变得更易理解和更可预见，从而不同个人之间的协调也就更易于发生，以此增进主体之间的合作与交往。

经济活动具有高度复杂的相互关联性，因此对他人行为的预测就成为个人选择的必要前提。但信息的不完全、理性的有限性及道德判断的分歧使人的行为往往难以确定，只有在一定的制度框架下，人的行为才具有可预知性。一定制度框架作为行为体责、权、利的明确划分和强制规范，就使每个行为体的目的、手段及与之伴随的后果之间具有客观的因果关系，因此每个行为体的行为不仅具有最大程度的可预知性、可计算性，而且具有相对的稳定性，给主体间的合作创造了条件。

四、制度能约束主体的机会主义行为

新制度经济学在对人们的行为假定：人具有随机应变、投机取巧、为自己谋取更大利益的行为倾向。由这个假定可以推论出一个结论：由于人在追求自身利益的过程中会采取非常隐蔽的手段，会玩弄伎俩，因而如果交易契约双方仅仅签订了协议，但未来的结果仍然会具有很大的不可预见性。机会主义产生的原因：①经济人的有限理性（bounded rationality），人们的活动具有随意性和不确定性；②外部效应，人们的收益与成本的不对称；③信息不对称，导致产生故意隐瞒、欺骗的行为。

人的机会主义行为必然会使市场秩序形成混乱。制度的限制或约束是必要的。正是因为它的存在，社会才可能稳定，秩序才可能形成。如果每个人都凭个人的好恶或个人利益而损人利己，社会必然陷入混乱或无序。没有社会秩序，一个社会就不可能运转。制度安排或工作规则形成了社会秩序，并使它运转和生存。

五、制度变迁促进经济发展

制度变迁是一个较长的、历史的过程，变化总是从习惯、习俗、道德观念、意识形态约束等非正式规则的边际演变开始，这种连续的演变最终导致正式规则的变化。制度变迁表现为一种效益更高、交易费用更低的制度对另一种效益较低、交易费用较高的制度的替代过程。

（一）发展中国家发展危机的主要成因

二元结构是发展中国家的显著经济特征。由于传统部门的惯性作用大，阻碍着现

代部门的成长。现代部门容易脱离传统部门。

传统的社会价值观念阻碍经济制度变革。由于陈旧观念的制约，许多积极的经济措施难以得到有效实施。有时候为了维持政治稳定，不求有功、但求无过的做法比改革更为重要。

既得利益集团的障碍。只有不断变革，才能实现跳跃式发展。但变革必然要对既得利益格局、对分配结构进行调整，招致强有力的反对，增加了变革的成本。

立宪秩序中存在重大缺陷。奥斯特罗姆（S.Ostrom）等认为，发达国家的发展最初开始于微观层次，是新兴经济主体自主行动的结果，制度演进是一个自下而上的自发过程；而在发展中国家的制度创设，往往是政府自上而下强制推行的结果。发展中国家取得民族独立之后，权力集中到当初领导民族运动的少数人手中，这些人有可能替代原有旧的殖民势力成为"隐蔽的帝国主义者"，给经济危机埋下隐患。

信任的危机。大众、经济主体的想法和领导者的想法发生严重分歧时，就会在经济行为上产生不和谐。如国家总在强调有能力对付通货膨胀，如果人们对政府是信任的，通货膨胀就不会进一步恶化。现代政府越来越成为一个建立在信用货币之上的信用政府，如果反之，经济主体对政府政策不信任，或产生悲观预期，就会引发危机。

（二）发展危机消除的线索

消除危机必须从制度安排入手，一方面使制度本身更加民主、透明和开放，另一方面使制度程序更加科学、合理。分散的地方组织往往比中央政权具有更大的创新能力和活力，能够分散权力风险。遵循市场机制的发达国家，其政府或准政府组织的建立，在很大程度上是个体自主结盟、共同选举的结果，地方的权力比较大。

从殖民地独立后的发展中国家，往往是中央集权制，权力过度集中在中央层次，地方和微观经济主体缺乏自主性、积极性和创新性，导致很多问题不能在萌芽阶段被消除，逐渐日积月累。如果不能通过广泛讨论积聚大多数人的聪明才智，仅仅依赖少数精英人物的睿智头脑、英明决策，却总是失败，就会使大众丧失信心，导致各种危机；如果总是成功，则可能陷入个人崇拜、视人民为弱智的独裁统治。

制度演变的发展方向就是解决发展危机，制度的重要性就在于它可以提供正确的激励，使人们发挥创新能力，追求更大的新利益，经济增长和经济发展就有了持久的动力。1978 年改革开放以来中国的发展经历，为制度变迁促进经济发展的作用提供了最生动的佐证。地还是原来的地，人还是原来的人，耕作技术还是原来的技术，旧体制下吃不饱饭，实行家庭联产承包制，粮食生产情况完全改观，充分说明制度改进本身就是增长的要素。

（三）制度与经济增长

新经济史学家诺斯在《西方世界的兴起》认为："有效率的经济组织是经济增长的关键；一个有效率的经济组织在西欧的发展正是西方兴起的原因所在。"当然，有效率的组织的产生需要在制度上进行安排和确立产权以便对人的经济活动造成一种激励效应，根据对交易费用大小的权衡使私人收益接近社会收益。一个社会如果没有实现经济增长，那经济是因为该社会没有为经济方面的创新活动提供激励；也就是说，没有从制度方面去保证创新活动的行为主体应该得到的最低限度的报偿或好处。反观通常的观点，则是将技术创新、规模经济、教育和资本积累等视为经济增长的源泉，可在诺斯看来并非如此，它们本身就是增长。因此，产业革命就不是现代化经济增长的原因所在，而恰恰是其结果。他的分析重点在三个变量：①对经济活动产生动力的产权；②界定和实施产权的单位——国家；③决定个人观念转化为行为的道德和伦理的信仰体系——意识形态。产权理论、国家理论和意识形态理论由此成为制度变迁理论的三块基石。

国家有两方面的目的：既要使统治者的租金最大化，又要降低交易费用以使全社会总产出最大化，从而增加国家税收。然而，这两个目的是相互冲突的。也正是因为存在着这样的冲突并导致相互矛盾乃至对抗的行为的出现，国家由此兴、由此衰。

第三节 制度分析

一、制度分析的特点

对制度差异的敏感性，是制度分析的第一个特点。制度分析很难进行定量的、数理化的、形式化的处理，因为它太强调差异。经济学为什么发展成一门数学化的分析科学呢？数学的最重要特点就是数，它有确定结果，会抹杀所有制度差异，所以才有了"数量"分析，才有计量模型。制度经济学，第一个性格是不主张"统计"的，它对统计有某种反感，对个案研究有某种好感，这是它的第一个性格；它的第二个性格，是它对于数学有某种反感，它对于描述性的东西很有好感。

制度分析的第二个特点是注重历史。这一点很深刻，有正面的意义。克隆技术是不可能复制人的，因为它不可能复制这个人的经历和情感，而只能复制这个人的外貌。这是关于注重历史的第一个含义，就是演化的过程决定了制度现在的形态。反过来说也成立，制度在历史过程中演变。或者，演化过程决定了制度形态。"注重历史"，这一特征在方法论方面，使得制度分析很难变成自然科学式的。为什么呢？就经济分析而言，它和经济学家所主张的一个基本的原理，就是"理性选择"的原理，发生了潜在冲突。

理性选择不光是经济学的，同时也是政治学、社会学和法学的，很多学科都在使用"理性选择模型"（rational choice model）的分析方法来解释各种现象。可以说，理性选择的分析方法是社会科学的研究范式，是经济学研究范式里的一个"核心"（core），一个"硬核"（hard core）。理性选择是社会科学研究范式的一个硬核，它不会被轻易改变。但是，这就与制度学的分析方法发生了冲突。它意味着演化过程是无足轻重的。自从上帝的理性设计被达尔文的演化过程取代以来，学者们普遍意识到，理性设计可以实现"最优"；等价地，竞争演化也可以实现"最优"，至少是"局部最优"。

只要物种之间的竞争或个体之间的竞争足够激烈，结果是一样的，生物的行为"好像"具有理性。这样，理性选择作为社会科学的基本分析视角，隐含着对历史演化视角的替代。但是，当我们把社会视为一个整体时，就会发现一个社会的"选择"往往不服从理性选择模型。社会制度不是任何一个个体或利益群体能够选择的，它是社会博弈的结果之一。这是一个被布坎南称为"公共选择"的过程。它是社会博弈参与者们可能实现的许多均衡格局当中的偶然实现了均衡格局。一般而言，由于博弈的本性，这个实现了的均衡不会让任何人满意。也就是说，社会博弈，它不是一个服从理性选择和实现最优状态的过程。例如，自然演化无法避免"锁入"（Lock in）效应——即长期停滞在某一局部最优状态，丧失了继续优化的机会，从而被其他物种淘汰。在经济史研究中，诺斯注意到，由于收益递增现象的存在，如"技术进步""知识积累"和"政治制度"等，一个社会的发展过程，几乎总是"路径依赖"的——即这个社会当前可能实现什么样的均衡格局严重地依赖于它以前曾经实现过什么样的均衡格局。以上的论证，是为了说明制度分析的第二特点——注重历史，并由此而发生了与主流经济学的理性选择视角的潜在冲突。因为理性选择模型潜在地否定了一个社会的历史。

制度分析的第三个方法论特点，是注重意识形态[1]以及观念史对制度演化的影响。这是诺斯代表的那一派新制度经济学家们的立场，用他们的语言说，就是意识形态至关重要。

意识形态只是观念史的一部分，但它是很重要的一个部分。所以，一个人受什么

1　意识形态有五个特征：首先，意识形态是一个政治术语；第二，意识形态包含了对现状的看法，以及对未来的憧憬；第三，意识形态是行动导向的，它提供了达成目标必须实行的明确步骤；第四，意识形态是群众取向的；最后，意识形态通常以一般人所能理解的简单语词来陈述。基于同一理由，意识形态在语气是通常是鼓动性的，鼓舞人们尽最大努力来达成意识形态所设定的目标。[美]巴拉达特.意识形态：起源和影响[M].第 10 版.张慧芝，张露璐译.北京：世界图书出版公司，2009.

样观念的教育和熏染，对他的行为当然有影响，而制度只不过是与人的行为模式相辅配的一套规范。有什么样的人，就有什么样的制度。波普曾经说过：制度设计得再好，也不过是一座无人把守的城堡。制度就像城堡，设计得再好，如果没有懂得守护它的士兵，没有人去保卫它，就没用。"制度"一定是与"人"在同一层次上的，它们相辅相成。由于有了人的因素，人的观念和意识形态就参与着制度演化，对制度发生影响。这是制度分析第三大特征。

从这个特征，可以推出来一个含义，就是人类社会的演化与生物界的演化有很大不同。尽管现在有所谓"演化经济学"学会，有"社会生物学"学会，有许多生物学家用数理统计和生物学研究的其他方法来研究人类社会的演化，但是人类社会的演化毕竟有不同于生物演化的地方，而且是非常要紧的地方；那就是，人类的行为具有意向性（intemationality）。在人类社会的演化过程中，每一个个人都有他自己的目的性，几乎每一种人类行为都是有目的的行为，是有意向的行为。这是一个非常显著的特征。尽管制度分析倾向于用演化的观点看待经济行为，但它同时也批判那种把人类行为简约为单纯动物行为的倾向。所以，观念与意识形态对人类社会的制度至关重要。人类行动的意向性，完全可以是反理性的。这是人类社会演化过程中出现的非常重要的因素，也可以说是反常因素。为了容纳这样的非理性因素，诺斯在他的新制度经济学的分析框架里引入了"心智结构"（mental construct）的概念。心智结构的决定因素包括个体的观念史、意识形态、个人生活史。心智结构不仅影响一个人的日常决策，而且影响一个群体的制度选择。决定历史的是"合力"——是以每一个人的努力作为"分力"在整个群体内"合成"的力。一个社会的历史，包括它的制度，是由社会博弈的均衡结局，即"合力"决定的。你喜欢它也好不喜欢它也好，你以为每个人都喜欢市场经济的结果？市场是什么东西呢？市场就是最不坏的制度，在这个制度底下，没有一个人会完全满意，每一个人都有失有得，都不是最优，这就是社会博弈。

二、制度分析的结论

在制度分析的基础上，可以得出基本的结论，即，任何一个成功而稳定的经济制度需具备四项基本条件：①制度中存在的诱因需与制度参与者的本性（human nature）相一致，即制度不应建立在参与者对诱因做出的不自然的行为或反应方式；②制度需与加诸其中的社会的文化历史和谐一致；③经济制度导致的结果需让参与者觉得是公平的，因为在制度中比较成功的人需向不成功的人证明该结果是合理的，否则，社会迟早会产生动荡。最后，真正成功的制度必须要有效率。

第八章　公共政策的制定与实施

教学目标:

- 了解市场失灵与公共政策的作用
- 了解信息不对称与政府管制改革
- 了解海洋公共政策的可能困境
- 探讨可持续发展海洋经济前提下可能的公共政策制定

对政府政策的评价是一件复杂的事。无论对其作出正面的评价还是反面的评价都可以列出一长串理由。在正面评价中，有促进科技的快速进步、财富的大幅增长、人们健康水平大幅度提高，包括人们预期寿命提高、新生儿死亡率下降、少数派的处境有所改善等等，诸如此类。但是显然还存在一些令人忧虑的事情，例如公共部门扩张而带来的问题，而且还包括不断增加的对地球环境以及自然资源的容纳能力等施加的压力、核扩散的威胁、这些或"好"或"坏"的事情都包含着政府对经济、社会与个人生活的某种程度的介入。最令人吃惊的是不同人士在解读政府政策介入这种现象时巨大差异。

第一节　公共政策的基础

回顾一下前面各章的内容，就可以发现，并不存在一个可赖以制定一种清晰一致的有关商业行为的公共政策的理论基础。同样，已经获得的经验证据也不能为制定公共政策提供简单而又明确的准则。例如，由于规模经济的差异，较低程度的集中在某些产业中是有益的，但在另一些产业中也许是有害的。进一步说，生产函数、信息、资源和决定市场结构的其他变量的差异，也意味着没有一种产业行为模型总是能够适用于公共政策分析。因此，经济理论并未提供一个始终如一的完善的典型，作为各种公共政策的衡量标准。

一、市场失灵与公共政策

市场失灵主要表现在以下几个方面。

（1）经济外部性。导致私人收益与社会收益、私人成本与社会成本的不一致，从而导致某种产品的供给不足或过剩。

（2）信息不完全。会导致交易成本增大。

（3）收入分配的不均衡。由于经济初始安排的不同，机遇的差异，产权制度的不健全等因素，社会收入分配往往不均衡，形成贫富分化。

（4）市场机制扭曲。由于发展中国家缺乏经验，为了加快经济发展，在管理经济方面往往借助甚至依靠国家机器。如果国家集中的权力过大，会导致市场机制的作用范围变小，市场机制不能很好地正常运转。政府对市场的取代不科学、不合理的话，就会加剧市场失灵。

针对所谓"市场失灵"，政府的公共政策主要有以下几种。

（1）反垄断法规。反托拉斯法的制定及其实施，是为了保持企业行为和市场的竞争性。

（2）管制。管制当局及其行动实际上影响着经济活动的每种形式，包括利润、价格、产量、标准和其他改变资源使用的机制或生产技术。在某些情况下，管制来源于很多独立的但其管辖范围又有重叠的机构。这常常使最终定下来的严格的规章难以遵循。

（3）价格控制。另一种密切相关的管制形式是控制卖者能够开出的实际价格。价格管制可采取最高、最低或统一价格的形式。例如，市政府规定了某些公寓的所有者可向其房客收取的最高价格；天然气输送也被规定了以地理位置为基础的最高价格。最低价格常常用来作为诸如小麦这样的农产品的底价。价格管制常常会对销售量、货物或服务的质量和其他商业交易条件产生显著的影响。

（4）发放许可证与权利分配是最常见的管制形式之一，是给希望在市场上销售产品的生产者发放许可证。

二、政府与市场的分工

最近几十年，知识的发展进程发生了翻天覆地的变化，20 世纪 60、70 年代是积极的公共部门的时代。广为接受的凯恩斯宏观经济政策、反贫困的斗争以及将大量的资源直接投向中心城市的政府规划项目等从理论上为这一时代的政策制定定下基调。

在那个时代，很少有人愿意听取反面的意见，但后来事情发生了急剧的变化。人们对政府部门在处理类似宏观经济稳定政策以及铲除贫困等的能力方面的信心产生了动摇。事实上，经济学家，如布坎南等公共选择理论者和许多其他流派的学者们已经加入到挑战福利国家基本前提的队伍中了。对"市场失灵"的论断已经越来越少了，甚至最近的一篇有关规制的文章干脆以"市场失灵的终结"为题。该文以大量的文献为例证，对人们过分热衷但并不总是有根据的有关公共政策的观点进行了新的思考。

正如约翰·凯（John Kay）指出的，随着美国罗纳德·里根和英国的玛格丽特·撒切尔的当政，世界进入了"市场信心"时代。公共政策的核心思想转向了诸如放松管制、私有化和致力于对"政府失败"的研究而不再过多地考虑市场的局限性等。的确，当前政策设计的主题就是想办法寻找将市场激励引入到公共项目规划中的途径。如，政府利用补贴的方式解决外部负效应的问题，在存在外部成本的情况下，如企业排污给附近的河流造成污染，政府向企业提供补贴，鼓励其扩大投入，采取减除污染的措施，改进生产工艺，从而减少向河流排污的量。美国1990年的《清洁空气法案》修正案中为减少酸雨而实行的对含硫物排放实行补贴制就是这方面比较有创见而且成功的例子。

市场机制对经济增长具有巨大的推动力，但是它不是万能的。事实上市场机制在有效配置社会短缺资源方面显然会存在一些失灵的地方。举个常见但很重要的例子，市场机制可能会引起过度的空气污染。原因很简单：以个人寻利为宗旨的企业没有任何激励去节约他们对清洁空气的使用（他们在使用稀缺资源如劳动力和原材料等时，必须为此承担社会成本，而使用清洁空气则不必承担社会成本）。因此，通过公共政策来促进空气环境的清洁以增进社会福利就显得至关重要了。

【新闻报道】美国宣布划设全球最大海洋保护区，夏威夷六成水域禁商业捕鱼

中新网 2016-08-27 06:47 来自 澎湃国际 http://www.thepaper.cn/newsDetail_forward_1520058

中新网华盛顿8月26日消息，美国总统奥巴马当地时间当日宣布，将夏威夷一处国家海洋保护区的面积扩大四倍以上，划设为全球最大的海洋保护区，加强物种和生态保护。这是奥巴马为抗击气候变化所采取的最新措施。

夏威夷帕帕哈瑙莫夸基亚国家海洋保护区创建于2006年，面积与加利福尼亚州相当，2010年被联合国教科文组织列入世界遗产名录，拥有独立珊瑚生态系统，是夏威夷僧海豹、海龟、短尾信天翁等诸多稀有物种的庇护所。

奥巴马8月26日决定将帕帕哈瑙莫夸基亚海洋保护区面积扩大到逾58万平方英

里，面积是得克萨斯州的两倍以上。保护区禁止任何商业资源开发，包括商业捕鱼和矿产开发，旨在为珊瑚礁、深海海洋生物和重要生态资源提供永久性保护，如包括鲸和海龟在内的近7000种海洋生物以及寿命超过4500年的黑珊瑚，并鼓励科学家研究气候变化对当地海洋生态系统带来的影响。

9月1日，奥巴马将访问位于保护区内的中途岛，阐述气候变化给人类带来的威胁以及土地和水资源的重要性，目前保护区水域内仍留存"二战"中途岛战役时期的战舰和战机残骸。

奥巴马当天的决定受到环保团体欢迎，但当地渔业强烈反对。西太平洋渔业管理委员会主席埃宾斯认为，奥巴马此举意味着夏威夷60%的水域禁止商业捕鱼，这将对夏威夷渔业和食品安全造成打击，奥巴马意在巩固自己的政治遗产，而非真正的海洋保护。

美国今年早些时候已决定放弃在大西洋海岸开展近海油气钻探的租约销售，以保护海洋环境。

（一）市场与政府的差异

人们常常看到有些管制措施要么是不能达成既定目标，要么是代价昂贵。近年来学者花费了大量的精力和代价，试图找到一种灵活有效的程序，制定环境质量标准、设计合理有效的方法从根源上制止污染。像环境问题一样，许多经济和社会问题的解决方案都取决人们对市场和政府各自的优势和局限的理解、取决于人们是否有能力设计一种可以使市场和政府协调运转以促进社会福利。

市场运行的制度前提是分立的产权；而国家运行的制度基础是权力垄断的强制力。

相对于前面所描述的市场失灵，政府也会失灵，主要表现在以下几方面。

（1）官僚主义的广义表现。由于缺乏降低成本的激励机制，政府部门经常过多投资于提供社会并不需要的产品。

（2）政府机构的自我扩张。由于不以利润最大化为主要目标，社会福利最大化难以有效测量，政府行为往往追求自身规模的最大化，势必导致机构臃肿、人浮于事、效率低下。在发展中国家，官僚主义下的政治家，普遍追求的利益是扩大政府规模和预算规模，加强政府对社会经济的控制，这导致政府运作效率的低下，市场机制难以正常发挥作用。

（3）政府权力的集中。政府对属于自己的企业——国有企业进行过度保护，使企业过分依赖政府，缺乏市场生存竞争能力，也没有风险意识，容易失去活力。

（4）腐败。政府官员的腐败行为，在世界上非常普遍，已经成为社会经济发展必须予以根治的肿瘤。在发展中国家，腐败行为更为严重。官员腐败与投资和经济增长呈明显的负相关关系，腐败使得社会与经济运行的成本大大提高。腐败程度越低，国家的投资率越高；腐败程度越高，投资率越低，经济增长越是缓慢。本质是个体权力寻租，即权钱交易。

（二）交易费用理论对市场失灵和政府管制的重新解释

张五常在《卖橘者言》一书中认为，科斯定理说明了，私有产权制度是有效的资源配置体制。科斯的"社会成本问题"一文说明了外部性的产生其实是私有产权重新界定、或者私有财产所有者重新谈判（签约）的交易成本导致的。《企业的性质》一文说明了，在市场的交易成本过高的情况下，替代市场的企业或政府就会出现。政府管制就是在市场交易成本过高的情况下产生的一种相对有效率的制度。但政府管制还有再分配的功能，从而会使利益集团从中得利，因而还不如没有管制的情况。

交易费用经济学认为，市场运行本身需要耗费成本，产权的重新界定也许可以减少这种成本。当然，要综合权衡产权界定的收益和成本。

在各个企业独立运营的情况下，如果政府没有接入和互联标准的管制政策，企业之间直接达成行业标准需要巨额的交易成本，需要长期的进化博弈。这个过程是一个社会契约的签订过程，因而时间较长。西方国家的行业工会就是一种协调和订立行业标准的组织以减少交易成本。

政府放松进入管制和价格管制，用市场竞争这种激励相容的机制来提高生产效率和配置效率的同时，必须制定接入和互联标准和质量标准的管制政策，以降低企业之间签订行业标准合约、企业和消费者之间签订质量标准合约的交易费用。

三、政府、社会与市场的协调

社会，应该与政府、市场一道，共同成为国家公共治理模式中不可忽视的重要环节。政府、市场与社会，这三者正好对应的是一个经济体中的治理（governance）、激励（incentives）和社会规范（social norms）三大基本要素。对节省制度交易成本的社会治理和文化伦理的重要性认识不足，只是将处理好政府与市场的关系放到了深化改革的关键地位，没有充分意识到处理不好社会与政府、市场的关系，也就不可能处理好政府与市场的关系。强制性的公共治理和激励性的市场机制等正式制度安排相互交叠、长期积淀，会对社会的规范性的非正式制度安排形成一种在许多情况下既不需要"大棒"也不需要"胡萝卜"的、无欲则刚的导向和型塑，增强社会经济活动的可预见性和确定性，大大节约交易成本。

因此，不仅要合理界定和理清政府与市场的治理边界，也需界定好政府与社会的治理边界，只有这样才能实现政府、市场与社会三位一体的综合治理，才能真正实现国家治理体系和治理能力现代化。在政府、市场和社会这个三维综合治理框架中，政府作为一种制度安排，有极强的正负外部性，既可以让市场有效，成为促进经济改革发展的动力，让社会和谐，实现科学发展；也可以让市场无效，导致社会矛盾重重，成为巨大的阻力。试图通过政府主导的粗放式发展，动用国家机器来遏制腐败，而不从制度根源上解决问题，必将陷入恶性循环的怪圈：政府的控制越是加强，寻租的制度基础就越大，腐败也就更加严重；腐败越是严重，在某种错误的舆论导向下，也越有理由要求加强政府的干预和对国有企业的控制，投入更多的社会资源以保持经济增长和发展，结果就是发展方式转变进程受阻，难以实现向包容性制度（inclusive institutions）的深层次制度转型，导致社会经济问题复杂化、扩大化。

市场有效及社会公平正义与否，关键取决于合理界定政府与市场、政府与社会的治理边界。只有政府这个无所不在的"看得见的手"放开，市场才能有效发挥作用，充满活力；只有政府维护和服务的"援助之手"发挥作用，社会才能变得公平正义、安定有序、和谐稳定。在制度变迁过程中，政府既是制度变革的对象，又是制度变革的重要推动力量。

第二节　政府管制改革

一、信息不对称和激励性管制改革

信息完全假设（the assumption of complete information）是界定完全竞争市场（perfectly competitive markets）的一项重要假设。这项假设指出，如果所有公司及消费者获得的信息都是全面及对称的（full and symmetrically informed），即消费者和公司都清楚地知道市场中的所有价格及机会，而他们又是完全理性的话，那么市场上就不会有还未被利用的盈利机会，长远而言，这将会带来最理想的结果，即帕累托最优。然而，通过阿克洛夫、罗斯柴尔德与斯蒂格利茨等经济学家的研究，人们认识到当信息不完全的情况出现时，市场可能会崩溃，此时便需要对市场进行干预。

现实经济中，信息常常是不完全的，即由于知识能力的限制，人们不可能知道在任何时候、任何地方发生和将要发生的任何情况。而且，在相对意义上，市场经济本身不能生产出足够的信息并有效地配置它们。市场参与者拥有价格的不完全信息，价格不可能灵敏地反映市场供求，市场机制因此失灵，市场出清不能通过价格体系达到。市场出清主要是通过实物形式的调节机制，即商品数量的调整。

（一）信息不对称（Asymmetric Information）

信息不对称是指不同经济主体拥有的信息量存在差异，不相等或不平衡。信息不对称会严重降低市场运行效率，在极端情况下甚至会造成市场交易的停顿。柠檬市场、次品市场（the "lemons" market）分工、专业化和获取信息需要成本，使社会成员之间的信息差别日益扩大。

信息不对称的基本含义：①有关交易的信息，在交易双方之间的分布不对称，即一方比另一方占有较多的信息；②交易双方对各自信息占有方面的相对地位是清楚的。处于信息劣势的一方缺乏相关信息，但可以知道相关信息的概论分布，并据此对市场形成一定的预期。

在《柠檬市场、质量、不确定性及市场机制》一文中，阿克洛夫确认了信息不对称导致市场失效的情况。在这种市场中，尽管存在着能通过交易互惠互利的买家与卖家，但交易却无从发生，我们可以观察到个体理性与信息不对称一起破坏了自由市场的成果。

由于信息不对称，管制者不能真正了解供求的真实信息，因此，管制是一个委托—代理问题，相应的管制政策应该是激励性管制，以尽可能地使企业有内在的降低成本、提高技术和服务的动机。

（1）不完全信息与不完全合同。从事经济活动的人可能拥有独家信息，阿曼把这类信息优势划分为"隐蔽行动"和"隐蔽信息"（1985年）。前者包括不能为他人准确观察或臆测到的行动。因此，对这里行动订立合同是不可能的。后者则指从事经济活动的人对事态的性质有某些但可能不够全面的信息，这些信息足以决定他们采取的行动是恰当的，但其他人则不能完全观察到。这样，即便从事经济活动的人的行动可被他人不付代价地观察到，他们仍然不能断定这些行动是否符号自己的利益。当不可能把责任精确地归置于单个经济行为者身上时，也不能把后果完全地归置于他们。

工人的努力，雇主无法不付代价就可监督；投保人采取预防措施以降低由于他们的缘故而发生事故和遭受损失的可能性，承保人也不能无代价地进行监察。很显然，犯罪活动也属于这个隐蔽行动的范畴。隐蔽信息的例子是专家服务，比如医生、律师、修理工、经理和政治家的服务。

不完全合同也可能起因于，由于签订详细的能适应各种情况的合同所费甚多，因而个人就无法掌握有关的信息。这个问题在涉及复杂交易和长期的合同时显得非常尖锐。当有关未来的不确定性很大时，应加考虑的不测之事在性质和熟练上显然很多，不仅对它们作出预期和签署一个具体规定或要求采取相应行动的合同所需费用可能很大，为应付每件不测之事采取适当行动而达成协议的费用很可能是高不可攀的。

（2）逆向选择与道德风险。信息不对称发生在市场交易合同签订之前，导致市场交易产生"逆向选择"，存在交易风险。发生在交易合同签订之后，会产生道德风险。

①逆向选择（adverse selection），指消费者掌握的信息不对称时，出现违背需求定理的现象；价格下降，需求量减少。生产者掌握的信息不对称时，出现违背供给定理的现象；价格上升，供给量减少。"逆向选择"的存在低质量产品把高质量产品逐出市场。意味着市场的低效率和市场的失灵。

【案例】二手车市场，卖方比买方拥有更多信息

刚买了一辆新轿车，但由于一个突发事件急需用钱，于是你决定把这辆车卖掉。会发现，尽管车还非常新，但却不得不以大大低于其实际价值的价格出售它。原因就在于买卖双方存在着质量信息上的不对称。

旧车市场，卖者的信息多于买者。买者可能怀疑其质量有问题，卖者也可能为了把"次品"推销出去而不愿意告诉买者具体的质量状况。从而质量不同的车可能按相同价格出售，买者只会按一个平均质量支付价格。高质量的旧车就不愿意出售，低质量的旧车充斥在市场，导致买者进一步压低价格。高质车所占比重更少。

【案例】保险市场，买方比卖方具有更多信息

保险购买者清楚自己的情况，但保险公司对投保人的情况难以全面了解。健康的人知道自己风险低，不愿为保险支付高价；不健康的人，愿意接受较高的费用。保险公司为弥补损失被迫提高保险价格。随着保险价格上升，投保人结构发生变化，健康好的投保人所占比例越来越小，若保险公司继续提高价格，投保人结构会急剧恶化。可能出现：所有想购买保险的人都是不健康的人。这样，保险公司出售保险无利可图，保险市场消失。

②道德风险（moral hazard）交易一方具有另一方难以监督的行为或难以获得的信息；在签订合同后，有可能采取有悖于合同规定的行为，通过损害另一方的利益，来最大化自己的利益。交易双方在签约时信息是对称的。但在签约后一方对另一方的某些信息不完全了解，就有可能会引起道德风险。

道德风险主要分为以下两类：

a. 隐藏行动的道德风险模型。指签约后，代理人拥有私人信息，委托人只能观测到结果，不能完全观测到代理人的行为过程和自然状态本身。这时，代理人容易采取危害委托人的行动。决定代理人的行为结果的，不仅仅有行动，还有其他自然原因。委托人无法确定这个结果是不是由代理人的行动所导致。

b. 隐藏信息的道德风险模型。指签约后，委托人可以观测到代理人的行为，但代理人比委托人拥有信息优势，可能隐藏或利用独占的信息，做出损害委托人的事。建立委托-代理关系之后，委托人无法观察到代理人的某些私人信息，尤其是代理人努力程度的信息。

（二）委托-代理问题与激励机制

（1）委托-代理问题。委托-代理关系指一个人（代理人）以另一个人（委托人）的名义来承担和完成一些事情。委托人出钱请代理人按照委托人的意愿行事。企业实际上是一系列委托代理关系的总和。现代企业中，所有权和经营权的分离，产生了委托-代理问题。

代理人的不利于委托人的行为主要表现为：①偷懒，即经营者所付出的努力小于其获得的报酬；②机会主义，即经营者付出的努力是为了增加自己而不是所有者的利益，即其努力是负方向的。

（2）激励机制的设计。委托-代理问题中激励机制设计的基本原理是，所有者事先要拟定一个契约来限制经营者。将经营者的利益尽可能地整合到所有者利益里，在两者之间建立正相关关系。即构建一个所有者和经营者基本一致的目标利益函数，并最终接近对称信息的最优状态。委托人使代理人从自身效用最大化出发，自愿或不得不选择与委托人目标和标准相一致的行动的机制。

委托人与代理人之间的差异：第一，利益不相同，追求的目标不一致。委托人追求的是资本收益最大化，而代理人追求的是自身效用最大化；第二，责任不对等。代理人掌握着企业的经营控制权，但不承担盈亏责任；委托人失去经营控制权，但最终承担责任。

激励机制的具体设计应该包括：①经营者分享部分剩余索取权；②设计最优激励方案，以合作和分担风险为中心；③充分利用市场竞争机制。

二、新产业组织理论和放松管制

市场是一种社会习俗，而非自然现象。亚当·斯密所说的"看不见的手"依赖于管制市场交换的法律这一"看得见的手"。市场交换的规则一般来源于已经形成的习惯和标准的实践以及普通法。政府对市场的管制则提供了一些附加的常常是补充性的法规，从而对交易的范围或约束或激励。

（一）市场失灵的检验与管制

对市场失灵的检验可能成为决定政府干预期望值的指南。对市场失灵的检验需要三个步骤。首先，必须证实市场失灵确已发生。市场失灵被定义为商品和服务的市场均衡配置对帕累托最优配置的偏离。帕累托最优配置是一种没有一个消费者在使自己获益时却使其他消费者受损的配置。由于制度、技术和信息的约束，所谓的最优配置也许就转化为一种次优配置。其次，是确定政府管制能否减少不合理的资源配置，或面对相似的制度、技术和信息约束时能否矫正市场失灵的根源。最后，还必须证明管制政策的潜在效益足够超过行政成本及可能导致的无效配置。

管制的历史是不断变换政府行为的重点和焦点的动态过程。随着政策目标的变化，管制制度及应受到管制的对象也会发生变化。管制通常是对经济事件或市场失灵的特殊回应。例如，管制的焦点可以从运费或航线分配转向飞行安全。管制的历史向我们揭示，结构性的经济变化经常伴随着政府干预市场的新形式。

以斯蒂格勒、弗里德曼、威廉姆森等为代表的产业组织理论认为管制的效果是微乎其微的，管制是产业利益集团寻租的结果，寻租活动使得经济绩效比预想的还要低。因此，不如取消管制，采取自由主义的办法。政府是竞争规则的制定者和维护者。当然，政府作为政策规则的制定者，在投票机制方面应该得到改进。

芝加哥学派的思想对美国反托拉斯活动及政府管制政策产生了深远影响。在里根政府时期，不但有许多芝加哥学派的或赞成其思想的经济学家成为司法部的顾问，而且有的还担任了联邦贸易委员会主席、司法部反托拉斯局局长或最高上诉法院法官等要职。在这些人影响下，美国司法部于1982年颁布了新的《兼并准则》。该准则偏重用效率原则来指导反托拉斯诉讼，放宽了判定商业活动反竞争的标准。美国的立法、司法和执法机构对兼并活动采取了本世纪以来最为放任的立场。1982—1986年间，美国联邦贸易委员会和最高法院只对上报的7700多个兼并中的56个采取了强制行动。

（二）管制与特权

特权寻租，首先要定义"特权"（special privilege）。在完全竞争的市场里，没有谁能够影响价格。在不完全竞争的市场里，厂商却能够控制商品的供给量从而影响价格。根据斯蒂格勒（George Stigler）定义的"市场权力"（market power，价格与边际成本的差值除以价格），当价格与边际成本相等时，市场权力完全消失。稍作推演，读者即可发现斯蒂格勒定义的市场权力公式与需求曲线弹性之间存在直接关系，当需求曲线趋于水平的时候，也就是需求弹性趋于无限大的时候，市场权力趋于零。

最典型的特权，在西方社会，往往因法律对某一利益集团的特别保护而建立，从而使这一集团的利益凌驾于市场各方之上。根据图洛克的广泛观察，特权引发的效率损失远大于以往经济学家公认的"哈伯格三角形"[1]。图洛克认为，特权寻租的效率损失是一个"图洛克矩形"，或者是这一矩形的几倍甚至几十倍。

三、对自然垄断领域的重新认识与可竞争市场

（一）自然垄断的重新认识

鲍莫尔、麦吉等人用部分可加性、范围经济的概念重新定义了自然垄断，使得管制的范围减小。自然垄断行业在基础网络得到了一定发展以后，可以考虑适当引入上网竞争和增值服务竞争的办法提高竞争的激励。因此，自然垄断行业的自然垄断范围被缩小了。

自然垄断企业在现实的发展中往往是采取边际递增成本的办法提供服务、并获得更高的边际收入的。因为独占性企业总是首先为那些原网络"附近的"消费者铺设新增网络。购买能力较低的地区总是较后获得服务。规模经济、范围经济、部分可加性和自然垄断。

鲍莫尔、夏基等人用部分可加性和范围经济重新定义了自然垄断，认为范围经济是规模经济的基础，规模经济的概念是比部分可加性更强的概念。这样，自然垄断就可以划分为多种情况，很多情况下的自然垄断不需要政府管制。

（二）可竞争市场

鲍莫尔、潘泽、威利格等人提出的可竞争市场理论，把有效竞争或竞争性市场的范围极大地拓宽了，使人们对垄断的认识得到了空前的提高。他们用沉没成本和潜在竞争的概念来表示垄断程度的高低，潜在竞争程度强、沉没成本小的产业就是可竞争市场，这时的垄断只能是表面上的，垄断者的定价必然是竞争性的，因为垄断定价是不可维持的。

可竞争市场理论认为，只要进入退出壁垒为零，即使一个行业是完全垄断的，即

---

1 哈伯格（Harberger，1954）认为，与完全竞争相比垄断会导致产量减少的同时价格上升，从而会导致资源配置的低效率。垄断导致效率损失的思想可以追溯到马歇尔与库尔诺，哈伯格对这种福利损失做了经验估计，用哈伯格三角形来度量。

一个企业独占市场，但由于潜在进入者可以采取"打了就跑"的策略使垄断定价是不可维持的，即结构虽然是垄断性的，但行为不是垄断性的。可竞争市场理论的意义在于，说明了进入管制实际上提高了进入壁垒，从而使市场的可竞争性减小。

四、集体行动对政策的影响的争论

从知识分子的观点出发，所有的经济学家都持有个人主义与契约主义的哲学框架。没有人把国家本身看作是一个有机的组织单位，正如马斯格雷夫所说的，"我认为国家可被视为个人参加而结成的合作联盟，形成该联盟就是为了解决社会共存的问题并且按照民主和公平的方式解决问题"。尽管有这样的共识，经济学家们还是很快地走向了两种截然不同的研究思路。

对于古典经济学者马斯格雷夫来说，公共部门自有其在市场中存在的合理性。它不应被视为对私人市场"自然秩序"的"偏离"，而是作为致力于解决一套不同的问题同样有效或"自然的方法"。按着这种观点，私人部门和公共部门是互为补充的，在促进社会福利的过程中二者协力发挥作用。

与此不同，对于新政治经济学中公共选择学派的布坎南来说，公共部门代表一种严重的威胁。布坎南运用简单但是极具启发性的模型阐释了他对多数主义体制下利益集团掠夺税收体系下的"公共池塘"资源以谋取自身利益的内在倾向。在布坎南看来，多数主义政治不可避免地会出现多数人联合体促使政府通过财政政策按照自己的利益来重新分配资源。这会导致公共部门破坏性增长，从而对税基施加压力，为社会和经济带来各种各样的负面效应。

从这种观点出发，核心的问题就变成了如何建立一套宪政体系来限制政府的过度膨胀和破坏性的趋势。这类限制可能会是放弃简单多数原则，建立一套包容更多数人的多数人规则（参见布坎南《一致同意的计算》）或者在宪法中规定类似保持预算平衡的条款等形式。为使这规则更具有普遍性，布坎南主张一种"对普遍性的限制"，他认为这可以有效地限制政治家们，使其在决策时要真正地从"公众"的角度考虑或多或少地公平地提供社会福利。这可以消除在多数主义制度环境中某些指定对象的福利并自然地将其转移。而马斯格雷夫尽管也承认存在一些无效率的和误导的政策，但他认为问题根本不在于限制政府，"规则的作用不仅在于限制，它还具有能动的作用，（使人们的行动成为可能）"。像市场一样，政府本身也会为社会福利的改善作出他自己的贡献。

布坎南认为，整个 20 世纪是个"可怕的世纪"，"过度膨胀的福利–转移支付国家"带来了严重的道德问题，"市场经济中的信任似乎已经被无所不在的诉讼的威胁所代替，政治生活中的信任也因无孔不入的腐败而摇摇欲坠。大量的道德败坏现象，究其根源就是相对于整个经济而言，公共部门的规模过度膨胀。"我们宝贵的社会资本遭到了严重的贬值，这些宝贵的社会资本体现在这样的态度上，个人独立、遵纪守法、自强自立、勤奋工作、自信、永恒感、信任、互相尊重和宽容等。"在描绘了理想状态的社会道德结构后，布坎南提出了一系列改革方案，旨在削减政府规模并通过普遍性原则限制多数主义政治侵夺公共池塘资源的能力。但是他并不乐观，随着现代民族国家结成共同体或达成一致等的能力的下降，看不出有一点点道德伦理复兴的迹象。

与之相反，马斯格雷夫认为布坎南的"道德堕落"观未免有些过于悲观了。在他看来，"以罗斯福新政为契机，征服不受控制的资本主义以及由政府承担更多的社会责任是向前迈出的可喜的一步"。在过去的 100 年里，公共部门的扩张正是反映了在民主社会中不断变化的各种需求与偏好，如为维持经济稳定使其免受上下波动之苦、提供社会保障网络，以及对经济进步的成果更加公平的分配等。

五、海洋公共政策：共同利益和冲突利益

1960 年，哈佛大学教授托马斯·谢林出版了《冲突的战略》一书。其核心观点之一是：博弈方参与博弈以及如何博弈起因于存在共同利益和冲突利益。为了说明共同利益和冲突利益并存，谢林在书中举了这样一个例子：两个人分享一百美元，条件是他们各自写下的期望数额之和必须小于等于一百美元，否则两人分文都得不到。只有合作方可得到一定数额的美元，表明两人有共同利益；在具体分配上你多得的便是我少得的，显示出两者间存在冲突利益。

海洋事关全人类福祉，每个国家都是利益攸关方；与此同时，海洋问题的解决又远远超出某个或某些国家的能力范围，从而使国际合作成为必需。使问题变得更为复杂的是，全球合作既不是免费午餐，还具有公共产品的性质。一旦涉及成本分摊，各利益攸关方承担多少的问题至少就短期而言意味着利益冲突，进而激烈的讨价还价在所难免。

由于海洋资源与环境这类全球公共产品所具有的非排他性，也就是说任何人都可以免费享用，故各国无形中均受到了一种激励：让别国付费并让自己成为搭便车者。其结果就是人们通常所说的集体行动难题，也可称为市场失灵、公地悲剧和合成谬误。

日益严峻且必须加以解决的问题是全人类的，而作为解决这些问题的通常办法

——建立统一且具有权威的世界政府——在现实中又不可行。结果，为了解决高度复杂的全球问题，人们只好另辟蹊径。作为缺位的世界政府的替代品，全球治理开始登上世界舞台。在此，全球治理指的是国家或非国家行为体为解决各种全球问题而确立的自我实施制度或规则之总和，这些制度来自于各利益攸关方之间协商与谈判后达成的共识，此共识就本质而言无非是各行为体权衡共同利益与冲突利益后的均衡解。

鉴于全球问题形形色色，且特定全球问题对不同行为体的利益攸关程度相差甚远，也鉴于各行为体综合规模或谈判能力迥然不同，还鉴于各行为体内部权力结构及决策机制各有特点，故全球治理形式千姿百态，参与者复杂多样，功效参差不齐，空白或不足随处可见，达成普遍共识并形成集体行动困难重重。

说到集体行动，就不能不提及谢林的学生和后来的同事曼瑟·奥尔森。在《冲突的战略》面世后的第五年，奥尔森出版了经由谢林指导博士论文《集体行动的逻辑》，并在书中深化且发展了谢林的想法。其中颇具见地的命题可概述如下：共同利益只是形成集体行动的必要条件而非充分条件，而形成集体行动的充分条件则在于行为体数量较少且存在所谓"选择性激励"。这里，选择性激励包含相互关联的两层意思：一是行动体参与集体行动可获得比不参与更高的预期收益；二是行为体不参与集体行动将面临更高的机会成本。从相当意义上讲，人数少这一条件的实际功能主要体现在强化选择性激励上面。毕竟，人数少时每个人从集体行动的产出中得到的份额就大，人数少时每人对集体行动产品所作贡献更容易被识别从而减少搭便车行为，人数少时达成共识和最终形成集体行动的交易成本也更低。

事关人类福祉的全球问题之解决途径在于有成本的全球公共产品的供给，而公共产品在享用上的非排他性又鼓励所有潜在行为体逃避责任或成为搭便车者。由此可见，全球问题、全球公共产品、全球集体行动构成全球治理的三大支柱。全球治理的逻辑脉络经过上面的梳理至此已清晰可见：全球问题的产生与解决，源自全球集体行动形成后创造的全球公共产品。进而言之，在整个逻辑结构中，集体行动处于核心地位。这样讲不仅是因为集体行动具有承上启下功能，扮演着全球治理的创造者和维护者角色，还因为对全球问题的识别、评判和成本分摊也在集体行动形成过程中完成。考虑到形成全球集体行动极其困难，特别考虑到世界本质上是一个垄断竞争市场，故绝大多数集体行动属于小集团性质。一旦受到特定选择性激励驱动而形成的狭隘利益集团取得支配地位，那么由此产生的全球治理便会是非中性的或偏袒性的，他们甚至不惜牺牲大多数行为体的利益来增进自身利益。在此，激励和公正之间的矛盾，无非是全球治理中的有效性和代表性之争的另一种表述。

六、渔业公共资源困境与政策反应

由于渔业资源存量的波动，以及气候、捕鱼地带的流量都是渔民所面临的自然环境不确定的主要根源，渔民的生活充满了自然的不确定性。

（一）作为公共资源困境的近海渔场

由于自然的不确定性，近海渔场，作为一种公共资源，处于其中的渔民的所面临的环境是极其复杂的；而人类行为等因素的影响，进一步增加了它的复杂程度。因为捕捞渔业资源的不是单个的渔民；一个渔民捕到的鱼不可能再被其他渔民捕到。所以，单个渔民所能实现的结果不仅取决于自己的行为，也取决于使用同一个渔场的其他渔民的行为。

一个渔场中如果有多个相互影响的渔民，就会产生"公地的悲剧"的困境。外部性与分配问题，是绝大多数近海渔民在缺乏协调的捕鱼活动中所遭遇的常见问题。

（二）公共资源困境的复杂性

在近海渔场的自然环境下，外部性与分配问题的复杂程度各不相同。设计制度安排以解决外部性问题的可能性，受该问题的复杂程度的影响。

（1）人们发现机会主义的个人行为会破坏集体收益的可能性，而且这种情况在相似的环境下会重复发生。

（2）存在一个能为规则的确定与协商提供基础信息的网络，而这个网络可能通过贸易、竞争或其他互动过程形成，例如区域政府、社区、渔业行会、渔民合作社等都可以起到类似作用。

（3）执行上述规则的集体手段。也就是说，在渔场这样的公共资源问题中，只有渔民首先认识到，他们的行为会产生相互的消极影响的条件下，他们才有可能自愿解决公共资源的困境问题。而在这样重复情况下，渔民更有可能达成这样的共识；但仅有共识是不够的，渔民还必须有机会参与讨论公共问题与提议集体解决之道的信息网络与群体内经常性的互动。最后，如果解决方法（例如规则、管制或政策等）被采用，它们就必须得到有效执行。

但是，渔民通过制度变革来直接解决外部性问题的可能性较小，因为渔业资源存量是变动的，海洋是流动的，且其变化规律还没有为人们所掌握。因此，渔民很难确定某一种渔业资源的总量减少是由于捕捞活动还是环境原因导致的，又或者是两者共同造成的。此外，因为近海渔民缺乏渔业资源动态相关的信息，确定某种语言资源的存量、捕获量以及每位渔民的捕获量对其他渔民的影响大小也是不可能完成的任务。由于渔民无法足够精确地衡量问题的数量，也无法找到确切的原因。因此，单靠渔民是无法设计出直接解决外部性问题的制度安排的。

其次，由于在同一个渔业资源存量中捕捞的渔民群体通常都有很多个，渔民之间的相互影响变得更为复杂，谈判与协商的交易成本高昂，也使渔民难以达成协议与协调活动。

再次，监督协议实施成本的高低，也影响着协议执行的可能性与执行程度。监督成本的影响因素包括：协议关注的行为的类型、协议的设计、渔民在捕捞过程中实施监督的能力。

（三）解决公共资源困境的规则

纵观世界各地的近海渔场，在解决公共资源困境时基本使用了4种不同的规则。

（1）地点规则。这是最常用的规则，将捕捞活动限制在具体的区域或点上的范围规则。一般使用地点规则来决定捕捞点的分配，而能否进入捕捞点则取决于是否达到了特定的要求。例如，渔民的捕捞装备就可能影响他们利用哪个捕捞点，又或者也可以通过抽签的方式来决定谁获得使用好的捕捞点的权利。

（2）尺寸规则。要求渔民只能捕捞最小尺寸以上的鱼。这个规则，旨在确保鱼在被捕捞之前能够成熟并有机会产卵繁殖后代。这个规则大都由外部的权威机构制定。

（3）季节规则。指禁止在一年中的特定时间捕鱼，特别是禁止在鱼类产卵季节。这个规则基本都是由政府相关部门设计的，例如中国的"伏季休渔"政策。

（4）时段规则。常与地点规则结合使用，限制渔场在好的捕捞点上的停留时间，例如只能撒网一次，或者只能使用一天。

上述规则通过对渔场内部空间与时间的分配，直接解决了分配与外部性的部分问题。这些案例表明，渔民有能力回应公共资源困境的部分问题，但不是全部。这时，就需要政府与社区的介入，提供相关的信息，协调渔民群体的利益，协调长期发展与短期效益之间的冲突，并承担部分监督与执行的成本。

七、可持续发展海洋经济

人是经济社会发展的目的与归宿。人不仅是实施海洋经济可持续发展这一活动的起点，是一切海洋经济矛盾的引起者，是海洋可持续发展的主体，而且也是海洋经济可持续发展的目的与归宿。所以，人类在海洋经济发展过程中应该充分激励人（包括自然人与法人）的积极性与创造性。

（一）市场化定位

市场是一个非常复杂而精良的体系，通过价格、供求等信息传递功能对个人和企业的各种经济活动与行为进行协调，多方力量博弈的结果，充分利用了每个经济个体所拥有的知识与信息，从而有效地解决了涉及亿万个未知变量的生产、分配、交换与消费的问题，运行良好的市场体系能够有序、有效地协调私人利益与公共利益。即便是在像海洋经济这样的外部性比较显著的经济发展中，通过良好的产权界定与制度建设，市场对资源配置的效率依然高于政府控制，这从海洋经济比较发达的国家的经验中都可以观察到。

作为市场经济的主体，民营经济的最大优越性在于它产权清晰，经营灵活，决策迅速，面向市场，动力机制较强，有硬性约束，没有国有企业的产权不清、法人治理结构不完善等弊端，总体说来效率高、效益好。综上所诉，可持续发展的海洋经济应该选择市场化的改革方向，这是保证各种海洋资源都能得到比较合理的有效利用，海洋经济结构优化升级的重要前提和保障。

（二）政府的角色定位

政府与市场的边界划分问题是我国建设市场经济体系所无法回避的。我国现行的海洋经济的管理体制基本表现为三个特征：以资源养护需要为考虑的技术型措施；以产业投入为中心的控制机制；以政府为主导的管理过程。这种以资源而非人为中心、命令加控制的管理体制以政府为主导，强化了政府对资源的配置而弱化了民间主体的参与，不仅效率比较低下，而且容易产生各种寻租行为。国家政权管理和控制经济活动的目的是以国家经济和财政收益为核心的。在这一"官本位"的经济政策中，各级政府对财产的控制，有基于财产所有权和政治统治权而形成的对国有财产的直接控制，也有基于对财产私有者的政治管辖权而产生的对私有财产的间接控制。这后一种管理和控制，使得中国的私有财产只能成为一种"不完全"的私有。

经济学家奥尔森认为，国富国穷的根本原因在于一个国家是否拥有一个"强化市场型政府"，如果一个政府有足够的权力去创造和保护个人的财产权利、并且能够强制执行各种契约；与此同时，它还受到约束而无法随意剥夺或侵犯私人权利，那么它就是一个强化市场型政府。这样，经济上繁荣与否的问题就转换成了政治权力的形成与运用是否得当的问题。

中国的改革是从改变计划经济体制入手的，计划经济体制是一个用政府的行政命令来配置资源的经济，所以造成了政府的集权。而市场经济则相反，它是千千万万个市场主体在相互交易的过程中，也就是在市场经济行为里面通过市场交易来完成资源配置的经济，它需要的是一个大社会、小政府，这就需要重新界定政府的职能，进行政治体制的立宪改革。集权体制下市场经济，若没有适当的立宪限制，就很容易导致官员们的"寻租"腐败行为。制度是经济领域的一个重要的内生变量，制度在经济增长中具有重要的作用，忽视制度和制度变迁是不可能对经济增长作出满意的解释。中国目前正处于由传统的计划体制向现代市场经济体制的转轨时期，制度的创新显得更加重要。今后中国能有多大的经济发展空间和速度，都取决于制度的创新与改革的力度。

市场制度建立在交易的基础之上，交易的本质是所有权的交换。如果所有权不明确或得不到有效实施，则资源的配置就必然受阻。产权的排他性激励着财产的所有者将其投入能够带来最高价值的用途，可转让性则促使资源从低效率的所有者向高效率的所有者转移，两者都能够促使资源达到最优配置状态，实现帕累托均衡。"资源问题不是真正的环境问题，它们是人类问题，是我们在许多时空范围内以及在各种各样的政治、社会和经济制度下已经创造出来的问题。"目前，我国海洋产业布局的雷同与产业的低水平重复以及由此导致的竞争力弱，国际市场抗风险能力弱等问题很大程度上都与我国目前海洋产业发展按照行政区域划分海洋权利有关。所以，我国的海洋管理制度应该从传统的行政监督与命令中转变过来，实行基于权利的管理，如此才能实现海洋经济的良性可持续发展。

基于权利的管理主要包括海域使用权制度、许可证制度、投入权与产出权等，现仅以最典型的海域使用权制度为例来阐述观点。

根据1982年制定的《中华人民共和国宪法》及其他法律法规规定，我国海域归国家所有，所以国家拥有海域的所有权是毋庸置疑的。但是，长期以来，海域的使用权却是海域使用者任意占有的，他们开发无序，使用无偿，利用无度，一些地方甚至出现了海洋的"圈地运动"。这不仅造成了海洋资源和空间的巨大浪费，而且破坏了海洋环境，降低了开发效益。2001年出台的《中华人民共和国海域使用管理法》，可以说是我们国家有关自然资源法律制度方面的一个重大进步，但是这部法律并没有从性质上明确海域使用权究竟是不是一种独立的物权，从保护权利人的角度考虑，使得这种权利无法产生对抗第三人的效力，这对权利人的保护非常不利。而此种权利从严格意义上来说应当是行政特许权。但即使如此，《中华人民共和国海域使用管理法》颁布实施后，长期困扰我国海洋资源合理开发、海洋经济健康发展的无序、无度、无偿行为也已得到初步遏制。

随着市场经济的发展，海域的开发利用需要实现市场化的运营，海域使用权要进入市场，客观上需要受法律保护，应当通过《中华人民共和国物权法》（以下简称《物权法》）加以调整。《物权法》将海域使用权作为一种物权，有利于明确权利归属，解决权利争议，还有助于维护海域利用秩序，保护海洋环境资源，也为海域使用权制度的发展和完善提供了制度空间。海域使用权必须是可以流转的，只有可以流转，才能够保证不合理占用的海域转让到合理开发者手中，才能提高海洋生产率，促使海洋经济沿着可持续发展的轨道顺利运行。而且，海域使用权流转机制的建立不能选择别的机制，只能选择市场机制。这是因为确立海域使用权流转的市场机制有明显的优点，因为它可以真正落实海洋开发者（包括企业与个人）的经济自主权。如果运用政府控制的方式建立海域使用权流转制度，海洋开发者作为独立的商品生产者的权益得不到尊重和保护，只有运用市场机制确立海洋使用权制度，海洋开发者才能自主地根据市场情况作出扩大用海或缩小用海生产经营规模的决策。离开了生产要素配置的市场机制，就不可能有真正的市场经济，也不可能有海洋开发者真正的经济自主权。

另外，我国法律还规定，"海域使用权最高期限，按照下列用途确定：养殖用海15年；拆船用海20年；旅游、娱乐用海25年；盐业、矿业用海30年；公益事业用海40年；港口、修造船厂等建设工程用海50年。"时间越长，意味着产权的程度越强，也意味着产权的所有者和使用者有更强烈地动力进行长期而稳定的投资与养护。所以，从这个角度来考察我国的海域使用期限是普遍偏短的，这往往促发了资源使用者的短期掠夺性开发行为，非常不利于资源的养护与利用。合理地延长海域使用权期限是保证基于权利的管理制度实施的重要环节。

市场化的改革方向并不意味着政府是不重要的，只不过政府的作用更多地表现在了服务者的角色之中了。由于海洋经济的高投入高风险高科技的特性，所以政府要做的事首先是对海洋开发进行研究与开发的支持。其次，还要建立比较完整而顺畅的信息发布系统。最后，各级政府还应该做好协调工作，海洋经济的良性可持续发展离不开各国与各级政府的合作。

八、结论：制度变革与经济发展

"流动匪帮"与"固定匪帮"是经济学家曼瑟·奥尔森在《权力与繁荣》一书中使用的术语，用以分析一个社会中共容利益的存在。流动匪帮安定下来成为固定匪帮，并进而成为一个地区的统治者，为了获得长期最大的赋税，从而采取一定的措施休养生息，可以导致产量与相互利益的提高。这样从对权力的破坏性使用转变到对权力的建设性使用，正是因为激励机制发生了变化的结果，统治者注重的不再是短期利益最大化，而是长期利益最大化。《联合国海洋法公约》赋予沿海各国最大限度延伸领土，形成专属经济区的权利。专属经济区的划分使沿海各国与地区从"流动匪帮"转变为"固定匪帮"成为可能。

在海洋的开发与利用上，人类无疑存在着共容利益，但是，这种共容利益无疑也被不同利益集团漠视了。专属经济区的划分，使得某块海域及其所蕴藏的资源的产权得到了确认，从而使得从某个国家或某个小的地区来说，明确了当地居民之间的共容利益。而且，在共容利益的指引下使用权力，其后果至少在某种程度上与人类的共同利益是一致的。例如，为了保持专属经济区的海洋资源的可持续利用，限制开发、减少污染、治理海洋环境，无疑也是有益于全人类的。所以，明确专属经济区，是海洋开发可持续的关键。

但是，《联合国海洋法公约》对专属经济区的划分是以国家为单位的，姑且搁置国家之间专属经济区的争端，它仅仅提供了一种原则。对于国家内部来说，尤其是像中国这样海岸线漫长，涉及多个省份的国家来说，如何提高各地方政府与居民对海洋可持续开发的认可与重视，才是可持续发展的关键。在国家的内部细分专属经济区，将专属经济区的细分到各地方政府——省、市、县、乡，乃至于村、队一级组织，权力下放、明确产权，从而促使最微观的海洋资源的开发与利用主体谨慎地使用权力，开发、利用与养护并存，以获得长期的利益最大化。

海洋开发所面临的困境是困扰人类可持续发展的核心问题之一。认识到问题的存在，勇于进行制度的变革与创新，降低社会环境的不确定性，从而改变微观经济主体的激励机制，是人类理性与共容利益的证明，也是促使海洋经济可持续发展的关键一步。

思考题

1. 为什么取舍不可避免？为什么激励对理解选择至关重要？

2. 考察国有公园中的一个湖，如果允许每个人想钓多少鱼就可以钓多少，试预测会有什么结果？如果该湖是私人所有的并出售钓鱼许可证，这一问题能够避免吗？

3. 为纠正外部性问题，政府可以采用哪些政策？

4. 什么信息不对称问题？政府的干预是否能够解决信息不对称问题？为什么？

5. 海洋是人类的共有的财富，有什么特点，导致了什么问题，如何解决？

6. 如何保证海洋资源的可持续发展？政府可以起什么样的作用？

7. 如何解决海洋污染问题？各国政府能否协调一致？

8. 一般认为，竞争性市场是有效率的，但为什么有时会出现市场失灵？解决市场失灵的方法有哪些？既然市场会出现失灵，为什么我们还要建立市场经济体制？

9. 有人说，在出现了污染这种外部性的条件下，没有政府的干预，就不可能达到帕累托效率条件。这种说法是否正确？为什么？

10. 即使不存在逆选择问题，财产保险公司通常也不开办旨在为投保人提供全额赔偿的保险。为什么？

11. 你怎样理解新制度经济学关于制度安排与交易成本的关系？请从海洋问题中举例说明。

12. 分析计划、市场、道德（习惯）在资源配置中的作用，各有什么特点？

推荐阅读

[德]柯武刚,史漫飞.制度经济学：社会秩序与公共政策[M].北京：商务印书馆,2000.

[荷]格劳秀斯.海洋自由论[M].宇川，汤茜茜译.上海：上海三联书店,2005.

[美]艾尔特等.竞争与合作：与诺贝尔经济学家谈经济学和政治学[M]. 万鹏飞，常志霄，梁江，刘杰译.北京：北京大学出版社,2011.

[美]奥尔森.集体行动的逻辑[M].陈郁，郭宇峰，李崇新译.上海：上海人民出版社,1995.

[美]奥尔森.权力与繁荣[M].苏长和译.上海：上海人民出版社,2005.

[美]奥斯特罗姆等.规则、博弈与公共池塘资源[M].王巧玲，任睿译.西安：陕西人民出版社,2010.

[美]巴泽尔.产权的经济分析[M]. 费方域，段毅才译.上海.上海人民出版社,1997.

[美]布坎南.公共物品的需求与供给[M].马珺译.上海：上海人民出版社,2009.

[美]布坎南，塔洛克.同意的计算：立宪民主的逻辑基础[M].陈光金译.北京：中国社会科学出版社,2000.

[美]布罗姆利.经济利益与经济制度[M].陈郁译.上海：上海人民出版社,2006.

[美]赫希曼.欲望与利益：资本主义胜利之前的政治争论[M].冯克利译.杭州.浙江大学出版社,2015.

[美]科斯等.财产权利与制度变迁：产权学派与新制度学派译文集[M].刘守英等译.上海.上海人民出版社,1994.

[美]米尔顿·弗里德曼.资本主义与自由[M].张瑞玉译.北京：商务印书馆，2011.

[美]诺斯.经济史中的结构与变迁[M].陈郁，罗华平译.上海.上海人民出版社，1994.

[美]诺斯.制度、制度变迁和经济绩效[M].杭行译.上海：上海人民出版社 1994.

[美]诺斯等.暴力与社会秩序：诠释有文字记载的人类历史的一个概念性框架[M].杭行，王亮译.上海：格致出版社，上海人民出版社，2013.

[美]史密斯.经济学中的理性[M].李克强译.北京：中国人民大学出版社，2013.

[美]史普博.管制与市场[M].余辉等译.上海：上海人民出版社，2008.

[美]肖特.社会制度的经济理论[M].陆铭，陈钊译.上海：上海财经大学出版社，2003.

[美]谢林.冲突的战略[M].赵华等译.北京：华夏出版社，2006.

[美]辛普森.市场没有失败[M].齐安儒译.长春：吉林出版集团有限责任公司，2012.

[美]耶格尔.制度、转型与经济发展[M].陈宇峰译.北京：华夏出版社，2010.

[美]曾伯格等.经济学新前沿[M].李涛等译 北京：中国人民大学出版社，2009.

[美]詹姆斯·A.道等.发展经济学的革命[C].黄祖辉，蒋文华等译.上海：上海三联书店，上海人民出版社，2000.

[匈]科尔内.短缺经济学[M].张晓光，李振宁，黄卫平译.北京：经济科学出版社，1986.

[英]哈耶克.个人主义与经济秩序[M].邓正来译.北京：生活.读书.新知三联出版社，2003.

张宇燕.经济发展与制度选择[M].北京：中国人民大学出版社，1992.

第三编

海洋产业

[本篇导读]

海洋作为一个相对独立的生态系统，拥有丰富的生物、化学、能量与空间资源。对各种海洋资源的开发与利用活动形成了不同类型的海洋产业，如海洋渔业、海洋交通运输业、滨海旅游业、海洋工程建筑业、海洋能源业与海洋生物医药业等。本篇主要介绍海洋产业结构的发展趋势及主要海洋产业发展状况及趋势。

第九章　海洋产业简介

教学目标：
- 知道海洋产业及其构成
- 了解海洋产业结构的演变趋势
- 了解海洋产业的发展模式及特点
- 探讨发展海洋新兴产业的可能途径

在不同的历史时期，海洋产业活动的类型及其发展水平因技术开发能力的不同表现出各种差异。各种海洋产业活动相互影响，共同构成了海洋产业体系，决定了不同发展阶段的海洋产业结构特征与海洋经济的整体发展水平。随着技术进步和专业化分工的不断深化，某些在原有技术条件下无法开发或开发不经济的海洋资源得到利用，催生出新的海洋产业形态。同时，在原海洋产业中，生产要素以新的组织方式重组，旧有生产方式被新的生产方式所取代。技术进步与专业化分工的影响持续蔓延，最终带来海洋产业体系的整体优化和海洋产业结构的升级。

第一节　海洋产业及其构成

一、海洋产业的构成

海洋产业（Marine Industry）是指开发利用和保护海洋资源而形成的各种物质生产和非物质生产部门的总和，即人类利用海洋资源和海洋空间所进行的各类生产和服务活动。

美国哥伦比亚大学商业研究院的庞提考沃（Pontecorvo）与魏金森（Willkinson）在测算美国海洋经济对国民生产总值的贡献时，认为如果企业的主要活动至少符合下列一项标准，那么该企业产出的全部或一部分将归入对口的产业的海洋部分。划分的标准是：①企业的主要活动是从海洋中采集生物或非生物物质；②企业的基本活动是利用海水作为生产过程的基本要素，或该企业的主要活动包括某些旅客、货物、自然资源的运输；③企业产出的主要产品是海洋所需求的；④企业所处的地理位置是在靠近海洋的区域内；⑤部分的大部分功能是致力于海岸或海洋资源的开发、管理或立法，或部门的职能是从事海洋教育或研究或海域、海岸的监测等。海洋经济代表了一系列产业与服务，包括美国 21 个行业中的 6 大行业（图 9-1）。

生物资源　　海洋建筑　　海上运输　　海底采矿　　船舶制造　　观光旅游

图 9-1　美国海洋产业的 6 个构成部分

中国国家海洋局海洋经济统计公报认定的海洋产业是开发、利用和保护海洋所进行的生产和服务活动，海洋三次产业按照中华人民共和国国家标准《国民经济行业分类》（GB/T 4754—2011），对海洋三次产业作如下划分：海洋第一产业包括海洋渔业；海洋第二产业包括海洋油气业、海滨砂矿业、海洋盐业、海洋化工业、海洋生物医药业、海洋电力和海水利用业、海洋船舶工业、海洋工程建筑业等；海洋第三产业包括海洋交通运输业、滨海旅游业、海洋科学研究、教育、社会服务业等。

从形成规模及开发时序的角度来看，我国海洋产业又可划分为传统海洋产业、新兴海洋产业及未来海洋产业。传统海洋产业包括海洋交通运输业、海盐业和海洋盐化工业以及海洋捕捞业。新兴海洋产业包括海洋油气业、海水养殖业、滨海旅游业、海滨砂矿业、海洋服务业，以及海水直接利用业。未来海洋产业包括深海采矿业、海水化学资源开发业、海洋能利用业和海洋生物制品与海洋药物业等。

二、世界主要国家海洋产业发展简介

由于各国和地区的资源禀赋和科技发展水平的差异，全球 140 多个海洋国家和地区间海洋产业实力及发展速度不一。

（一）美国

美国是一个海洋大国，也是世界上最早进行海上石油开发的国家，目前美国海洋油气业在其海洋产业中的比重位居第一。在 20 世纪 70 年代初美国开发海洋的收益仅为 306 亿美元；而到了 80 年代中期，其收益已达 3400 亿美元。美国有 190 多个深水港，其中年吞吐量在 100 万吨以上的港口有 149 个，吞吐量超 1 亿吨的特大港口有 3 个，伴随着海洋产业的发展，美国的海洋工程技术、海洋生物技术、海水淡化技术和海洋能发电技术等高新技术迅速发展并处于世界领先地位。

（1）2010 年海洋经济从业人员 280 万人，商品或服务总产值为 2580 亿美元。根据 NOEP（National Ocean Economics Program，国家海洋经济项目），还有 260 万个岗位与 3750 亿美元与海洋产业间接相关，海洋经济对美国国内生产总值贡献大约 4.4%，超过了创意产业 3.2%，超过农业。

（2）两大支柱海洋产业是观光旅游服务业和海底采矿业。海底采矿业包括海上钻井和石油天然气开采；观光旅游服务业中的海洋旅游娱乐也有所发展。美国海洋经济中最有生产力的两个领域，在 2010 年占海洋产业 GDP 的比重高达近 70%。2011 年，海底采矿业超过了观光旅游服务业，占海洋产业比重的 37%（图 9-2）。

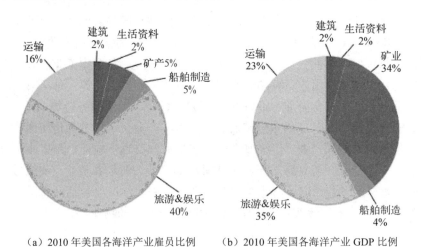

（a）2010 年美国各海洋产业雇员比例   （b）2010 年美国各海洋产业 GDP 比例

图 9-2　美国海洋产业雇员及 GDP 比例

（3）第三大行业迅速发展。海上运输，包括深海货运、仓储、导航设备、水路运输服务、海上客运行业。搜索与导航设备对国内生产总值贡献增加，货运业正变得更有效，美国港口货运 2012 年比 2002 年翻了一番，运费下降了 2.5%。邮轮业方面，全球邮轮乘客从 2000 年至 2010 年数量增加了一倍。

（4）造船行业发展的经历跌宕起伏。美国造船行业受到 2008 年经济衰退的严重打击，2009—2010 年游艇的销量下降了一半，而整个造船业的就业损失超过 2005 年。

（5）捕鱼业。捕鱼、海鲜市场，海产品加工等，2005—2008 年就业增长，水产养殖、商业渔民等技术人员都是来自雇佣。根据联邦就业数据，美国路易斯安那州大虾养殖雇佣的多是越南裔美国人。

（6）根据 NOEP 报告，野生动物观赏、冲浪、潜水、休闲垂钓等，每年吸引数百万本国游客，但对于经济 GDP 贡献还无法统计[1]。

（二）日本

日本是一个群岛国，陆地资源贫乏，因此日本的经济和社会生活高度依赖海洋，海洋渔业和海洋交通运输业是日本的两大支柱产业，日本现有大型港口 1094 个，加上各种类型的渔港共计有 4050 个，港口密度居世界第一位。由于日本陆地面积狭小，日本非常重视开发海洋空间资源，充分利用海洋生物技术和基因工程培育新品种，并已形成一大批海洋工程高新技术产业。

（三）澳大利亚

海洋经济比较发达的澳大利亚，2002—2003 年海洋产业增长最大的是海洋旅游（占全部海洋产业增加值的 42.3%），紧随其后的是海上油气业（41.8%）。从 1995—1996 年度到 2002—2003 年度，海上油气在海洋产业中的相对重要性增加了，海洋产业增加值从 3% 增加到 42%。相反，海上运输与船舶建造业在海洋产业中的相对重要性却下降了。在就业方面，2003 年，海洋产业大约提供 253 130 人的就业岗位，占全国产业就业总量的 3.5%；海洋产业上就业总数年均增长 2 个百分点，比同期全国产业平均年增长率高 1.4 百分点。海洋旅游是澳大利亚所有海洋产业中最大的就业部门，2002—2003 年度就业岗位为 190 620 个，占海洋产业总就业人数的 75.3%。

（四）韩国

韩国的海岸线长达 6228 千米、拥有岛屿 3200 个。韩国主张管辖海域 443 000 平方千米，是其国土面积的 5 倍的三面环海的半岛国家。20 世纪 60 年代，韩国开始开发利用海洋，经过近 20 年的发展，80 年代韩国进入海洋产业的腾飞阶段，形成以海运、造船、水产、港湾工程四大支柱产业为主体的海洋经济体系，位居世界前列。

1　以上数据资料都来自 SvatiKirstenlNarula. America's Ocean-Powered Economy: Seven ways to think about money and the sea，2014.3.21, http://www.theatlantic.com/business/archive/2014/03/americas-ocean-powered-economy/284516/

（五）中国

在新中国成立后很长一段时期，中国海洋产业格局一直是海洋渔业、海洋油气业、海洋盐业、海洋交通运输业等传统海洋产业占绝大多数。随着海洋资源开发力度的增大，各类新兴海洋产业快速成长，逐渐打破了传统海洋产业一统天下的局面，海洋产业多元化发展态势日益凸显。根据 2016 年 3 月发布的《2015 年中国海洋经济统计公报》显示，2015 年全国海洋生产总值 64 669 亿元，比上年增长 7%，海洋生产总值占国内生产总值的 9.6%。其中海洋产业增加值 38 991 亿元，海洋相关产业增加值 25 678 亿元。海洋第一产业增加值 3292 亿元，第二产业增加值 27492 亿元，第三产业增加值 33 885 亿元，海洋第一、第二、第三产业增加值占海洋生产总值的比重分别为 5.1%、42.5% 和 52.4%（图 9-3、图 9-4）。据测算，2015 年全国涉海就业人员 3589 万人。其中三个最大的海洋产业滨海旅游业、海洋交通运输业、海洋渔业所占海洋产业 GDP 的比重高达 77.5%[1]。虽然早在 2010 年公布的《国务院关于加快培育和发展战略性新兴产业的决定》中就明确将海洋生物、海洋工程装备列入 7 大重点发展领域，但总体来说中国的海洋新兴产业发展仍较为滞后。

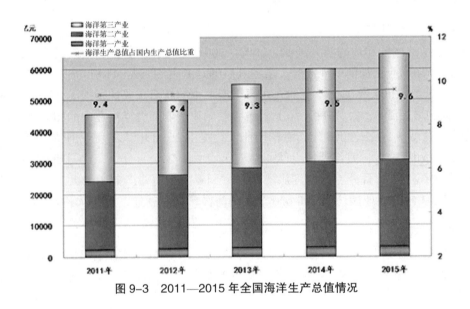

图 9-3　2011—2015 年全国海洋生产总值情况

1　中国海洋在线，http://www.oceanol.com/shouye/yaowen/2016-03-03/57033.html

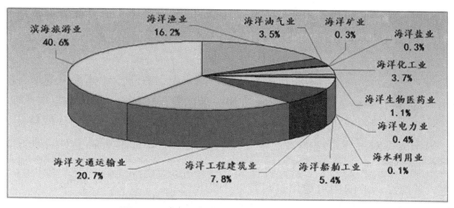

图 9-4 2015 年主要海洋产业增加值构成

第二节 海洋产业结构演变趋势

一、海洋产业结构演变趋势

回顾人类近现代经济史，尤其是当代经济史，可以发现，各国的经济发展和社会繁荣，并不仅仅表现为科技进步、制造业部门的产业升级，而且表现为市场分工越来越细，生产越来越迂回，更多的交易部门和服务部门的出现，结果是第三产业产值占GDP 的比重越来越大。从 20 世纪中期起，西方经济发展的产业要素有了重大转变，在货物生产之后，知识、资本、信息成为新的生产载体，服务业开始逐渐成为经济发展的主导产业。产业结构演进是一个长期过程，指三次产业产值比重及相应的劳动力结构发生根本性变化，产业结构转换是其短期动态变化过程，反映特定产业部门就业人口和产值规模的变化、主导产业（群）的更替、不同产业部门之间对比关系变化等，它是产业内部各种动力相互作用自发实现的过程，是产业结构优化升级和产业结构演变的基础。

借鉴费希尔的三次产业划分思想，海洋产业也可以进行三次产业的划分。海洋产业结构是指各海洋产业部门之间的比例构成以及它们之间相互依存、相互制约的关系。按照国内生产总值三次产业分类标准，海洋产业可以划分为以海洋捕捞和海洋养殖为主要构成的海洋第一产业，以海洋油气、海滨砂矿等为主要构成的海洋第二产业，以海运、滨海旅游、海洋服务等为主要构成的海洋第三产业。海洋产业体系的演化本质上是海洋三次产业间技术经济联系与具体联系方式的演化，并具体表现为海洋主导或支柱产业部门的不断替代，以及产业间投入产出比例的相对变化。克拉克（1940）在《经济进步的条件》一书中，运用三次产业分类法，总结出"一、二、三"产业结构形态向"三、二、一"结构演化的规律。一般来说，海洋产业体系也遵循一般的结构演化逻辑，但在具体表现形式上又呈现出显著的差异化特征。与陆地三次产业相比，海洋三次产业之间的演化规律更为复杂，演化路径具有偶然性和多样化的特征。具体来说，由于人类对海洋资源的大规模开发与利用活动要远远滞后于对陆地资源的开发，近几十年来，海洋产业体系在内容和结构上缺乏稳定性，不断有新的产业形态孕育产生，各海洋产业的相对地位也时常处于变化之中。

海洋产业结构是海洋经济结构的核心，海洋产业结构的综合素质反映了某个沿海区域经济发展水平的高低。世界范围内沿海区域海洋经济之间的差异，与其说是总量差异，倒不如说是海洋产业结构质态的差异。从长期的经济发展过程来看，经济的总量增长与产业结构变化是互为因果的，经济增长越快，产业结构转换率越高。而一个地区产业的形成和结构的演进总是严格受该地区的社会经济条件和环境所制约，产业结构随经济的增长而变化，同时又对经济增长有很大的促进作用。产业结构的转换升级已成为现代经济增长的内生变量。产业结构及其变动与经济增长相互依赖、相互促进。产业结构必须与经济发展的水平相适应，合理的产业结构将会促使经济进一步发展，反之则将会影响甚至阻碍经济的增长。

海洋产业结构在整个海洋经济结构中处于主导地位，它的变动对区域经济协调增长起着决定性作用，所以要发展海洋经济、实现海洋强国，就必须给予海洋产业结构的转换问题以高度的重视。目前世界上主要的沿海城市基本上进入了第三个阶段——以生产性服务业为主、海洋制造业产业与服务业互动协调发展阶段，海洋产业发展规模化、集约化、高科技化程度越来越高，吸引力增强，聚集了大量直接为沿海城市及企业服务的研发、金融、保险、法律、财务管理、代理、广告营销等生产性服务业的发展，既优化提升了产业结构，还极大地增强了城市的竞争力与综合实力。

目前，发达国家的海洋产业结构呈现以下四个特征：①海洋油气、滨海旅游、海洋渔业和海洋交通运输业构成世界海洋经济发展的四大支柱产业；②"二、三、一"产业结构顺序正在向"三、二、一"产业结构顺序演变目前，在世界海洋三次产业结构中，第三产业占50.0%，第二产业占34.2%，第一产业占15.8%，三者的比例约为1.0：0.7：0.3；③区域特色明显，由于各国（地区）的资源禀赋条件不同，海洋产业结构的空间分布即地区海洋产业结构，形成了各不相同的比较优势。

二、海洋产业结构优化

所谓产业结构优化，是指推动产业结构合理化和产业结构高级化发展的过程，是实现产业结构与资源供给结构、技术结构、需求结构相适应的协调发展的过程。首先，产业结构高度化的坚实基础是产业结构合理化。其次，产业结构合理化是促进产业结构高度化，推动产业结构在更高层次上实现协调的重要步骤。最后，一个国家要实现国民经济整体素质的提高和经济持续稳定健康增长，就必须从战略高度把握。

海洋三次产业结构逐渐向"三、二、一"产业格局演化是海洋产业体系内部优化的结果。其中，海洋第二产业的不断丰富与发展，起着重要作用。根据产业出现时间、技术含量及其成长能力，可以将主要海洋产业划分为传统海洋产业和新兴海洋产业。其中，隶属海洋第二产业的海洋生物医药业、海洋化工业、海洋工程建筑业、海洋电力业以及海水利用业，是新兴海洋产业的主体力量。由此，海洋第二产业的大发展以及海洋三次产业结构向"三、二、一"格局的演化，是新兴海洋产业，即新技术催生的新型产业形态取得突破性进展的结果。

与此同时，海洋产业体系结构形态的优化还表现为各海洋产业的内部优化，包括新型生产方式的创立以及新技术、新工艺对旧生产方式的改造，并最终表现为行业生产效率的提升。以我国海洋渔业为例，改革开放以来，海洋渔业经历了由"捕捞为主"向"养殖为主，养殖、捕捞、加工并举"的转变。在捕捞业内部，由于近海渔业资源的约束和技术装备水平更高的远洋渔业日益壮大，远洋渔业逐步取代近海捕捞，成为海洋捕捞业的新的增长点。在养殖业内部，深水网箱养殖、工厂化养殖等高效、集约化养殖方式异军突起，拓展了海水养殖空间，在一定程度上提高了海水养殖效率。

当今世界海洋经济总量快速增长，海洋经济产值由1980年的不足2500亿美元迅速上升到2006年的1.5万亿美元[1]。在世界海洋产业产值持续增长的同时，海洋经济发达国家都把发展海洋科技尤其是高新技术作为开发海洋资源、海洋产业结构优化的关键，通过注重海洋高新技术研究、加大对海洋科研的投入、积极促进海洋科技产业化等措施，积极推动海洋新兴产业的快速有序的发展。

从海洋产业的整体发展来看，除海洋渔业、海洋船舶工业等传统海洋产业增速有所减缓，其他海洋产业均呈上升的态势，其中海洋生物技术产业、海洋可再生能源产业等海洋新兴产业增速最快。以海洋生物技术产业为例，伴随海洋药物研究不断深入，

---

1 国家海洋信息中心：抓住机遇改革探索推进海洋经济又好又快发展，2011.10.22.

包括辉瑞、施贵宝、史克毕成、罗氏等一些国际知名生物技术公司或医药企业纷纷投身于海洋药物的研发和生产，成为产业创新的主力，海洋生物医药产业规模已达数百亿美元，预计今后 5 年增长率将高达 15%~20%[1]。

在科研方面，沿海发达国家做了大量工作。美国集中各方面的研究提出了《20 世纪 90 年代海洋科学：确定科技界与联邦政府新型伙伴关系》的报告，明确提出发挥海洋科技在提高美国全球经济竞争力的作用问题，强调要以海洋技术来满足不断增长的需求。日本政府 1990 年出台了《海洋开发基本构想及推进海洋开发方针政策的长期展望》的规划设想，提出以海洋技术为先导，着重开发包括海洋卫星、深潜技术、深海资源开发技术、海洋农牧化技术、海洋空间利用技术等海洋高新技术，用以加强日本海洋开发能力和提高国际竞争地位。1995 年发表的《日本海洋开发计划》把部分高新技术的产业化列为重点研究课题。法国的海洋开发研究院，着重研究了水下工程技术和深潜技术的开发与应用。英国发表了《20 世纪 90 年代海洋科技发展战略报告》，提出优先发展对实现海洋开发具有战略意义的高新技术及其产业。以上各国对海洋高新技术的研究、开发与应用，既是为了经济发展的需求，更是为了 21 世纪的竞争地位。

在措施方面，各国首先增加科技投入以保持未来发展的优势，同时积极把海洋技术成果推向市场，各种门类的海洋新兴产业蓬勃兴起，产生了巨大的经济效益。在目前海洋开发的产值中，海洋油气业的产值一直居首位。近 50 年来，海上油气钻井数、海洋油气产量及海洋石油在世界石油总产量中所占的比重都呈快速上升的趋势。海洋船舶工业、海洋旅游及海洋化工业也有了较快发展。海洋食品、医药方面，也相继开发出一系列新产品，一些国家还加快了运用高新技术开发除石油以外的其他矿产资源的步伐。各国还积极把海洋技术推向国际市场，极力推销海洋技术产品，承揽海洋科技及产业服务，大力向国外渗透，从而占领更大的市场和赚取更大的经济利益。总之，发展海洋高新技术，加快产业化，是世界范围的大势所趋和经济走向，应该引起高度重视。

近年来，海洋经济在我国国民经济建设中的地位显著提升，海洋事业的发展受到了国家的高度重视，《国家"十二五"海洋科学和技术发展规划纲要》《全国科技兴海规划纲要》《国家海洋事业发展规划纲要》等一系列宏观政策的科学引导加速了海洋经济的健康快速发展。据统计，2010—2015 年，全国海洋生产总值年均增速 8.1%，远远高出同期国民生产总值的平均增长率。到"十二五"末期，占国民生产总值比重近 9.6%，涉海就业人员超过 3500 万人，海洋科技对海洋经济贡献率达到 60%[2]。面

---

1 杜铭.世界范围内海洋生物医药产业规模已达数百亿美元[N/OL].中国经济网.[2016-07-20].
2 新华社.五年来全国海洋生产总值年均增速 8.1%[N/OL].新华网.[2016-02-08]. http://news.xinhuanet.com/ fortune/ 2016-02/08/c_1118013580.htm.

对日益严峻的海洋维权、海洋生态环境保护形势和海洋资源开发利用的巨大需求，强化海洋权益保障能力，实现海洋经济增长方式转变以及产业结构调整，宜实施以高技术为先导的海洋产业发展战略。到 2020 年，国家海洋高技术产业基地将成为国家产业结构升级和区域经济发展的重要引擎。

三、中国海洋产业的空间格局分化

我国沿海 11 个省（市、区）由于历史演变、自然资源、经济基础、社会条件等差异，其海洋经济发展各不相同，呈现出显著的地域分化格局。

由于海洋渔业受自然条件 53CA 渔业资源指向作用较大，山东省在全国海洋渔业中的地位始终较高，占全国的 30% 左右，次之为广东省、福建省；同样，海洋油气业只分布在海洋油气资源丰富的广东省、天津市、山东省等地，空间集中度极高，仅广东省和天津市就占据了全国海洋油气业的 90% 以上；海洋盐业仍以山东省为最，且由于国家宏观调控及对盐田的重新规划，海盐生产的集中化程度不断提高，2009 年山东省已占据全国半壁江山；海洋船舶工业生产不仅需要天然深水码头作为船坞，还需要大量船舶制造原料及高素质劳动力的投入，主要分布在江、沪、浙及辽宁等省市，且以上海市为最；海洋交通运输业的集中化程度较低，但以上海市、广东省等海洋经济及港口建设相对发达省市为最；海洋旅游业受海洋旅游资源布局和市场分布影响较大，空间集中度较高，但近年有明显下降趋势，主要以广东、上海两省市领先。整体而言，广东省在我国海洋经济的核心地位没有改变，但比重有所下降。

【资料】根据 2014 年 11 月"第一次全国海洋经济调查领导小组办公室"公布的海洋产业及相关产业分类标准，海洋及相关产业共包括 2 个类别、34 个大类、128 个中类、416 个小类，其中海洋产业包括 24 个大类，83 个中类，282 个小类，海洋相关产业包括 10 个大类，45 个中类，134 个小类。具体内容如下。

一、海洋产业

（1）海洋渔业包括海水养殖、海洋捕捞、海洋渔业服务等活动。

（2）海洋水产品加工业指以海产品为主要原料，采用各种食品储藏加工、水产综合利用技术和工艺进行加工的活动。

（3）海洋油气业指在海洋中勘探、开采、输送、加工石油和天然气的生产和服务活动。

（4）海洋矿业包括海滨砂矿、海滨土砂石、海滨地热与煤矿及深海矿物等的采选活动。

（5）海洋盐业指利用海水生产以氯化钠为主要成分的盐产品的活动。

（6）海洋船舶工业指以金属或非金属为主要材料，制造海洋船舶、海上固定及浮动装置的活动，以及对海洋船舶的修理及拆卸活动。

（7）海洋工程装备制造业指为海洋资源勘探开发与加工储运、海洋可再生能源利用以及海水淡化及综合利用进行的大型工程装备和辅助装备的制造活动。

（8）海洋化工业以海盐、海藻、海洋石油为原料的化工产品生产活动。

（9）海洋药物和生物制品业指以海洋生物为原料或提取有效成分，进行海洋药物和生物制品的生产加工及制造活动。

（10）海洋工程建筑业指用于海洋生产、交通、娱乐、防护等用途的建筑工程施工及其准备活动。

（11）海洋可再生能源利用业指在沿海利用海洋能、海洋风能等可再生能源进行的生产活动。

（12）海水利用业指对海水的直接利用、海水淡化和海水化学资源综合利用活动。

（13）海洋交通运输业指以船舶为主要工具从事海洋运输以及为海洋运输提供服务的活动。

（14）海洋旅游业指依托海洋旅游资源，开展的观光游览、休闲娱乐、度假住宿和体育运动等活动。

（15）海洋科学研究指以海洋为对象，就其自然科学、社会科学、农业科学、生物医药和工程技术等进行的科学研究活动。

（16）海洋教育指依照国家有关法规开办海洋专业教育机构或海洋职业培训机构的活动。

（17）海洋管理指各级涉海管理机构采用法律、政策、行政和经济手段进行的管理活动。

（18）海洋技术服务业指为海洋生产与管理提供专业技术和工程技术的服务活动，以及相应的科技推广与交流的服务活动。

（19）海洋信息服务业包括海洋图书馆与档案馆的管理和服务、海洋出版服务、海洋卫星遥感服务、海洋电信服务、计算机服务以及其他海洋信息服务活动。

（20）涉海金融服务业指为海洋产业提供资金融通、保险、信托管理等相关服务的活动。

（21）海洋地质勘查业指对海洋矿产资源、工程地质、科学研究进行地质勘查、测试、监测、评估等的活动。

（22）海洋环境监测预报减灾服务指对海洋环境要素进行观测、监测、预报，以及相关海洋减灾服务活动。

（23）海洋生态环境保护指通过海洋环境的监测管理、海洋环保技术与装备的开发应用而进行的海洋自然环境保护、治理和生态修复整治活动。

（24）海洋社会团体与国际组织指依法在社会团体登记管理机关登记的、与海洋相关的团体或组织的活动。

二、海洋相关产业

（1）海洋农、林业指在海涂进行的农、林业种植活动，以及为农、林业生产提供的相关服务活动。

（2）涉海设备制造指为海洋生产与管理活动提供装置、设备及配件等的制造活动，产品不包括海洋工程装备制造业中所列的仪器设备。

（3）海洋仪器制造指为海洋生产与管理活动提供仪器及仪表等的制造活动。

（4）涉海产品再加工指通过产业链的延伸对海洋产品的再加工、再生产活动。

（5）涉海原材料制造指海洋产业生产过程中投入原材料的生产活动。

（6）海洋新材料制造业指直接或间接应用于海洋领域，具有专业或特殊性能的新材料的生产活动。

（7）涉海建筑与安装指涉海单位房屋建筑的施工及其设备的安装活动。

（8）海洋产品批发指海洋商品在流通过程中的批发活动。

（9）海洋产品零售指海洋商品在流通过程中的零售活动。

（10）涉海服务包括海洋餐饮服务、滨海公共运输服务、涉海特色服务、海洋社会保障和涉海商务服务等涉海服务活动。

第三节　代表性海洋产业

有代表性的海洋产业主要有海洋渔业、海洋油气业、海洋工程装备业、海洋交通运输业等。

一、海洋渔业

（一）世界海洋捕捞量稳中有降

海洋渔业仍然是全球水产品市场供给的主要来源，但产量比重呈现下降趋势。世界海洋渔业产量从1950年的1680万吨，大幅度增加到1996年的8640万吨的峰值，然后稳定在 8000 万吨上下。2010 年全球登记产量为 7740 万吨（表 9-1）。海洋捕捞水生动物产量上升的国家有中国、印度尼西亚（简称"印尼"）、印度和菲律宾；下降的国家有秘鲁、美国、日本、智利、俄罗斯和挪威。总体而言，海洋捕捞水生动物产量呈现下降趋势。

表 9-1　世界海洋渔业产量前 10 位国家

排序	国别	2000 年产量 / 万吨	排序	国别	2009 年产量 / 万吨
1	秘鲁	1050.7	1	中国	970.82
2	中国	887.96	2	秘鲁	637.73
3	智利	448.57	3	印尼	430.11
4	日本	385.77	4	智利	386.14
5	美国	361.37	5	俄国	343.96
6	俄国	348.66	6	挪威	340.05
7	印尼	335.11	7	日本	318.75
8	挪威	311.86	8	美国	317.54
9	印度	230.69	9	印度	279.65
10	泰国	224.86	10	菲律宾	235.1408

数据来源：FAO《2010 年世界渔业和水产养殖状况》《2012 年世界渔业和水产养殖状况》。

（二）中国海洋捕捞量趋于稳定，远洋渔业逆势扩张

在中国渔业总产量占世界渔业总产量比重逐步升高的同时，中国的海洋捕捞不论产量还是占世界海洋捕捞的比重均趋于稳定。从 1979—2010 年的长周期看，中国海洋捕捞从 1999 年之后即进入稳定期，海洋养殖业则稳定增长，在 2006 年超过海洋捕捞业。2011 年，中国共新建并投产远洋渔船近 120 艘，进口带国际组织配额的渔船 12 艘以及一批先进的船用装备，整体装备水平明显提升。2011 年，全国海洋捕捞（不含远洋）产量 1241.94 万吨，占海产品产量的 42.71%，比上年增长 3.19%。远洋渔业产量 114.78 万吨，产量并不大，仅为全球登记海洋捕捞产量的 1.5%。

（三）国际渔业组织对大洋渔业资源高度管制

世界渔业资源已受到渔业组织的高度管制。以金枪鱼为例，其区域性管理组织主要有大西洋金枪鱼养护国际委员会、印度洋金枪鱼委员会、中西太平洋渔业委员会、美洲间热带鱿鱼委员会、南方蓝鳍金枪鱼养护委员会 5 个。根据联合国粮农组织渔获量统计，上述 5 个组织的成员方和合作非成员方的金枪鱼类渔获量，就占到全球金枪鱼类总渔获量的 91%。2011 年 12 月，南方蓝鳍金枪鱼养护委员会第 18 届年会，决定阶段性增加 2012 年以后的总可捕量，各会员国家配额系根据既有的渔获配额比例进行分配，日本 2012 年配额为 2519 吨，2014 年将增至 3366 吨。因此，中国渔业走出去面临的不仅仅是资金、技术问题，更主要的还在于资源和配额限制。

【新闻报道】90%野生鱼类面临过度捕捞 全球捕鱼逼近极限值（http://gongyi.cnr.cn/news/20160711/t20160711_522640874.shtml）

2016-07-11 新华社电 联合国粮食及农业组织（即"联合国粮农组织"）一份最新报告指出，全球捕鱼数量已经逼近渔业可持续发展的极限值，大约 90%的野生鱼类正面临过度捕捞。

英国《卫报》7 日援引联合国粮农组织每半年发布一次的全球渔业状况报告报道，自 20 世纪 70 年代以来，全球野生鱼过度捕捞状况恶化了至少 3 倍；金枪鱼等畅销产品中，40%正遭受不可持续的捕捞。

联合国粮农组织渔业部门负责人巴朗热说，地中海、黑海等海域的过度捕捞率约为 60%，"尤其令人担忧"。

报告预测，全球渔业产量到 2025 年将增长 17%，这并不意味着野生鱼捕捞数量会出现激增，主要是得益于水产养殖业近年来迅猛发展。

据预测，到 2021 年，水产养殖业将成为鱼肉消费的主要来源，首次超过野生鱼供应数量。巴朗热对这一趋势表示欢迎，"到 2050 年，我们需要努力解决全球超过 90 亿人的吃饭问题，能够提供营养成分以及微量营养素的任何来源都应受到欢迎"。

世界海洋保护组织主管古斯塔夫辛认为，应将渔业可持续发展经营列为当前的优先任务之一，因为"过度捕捞对全球环境产生的冲击将难以估量"。

【新闻报道】过度捕捞东海已无鱼可捕（http://china.cnr.cn/ygxw/20160814/t20160814_522977676.shtml）

央广网北京 2016 年 8 月 14 日消息（记者沈静文）据中国之声《央广新闻》报道，农业部表示，当前我国渔业捕捞产能严重过剩、品种品质不高、渔业资源持续衰退，要坚决压减捕捞产能。

近年来渔业生产供给市场一直较好，但也出现了捕捞产能严重过剩、品种品质不高，渔业资源持续衰退等问题。以长江流域为例，这里分布了鱼类 370 余种，其中 170 种是长江特有的鱼类，多数受到生存威胁，其中白鳍豚、白鲟已经灭绝，中华鲟和江豚等极度濒危。农业部数据显示，青鱼、草鱼、鲢鱼、鳙鱼这长江四大家鱼从占渔获物的 80% 降至目前的 14%，产卵量也从 300 亿尾降至目前不足 10 亿尾，仅为原来的 3%。据中国水产科学研究院淡水渔业研究中心的资料，长江刀鱼历史上最多时曾经占到长江鱼类捕捞量的 35% 以上，如今每年产量仅寥寥几十吨。

目前，长江年淡水捕捞量仅为约 10 万吨，不足最高年份的 1/4。近海渔业的过度捕捞问题是渔业资源发展不可持续的原因之一，我国管辖海域的渔业资源可捕捞量为 800 万吨～900 万吨，而实际的年捕捞量在 1300 万吨左右。由于过度捕捞和环境因素的影响，我国近海鱼类产卵地遭到了严重的破坏，海洋渔业资源严重衰退，东海无鱼已经成了事实，其他海域也在一定程度上出现了无鱼可捕的情况。

二、海洋油气业

海洋油气的勘探开发是陆上石油勘探开发的延续，经历了从浅水到深海、从简单到复杂的发展过程。1887 年在美国加利福尼亚海岸钻探了世界上第一口海上探井，从此拉开了世界海洋油气业的序幕。海洋石油资源量占全球石油资源总量的 34%，累积探明储量约 400 亿吨，探明率 30% 左右，尚处于勘探早期阶段。

（一）海洋油气勘探开发的特点

（1）工作环境的特点。与陆上相比，海洋有狂风巨浪环境变化比较大，钻井平台空间也比较狭窄，威胁勘探生产人员的生命与财产安全。

（2）勘探方法的特点。主要受恶劣的海洋自然地理环境和海洋的物理化学性质的影响，许多石油勘探方法与技术受到了限制，海洋油气勘探的难度大于陆上。

（3）钻井工程的特点。在海上，无论是勘探还是采油都需要钻井，根据不同的水深，要有不同的钻井平台。由于受海洋自然地理环境的影响，海上钻井工程要考虑风浪、潮汐、海流、海冰、海啸、风暴潮、海岸泥沙运动的影响；还要考虑海洋的水深、海上搬迁拖航等因素的影响。

（4）投资风险的特点。因为海上特殊的环境，勘探开发的难度都较大，海上勘探投资是陆上勘探投资的 3~5 倍，而且随着深度的增加，成本也大大增加。

（二）海洋已成为世界油气资源主要接替区域

根据国际能源署估计，全球深海区最终潜在石油储量可能超过 1000 亿桶。随着人类对海洋油气开发的认知不断提升以及技术进步导致海洋油气开采成本大幅下降，全球油气开采将进入海洋时代。2009 年海洋石油产量已占全球石油总产量的 33%，预计 2020 年，这一比例将升至 35%；海洋天然气产量占全球天然气总产量的 31%，预计到 2020 年，比例将升至 41%。目前全球海洋油气资源开发主要分布在巴西、墨西哥湾、西非三大热点地区，通常被称为"金三角"，它们在深水区的石油储量分别占其全部海域总储量的 90%、89% 和 45%。

（三）中国海洋油气资源探明程度低

中国海洋石油、天然气的探明储量远低于"金三角"地区，仅占世界海洋探明储量的 2%。另一方面，油气探明率也低于世界平均水平。目前，世界海洋石油平均探明率为 73%，中国为 12.3%；世界海洋天然气平均探明率为 60.5%，中国为 10.9%，仍处于海洋油气勘探的早中期阶段。根据 2003—2008 年全国油气资源评价结果，中国石油远景资源量 1086 亿吨，地质资源量 765 亿吨，可采资源量 212 亿吨。其中，陆地石油远景资源量 934 亿吨，地质资源量 658 亿吨，可采资源量 183 亿吨，近海石油远景资源量 152 亿吨，地质资源量 107 亿吨，可采资源量 29 亿吨，占石油远景资源量比例约为 14%。尽管海洋资源量巨大，但是目前由于深海勘采技术及实际控制等原因，中国仍以近海石油勘采为主，90% 以上的海洋石油产量来自浅海。从各海区情况来看，渤海、东海和南海的剩余技术可采储量分别占剩余技术可采储量的 71%、2% 和 27%，渤海仍为主力，南海仅为 1.18 亿吨，远低于人们预期。

海洋油气业对于弥补陆域油气资源不足，保证国家能源安全极为重要，但由于技术、资金、地缘政治等多方面因素，深海油气探明储量短期内难以突破。按照官方口径，中国 300 米以上的海域有 153 万平方千米，目前只勘探了 16 万平方千米，尚有 90% 未曾勘探，海洋油气勘探开发任重道远。

三、海洋工程装备业

按照行业解释，海洋工程装备是指用于海洋资源勘探、开采、加工、储运、管理及后勤服务等方面的大型工程装备和辅助性装备，具有高技术、高投入、高产出、高附加值、高风险的特点。国际上通常将海洋工程技术装备分为三大类：海洋油气资源开发装备、其他海洋资源开发装备和海洋浮体结构物。目前全球主要还有工程装备建造师集中在新加坡、韩国、美国及欧洲等国家。新加坡和韩国以建造中深和浅水域平台为主，目前也在向深水海域发展。美国和欧洲等国则以研发和建造深水、超深水的平台装备为核心。目前海洋工程装备业可以划分为三个阵营：第一个阵营主要是欧美的公司，垄断着海洋工程装备的开放设计，工程总包与关键配套设备的供货；第二个阵营是韩国和新加坡，在总装制造领域快速发展占有一席之地；中国主要生产一些低端的产品,处于追赶的第三阵营。2000 年以来,中国共建造了 40 余座平台,但是 70% 以上是欧美公司设计,其中自升式平台的设计主要是美国、荷兰的公司,半潜式平台设计主要是美国、挪威与意大利等公司。

(一)国际市场规模巨大

根据经验数据,陆上石油、浅海石油和深海石油的勘探井钻井成本比为 1∶10∶100,甚至更高。深水开发需要强大的财力和技术支持,大型跨国公司成为目前深水勘探开发的主力。目前,全球有 100 多个进行海上勘探开发的国家中,有 50 多个国家在进行深海勘探。几个大型跨国公司成为深水勘探的主力军,目前拥有深水储量的,排在前 10 位的国际性大公司包括 BP、埃克森美孚、壳牌、巴西国家石油公司、道达尔、埃尼、雪佛龙等,占据的市场份额非常大。

(二)国家石油公司地位日益突出

资源国有化浪潮改变了各石油公司传统的竞争地位,国家石油公司地位日益突出。2007 年 5 月公司发表了"勘探的终结"[1],确切地说是国际石油公司的终结,因为新一轮的国有化浪潮使国际石油公司可获得的常规油气勘探的机会越来越少,一些未被勘探的远景区几乎都被掌握在国家石油公司手中,这就意味国家石油公司将不断做大,已成为石油市场规则的制定者。国家石油公司主张自己开采本国的资源,直接找油田服务公司为其提供相关的技术和管理支持,这就为国际物探公司创造了直接为国家石油公司提供服务的机会。

(三)数字化技术引领发展方向

2008 年波及全球的金融危机之后,国际物探市场竞争更加激烈,展开了一系列的并购活动,行业对技术创新的需求进一步凸显。目前地球物理技术已经跨越了勘探阶段向油藏评价、油田开发与生产延伸,高密度、大信息量、采集处理解释集成一体化的物化技术与装备成为发展的趋势。行业领导型企业从软件、设备到技术的集成度不断提高,为行业设置了更高的技术壁垒。

四、海洋交通运输业

本书选取海洋交通运输业中最具有代表意义的,且与制造业关系最密切的集装

---

1 江怀友:世界海洋油气勘探开发技术及装备的现状与展望,2010.5.21,http://www.zidonghua.com.cn/news/36662.html

箱运输业来进行分析，因为集装箱运输量的大小直接反映了某个区域工业化程度的
高低。

（一）世界集装箱港口格局变化反映了工业化进程

1979 年中国的集装箱港口仅集中在上海、天津、青岛和广州四市，合计吞吐量
3.3 万标箱，仅为当年世界集装箱吞吐量的 1%。2011 年中国的集装箱吞吐量已占到
当年世界集装箱吞吐量的 35%。1979—2011 年的 32 年间，中国的集装箱吞吐量从 3.3
万标箱增加到 1.6 亿标箱，增加了近 5000 倍，年均增速达 30%，为中国制造业的发
展构建了强大的基础设施，没有这一切就没有中国经济的今天；同期，世界集装箱吞
吐量从 2980 万标箱增加到 4.84 亿标箱，增加了 15 倍，年均增速为 9%。

从长周期的增速变化看，1988 年之后，中国的集装箱吞吐量年增速基本保持在
20%~40%，世界集装箱吞吐量增速变化较小，基本保持在 0~20%。中国集装箱吞吐
量增速在 2003 年达到峰值后实际上已经下行，全球金融危机只不过强化了这一趋势，
世界集装箱吞吐量年增速在 2003—2008 年之间相对平稳，保持在 10% 左右。2009 年
出现负增长后开始反弹，长期趋势尚待观察，但基本认同的一点是，中国集装箱吞吐
量两位数增长的时代已经结束。据测算，2015 年全球前十大集装箱港共完成 21634.7
万标箱，较 2014 年的 21590.5 万标箱，增长 0.2%，此增幅较 2014 年的 5.7%减少 5.5
个百分点[1]，在全球经济形势低迷背景下，港口集装箱吞吐量增长也十分乏力。

（二）亚太地区已成为世界集装箱港口的重心地带

1979 年，入围世界前 25 位集装箱吞吐量港口的亚太港口只有 7 家，中国（含港、
台）只有香港、高雄和基隆入围。1996 年之后，中国（含港、台）入围港口逐步增
加，从当年的 4 个增加到 2011 年的 12 个，亚太地区入围港口则增加到 17 个。一张
入围世界前 25 位集装箱吞吐量港口的亚太地区港口表，就是一张亚太国家（地区）
参与全球工业化的演进图：先是欧美一统天下，然后日本进入这一体系，随后是中国
香港地区、中国台湾地区、新加坡，还有韩国、菲律宾、马来西亚、印尼，渐次进入
了这一体系（图 9-5）。1996 年上海加入了这一体系，1998 年深圳也加入了进来。一
个集装箱港口就代表着一个制造业腹地，世界制造业重心由此改变。按吞吐量计，2015
年，全球十大集装箱港口排序依次为上海港、新加坡港、深圳港、宁波–舟山港、香
港港、釜山港、青岛港、广州港、迪拜港、天津港。前十大港口中，中国港口"军团"

1　2015年全球十大集装箱港吞吐量排行榜：中国港口包揽七席，2016年02月18日中国报告大厅(www.chinabgao.com)
　　网址：http://www.chinabgao.com/stat/stats/48720.html

完成的集装箱吞吐量所占比重占到七成，为 69.53%，较上年 68.61%的分量进一步加重（表 9-2）。

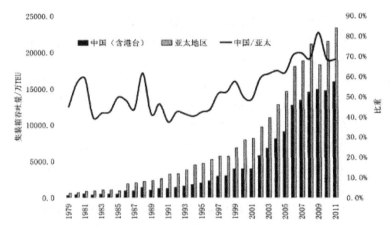

图 9-5　入围世界前 25 位集装箱港口的中古耦合亚太地区集装箱吞吐量及二者之比

表 9-2　世界排名前 20 位港口变化（2012—2013 年）

排名			港口名称	2013 年/万标箱	2012 年/万标箱	增长率（%）
2013	2012	走势				
1	1	→	上海	3362	3 253	3.34
2	2	→	新加坡	3258	3 165	2.94
3	4	↑	深圳	2328	2 294	1.47
4	3	↓	香港	2229	2 312	-3.59
5	5	→	盐山	1768	1 705	3.69
6	6	→	宁波·舟山	1735	1 617	7.27
7	8	↑	青岛	1552	1 450	7.01
8	7	↓	广州	1531	1 455	5.24
9	9	→	迪拜	1350	1 328	1.66
10	10	→	天津	1300	1 230	5.66
11	11	→	鹿特丹	1162	1 187	-2.06
12	12	→	巴生	1023	1 000	2.24
13	17	↑	大连	1002	806	24.19
14	13	↓	高雄	994	978	1.60
15	14	↓	汉堡	921	894	3.03

续表

排名			港口名称	2013年/万标箱	2012年/万标箱	增长率（%）
2013	2012	走势				
16	15	↓	安特卫普	858	864	-0.66
17	19	↑	厦门	801	720	11.20
18	16	↓	洛杉矶	790	810	-2.47
19	18	↓	丹戎帕拉帕斯	747	749	-0.32
20	22	↑	长滩	673	605	11.33

（三）中国集装箱港口已进入结构调整期

从入围亚太集装箱港口内部看，中国港口比重从1994年之后有明显提升，2009年占比曾超过80%，2011年占比仍接近70%。这说明中国已成为推动世界集装箱港口大型化的主体，与10年前的格局已完全不同。以2011年为例，深圳、广州、香港合计集装箱吞吐量达6105万标箱，上海、宁波合计4646万标箱，天津、青岛合计2461万标箱，仅这三大城市体系集装性吞吐量合计就达1.3亿标箱，占当年世界前25位集装箱港口吞吐量的44%、亚太地区港口吞吐量的56%。这一发展趋势和发展模式必然要受到外部市场、贸易摩擦、内部的环境承载能力等多方面的考验。

第四节　海洋新兴产业

一、海洋新兴产业的内涵

新兴产业主要是指采用各种新兴高科技技术，而产生、发展起来的一系列新兴部门和行业。"新"是指有别于"旧"。海洋新产业是相对于传统产业而言的，是依据海洋产业形成规模开发的时序而划分的海洋产业类型；"兴"是兴起、兴盛之意，是指深受科学技术水平的影响，不仅低污染、高效益，而且带动能力强、发展空间广。海洋新兴产业不仅是指运用高新科技开发、利用海洋资源的产业，更是指低污染、高效益可持续发展海洋经济的产业，是以海洋高新技术发展为背景的新兴的海洋产业群体。大力发展海洋新兴产业有助于优化海洋产业结构，从而实现海洋经济可持续发展。

可以认为，所谓海洋新兴产业，是以海洋高新技术发展和海洋资源大规模开发为背景的由产业演化形成期进入成长期的海洋产业，它既是指按照海洋产业形成规模开发的海洋产业群体，又是指依据海洋资源开发在相同或相关价值链上活动的各类企业所构成的企业集合。

根据海洋资源利用情况和特点，初步界定海洋新兴产业的门类构成：一是以海洋资源、能源利用为主的产业；二是为海洋资源、能源开发利用提供装备的相关制造业；三是为海洋资源能源开发利用提供港航物流、电子信息及金融支撑等相关配套服务业；四是为海洋海岛资源提供生态环境保护的相关产业。

我国在 2010 年发布的《国务院关于加快培育和发展战略性新兴产业的决定》中指出，要大力发展包括海洋新兴产业在内的新兴产业，其中海洋新兴产业又包括现代海洋渔业、海洋油气业、滨海旅游业、海洋电力业、海水利用业、海洋生物医药业等。

二、海洋新兴产业的特点

一是高科技性。随着科学技术的发展，科技在海洋经济中发挥着越来越重要的作用，促使海洋新兴产业的兴起。海洋环境、资源的特殊性，决定了海洋新兴产业的发展对科学技术的高度依赖性。海洋新兴产业发展以先进、尖端、高新科学技术为动力，采用各种手段对海洋所蕴藏的生物资源、海水动力资源和海洋空间资源进行的开发和利用，在一定程度上把海洋资源的潜在价值转化成实用价值。但海洋新兴产业与传统产业相比，对开发海洋的技术及所使用的工程材料提出了更严格的要求。因此，要更大限度地开发利用海洋，必须先发展海洋高科技，通过解决一些技术问题来降低海洋资源开发利用的成本、扩大产业开发的范围，使得海洋新兴产业大规模产业化成为可能。目前，世界海洋经济发展的实践已证明，从海洋资源勘探到生产过程、经济运行过程及管理过程的展开，依赖于整个知识系统和高新技术的支持。

二是高风险性。由于海洋新兴产业是以海洋高新技术为首要特征的新兴产业，技术研究风险较大，许多关键技术的研发要经历大量的实验，更需要投入大量的资金、设备和人员，一旦研究失败则意味着前期投入的全部损失，甚至会导致企业经营与资金的困难。除技术风险外，海洋新兴产业的风险还体现在风暴潮、海浪、台风、赤潮等自然灾害中，这也在一定程度上制约了海洋新兴产业的发展的规模化经营。

三是高收益性。根据经济学的理论，高风险总是伴随着高收益的。由于海洋新兴产业的研究投入大、回收周期长，一旦研究获得成功并迅速投入产业化生产，科技产品的资源价值就可以转化为现实生产力，从而取得较好的经济效益。从海洋可再生能源利用来看，还可以获得较好的生态效益和社会效益，取得三位一体的综合收益。

四是高成长性。海洋新兴产业在短期内不会衰退，反而会随着时间的推移产生扩散效应，带动相关产业链快速发展，推动海洋产业结构的优化和升级，同时又使得自身获得迅速的成长。

五是高挑战性。海洋新兴产业较之于一般的产业而言，对某一特定领域资源利用的要求较高，往往受资源的不确定性影响较大。以海洋可再生能源为例，虽然我国海洋能源的储量丰富，但其能量多变、具有不稳定性，运用起来比较困难；另外，能量分布分散不均，能流密度低且受季节影响较大，给海洋能源的大规模开发利用带来了技术难题。

第五节　海洋产业发展模式及特点

发展海洋产业，发达国家（地区）的资源禀赋条件各不相同，发展经验也并不完全一样，但由于海洋经济的共同特性，综合发达国家的海洋产业的发展特点，普遍表现为产业结构合理、产业集聚、科技创新等特征和趋势。其中，政府的产业政策和法律法规起到了引导和推动作用。

一、产业结构合理化

纵观世界经济发展的历程，发达国家沿海城市经济的发展基本上都经历了三个阶段：以"制造业为中心"的工业化时代、以"制造业为中心、加上服务业"的多元化经济的后工业化时代、以"服务业为中心、加上某些制造业"的多元化经济的现代工业化时代。世界经济在制造业中心跨国转移之后，又呈现了制造业与服务业的融合发展趋势。作为一种高智力、高集聚、高成长、高辐射、高就业的现代服务产业，其发展程度作为衡量经济发展水平的重要标志，已经成为国际沿海大都市产业发展的首要特征，是构成城市国际竞争力的关键和核心因素。

目前，发达国家的海洋产业结构呈现以下特征。首先，"二、三、一"产业结构顺序正在向"三、二、一"产业结构顺序演变。2003年资料显示，纽约、伦敦、东京等国际化沿海大都市以生产性服务业为主的第三产业比重均已超过85%，以生产性服务业为主的服务业就业人员占总就业人员比重达到70%以上。其次，区域特色明显由于各国（地区）的资源禀赋条件不同，海洋产业结构的空间分布即地区海洋产业结构，形成了各不相同的比较优势。

二、产业集聚是海洋产业发展的重要特征

与制造业相比，高技术渗透的新兴产业集聚效应更加明显，新兴产业集聚所发挥的经济效应，大大促进了所在区域的发展。纽约大部分生产者服务业高度集聚在曼哈顿、皇后区等少数中心城区。曼哈顿商务区集中了美国大量的大银行、保险公司、交易所以及上百家大公司总部，同时还吸引了大批人才服务、会计、咨询等相关企业集聚。同样，伦敦作为全球金融中心、航运中心和资讯中心，主要依靠金融创新、信息技术创新、规则创新以及相关的全球标准来维持行业领先者的地位。

三、科技创新成为海洋产业快速发展的引擎和加速器

海洋产业是技术密集、资金密集和人才密集型行业，对于现代科学技术有着强烈的依赖性。高科技的应用使海洋产业中的传统产业得到了不断改造，同时又不断地开发和培育出新的海洋产业。

发达国家海洋产业的快速发展无一不与强大的科技创新与人才培养相关。科技创新是海洋新兴产业发展的引擎和加速器。近 20 年来，美国新兴产业的研发经费投入的平均增长率是其他产业的 2 倍，绝对值也远高于日本和欧洲各国；凭借强大的科技投入与创新能力，新兴产业经历了一个以信息技术研发和应用为主要内容的技术创新和改造浪潮，进一步提高了新兴产业的技术含量与竞争力。美国通过高等教育和社会培训的方式，注重对新兴产业从业人员的素质培养，提高劳动力的受教育水平，以满足新兴产业对专业人才的要求。一方面技术创新引领新兴产业的快速发展；另一方面，新兴产业的发展也是新技术创新重要推动者，像广泛应用的物流信息系统和电子数据交换（EDI）技术，以及条形码、全球卫星定位系统（GPS）及无线电射频技术等，这些技术都是在新兴产业的发展过程中不断产生和创新的，发达国家海洋新兴产业快速发展与技术创新处于积极的良性互动当中。

四、政府产业政策和法律法规起到积极的引导和推动作用

总体而言，与陆域经济管理相比，海洋经济具有特殊性，所以政府对海洋经济发展介入的范围更广，也更为深入。政府的管理主要集中在部门协调和对经济外部性的治理这两个方面，其他领域则更多地强调市场机制对资源配置的基础性作用。

发达国家在扶持和指导海洋新兴产业方面分为直接扶持和间接调控。

1. 直接扶持方面

发达国家通过直接投资或低息贷款、担保贷款、税收优惠等形式参与，保证了海洋新兴产业的投资来源。西欧其他一些国家还专门为小型企业技术创新制订直接财政援助计划，以充分发挥小型企业与研究机构各自的优势，促进小型企业技术创新。

2. 间接调控方面

首先，发达国家逐步放松具有垄断性质产业的规制，引入竞争和多元化投资机制，例如，对于交通运输业，美国通过立法改革和行政改革，减少国家对铁路、港口的控制，促进产业进步和自由发展。其次，发达国家大都建立了多层次人才培训体系和科学的人力资源开发体系，以保证海洋新兴产业发展所需要的大量专业人才。再次，像美国和日本政府还制定了一系列推动科技进步的政策措施和加快高技术产业发展的法律法规，积极利用风险资本支持技术创新，加快建立现代知识产权制度、信息立法和规范外包市场秩序。推动海洋产业向高端发展。最后，充分发挥行业组织的作用，促进产业发展规范化和标准化。如美国的物流管理协会（CLM）、英国的物流协会（IL）等对物流人才培训和认证方面起到了巨大作用；日本的信息处理振兴事业协会（IPA）、信息服务产业协会 （JISA）等行业组织作为政府联系企业的桥梁，对促进信息服务业规范化和标准化发展起到了积极作用。

五、新兴海洋产业促进途径——产业园区

世界上许多国家和地区都利用设立海洋产业园区来促进海洋新兴产业的研究、开发、保护、产业化运作。其中绩效良好的园区有：法国的布列塔尼海洋园区和普罗旺斯–阿尔卑斯–蓝色海岸的海洋安全园区；美国的大西洋海洋生物园区；加拿大的温哥华海洋科技园区；新加坡的裕廊岛。

六、海洋产业整体发展可持续化

可持续发展是针对传统的海洋产业"不可持续发展"而提出的，在发展海洋新兴产业上应单纯吸取陆域经济的教训，从一开始就强调海洋新兴产业本身的可持续发展。发达国家在海洋新兴产业发展中，无一例外地将可持续发展作为重要原则。

思考题

1. 简述我国目前海洋产业结构的主要特点，并提出改善和优化我国海洋产业结构的措施主要有哪些？

2. 如何理解海洋产业的概念？有哪些常用的海洋产业分类法？

3. 试论述我国海洋产业可持续发展中存在的问题。

4. 简述海洋主导产业的选择标准，并举例说明主导产业如何带动海洋经济的发展。

5. 中国海洋产业结构变化有哪些规律性趋势？

6. 怎样实现中国海洋产业结构的优化升级？

7. 在中国海洋产业结构调整中，为什么要重视海洋第二产业的发展？

8. 海洋第三产业包括哪些内容？应如何发展？

9. 中国海洋未来产业发展的制约因素有哪些？

推荐阅读

邵清等.海洋经济·新兴产业：长江三角洲区域经济社会协调发展研究[M].杭州：浙江人民出版社，2011.

隋映辉.科技产业集聚：跨学科理论、研究范式与应用[M].青岛：青岛出版社，2008.

孙吉亭等.蓝色经济学[M].北京：海洋出版社，2011.

Martin Stopford. Maritime Economics. The third edition. Routledge 2009.

Myrto Kalouptsidi. Detection and Impact of Industrial Subsidies: The Case of World Shipbuilding. Working Paper 2011.9.http://www.nber.org/papers/w20119.

推荐网址

中国海洋经济信息网，http://www.cme.gov.cn/.

美国国家海洋经济计划网，NOEP（National Ocean Economics Program），http://www.oceaneconomics.org/.

第四编

沿海区域经济

[本篇导读]

　　区域是一个地域弹性很大的空间概念，它泛指由于地理因素以及基于其上的社会经济联系，使得有关地区得以相互结合从而具备相当程度的依赖关系。因此，它既可以指一个国家之内的若干具体地域的结合，也可以指代超越主权国家的某些空间层次，全球化使区域空间层次的弹性变得更大。

　　从社会经济发展的总体历程来看，我们大致可以认为从工业革命以来，先后经历了 18、19 世纪的城市革命，20 世纪 50—70 年代以欧美国家大规模的郊区化拓展为主体的大都市区革命，而到 20 世纪 90 年代则已经进入了真正的区域革命时代。之所以经历了如此的历程，是因为全球化既包含了空间分裂化的倾向，也包含着一体化的趋势。全球经济已经发展到了一个新的阶段，需要用诸多功能性的城市网络而不再是单一的城市或都市区，去支配其空间积累的过程，因此各种区域性层次的制度与空间架构，就显得前所未有的重要。区域发展与规划从来就不是一个单纯的技术主导层面的问题，在这种整体背景转变中，传统的区域发展战略、区域规划、区域政策与管治等也面临着转型的巨大挑战。

　　本篇主要研究沿海区域经济发展趋势，影响沿海区域经济发展的主要因素，沿海区域发展对中国经济增长及国际竞争力的影响。

第十章　区域经济发展基础理论

教学目标：
- 了解工业化、产业集聚与区域发展的关系
- 知道区域发展的差异性与累积性
- 探讨沿海区域与内陆区域发展的差异

中国最近 30 多年的经济快速发展与工业化快速推进的直接结果是城市化浪潮的持续升温，区域城市化既是工业化的重要内涵，也是工业化的直接外延，观察中国的区域城市化进程，工业化是个最佳切入点。

第一节　工业化与区域产业集群积聚

一、工业化

（一）工业化的含义
工业化有广义和狭义之分。

（1）狭义的工业化。根据《新帕尔格雷夫经济学大辞典》的定义，工业化是一种过程。……基本特征：首先，一般来说，国民收入（或地区收入）中制造业活动和第二产业所占比例提高了，或许因经济周期造成的中断除外；其次，在制造业和第二产业就业的劳动人口的比例一般也有增加的趋势。在这两种比率增加的同时，除了暂时的中断以外，整个人口的人均收入也增加了。通常指一个国家由农业国向工业国转化的过程，是国民经济结构中以农业为主的经济转化为以工业为主的经济的发展过程。增加工业生产在国民经济中所占的份额，是一国工业化程度的重要标志。

（2）广义的工业化则是指发展或现代化的含义。现代工业的产生与成长是工业化、

现代化的核心内容。经济发展不仅表现为经济的进步，而且伴随着社会的现代化，这也正是经济发展的本意。工业化和经济发展被看成是同一个概念，工业化被认为是发展中国家提高经济增长速度和国民生活水平的必由之路。

工业化既是个历史性的概念，也是个世界性的概念。所谓历史性的概念，是指工业化的内容和标志，不是固定不变的，而是随着历史的发展而不断发展和更新。所谓工业化是世界性的概念，就是说工业化的内容和标志，不是孤立的，而是在各国之间的相互比较中才能确定，是指工业生产和技术必须达到当时世界的先进水平。

（二）工业化的模式

按资源配置方式，工业化模式基本可以分为三种。

（1）自由市场经济模式。在自由市场经济中，政府的主要职责是提供公共产品与维持市场秩序，一般不直接介入市场交易活动，企业之间通过市场供求、市场竞争、市场价格调节彼此之间的经济行为与市场交易关系。在这种工业化过程中由市场配置资源，参与工业化的主体是企业家，由私人资本和投资推动。工业化是一个自发的、缓慢的演进过程，发展阶段基本遵循着由轻工业转向至重工业之后再转向交通、运输和其他产业的发展历程，这种模式的典型代表是英国。英国是资本主义工业化的先驱，其工业化始于18世纪60年代，完成于19世纪60年代。

（2）不完全的市场经济模式。这种模式的特点是市场机制起基础作用；政府适当干预；主体有私人部门也有政府部门；工业化的顺序发生了改变；时间较短；大多数发展中国家的经济目前是这个模式。工业化起步较晚的国家以及"二战"以后兴起的发展中国家基本上都属于这种类型，如日本、韩国和大多数拉丁美洲国家，其中以日本为典型代表。

（3）计划经济模式。这种模式的特点在高度集中统一的计划经济体系中实行生产资料公有制、企业国有化、农业集体化；不存在真正意义上的市场交易活动，中央政府的经济计划和命令成为资源配置的主要调节力量和信号，企业之间不存在由市场供求与市场竞争形成的价格信号调节机制，不存在市场交易活动。短时间集中资源进行工业化，工业化过程中优先发展重工业与军事工业，忽视轻工业与民用工业的发展，造成工业化的结构失衡。计划经济模式的典型代表是苏联，但这种计划经济模式下的工业化的突出后果是短缺经济、经济结构畸形，长期实践的结果显示这种模式是不可持续的。

（三）工业化与经济发展的关系

工业化是推动整个国家或者地区从经济不发达到发达这样一个过程的最重要的

动力。在工业化过程中，经济结构的变化表现为两个方面：产业结构的变化和工业内部结构的变化。由于特定的历史条件、资源禀赋和国情不同，各国的工业化完成的方式也不尽相同。根据各国工业化战略的具体实施情况，一般可以分为进口替代战略、出口替代战略和综合性的工业化战略三大类。

（1）进口替代战略。该战略是通过建立和发展本国的制造业和其他工业，替代过去依赖国外进口的工业制成品，以带动经济增长，实现国家的工业化，是一种典型的内向型的战略。进口替代战略符合第二次世界大战后初期，发展中国家寻求经济上独立和贸易平等发展的要求，是迅速摆脱贫穷落后面貌的一条捷径。战后初期，拉美一些国家（如阿根廷、巴西、哥伦比亚、墨西哥）率先实施了进口替代发展战略。随后，亚洲一些国家和地区也开始发展进口替代工业。到20世纪60年代，进口替代战略已成为发展中国家占主导地位的一种经济发展战略。

（2）出口替代战略。该战略指以制成品出口替代初级产品出口的战略，即本国的工业生产面向世界市场，发展制成品出口工业的战略。日本最早采用这一战略，20世纪60年代中期韩国、新加坡以及我国的台湾和香港地区也先后采用这一战略，后来拉丁美洲的部分国家如秘鲁、巴西、智利等国也纷纷转向出口替代战略。从外部来看，20世纪60年代发达资本主义国家经济进入一个相对繁荣稳定的时期，贸易自由化有所加强，科技革命引起了发达国家的产业结构调整，某些产业（尤其是劳动密集型产业与高污染产业）开始向生产要素价格相对廉价的发展中国家转移。同时，发展中国家国内潜在的市场也吸引着大批的投资者。从内部来看，经过进口替代工业化阶段的发展中国家已经初步建立起了现代工业，具备了一定的发展出口加工工业的物质基础和技术、人才条件。实施出口替代战略的目标是促进全面工业化和加速经济增长。出口替代战略利用本国的优势，生产劳动密集型的产品，通过扩大出口来带动经济增长。实施的结果在促进出口扩大的同时也增加了就业，提高了人均收入，从而工业基础得以加强，工业化进程加快。

（3）综合性的工业化战略。该战略指进口替代工业和出口替代工业同时采纳的混合型发展战略。一般来说，进口替代战略对于自然资源丰富，经济、技术、教育水平不高的大国比较适宜，出口替代战略对于自然资源缺乏、人力资源丰富、经济较发达的中小国家较为合适。对于大多数发展中国家来说，不应片面地、单一地实行某种战略，往往采用综合性的工业化战略，即同时发展初级产品出口、进口替代工业、出口替代工业，各种战略混合运用，并根据工业化的进程不断进行调整，这样才能比较顺利地实行全面工业化，进入现代增长阶段。

世界各国工业化的历史证明，成功的工业化道路是外源型工业化，而内源型工业化都是不成功的。主要原因在于工业化必须遵循规模经济的规律，只有利用外部市场和外部资源才能打破国内工业发展的瓶颈，英国当年依靠的是殖民地的市场和资源，亚洲"四小龙"利用的是发达国家产业转移腾出来的市场和资源，中国近 30 多年的发展也是如此。因而，中国经济发展的成功首先归功于对外开放，归功于走了世界工业化的共同道路。1978 年以前，中国工业化道路之所以不成功，不仅是因为实行了和苏联一样的优先发展重工业的错误战略，而且是由于走了内源工业化的道路。

二、区域产业扩散、集聚与结构演进

所谓区域经济一体化，主要是由于区域内部各次区域间商品和要素流动密度不断增加而产生的区域整体化（一体化）趋势增强的过程和状态，在这个过程中，由区域经济发展内生出来的产品和要素的跨次区域流动是最主要的因素。而产品和要素的跨区域流动，则可以由以下主要变量加以解释。

（一）外部经济性和集聚经济

区域内部各次区域发展产生的外部经济性是推动产品和要素跨区域流动的主要动力因素。比如浦东开发开放时期，上海享受的各项优惠政策不仅促进了上海本地的经济发展，而且也对周边的江苏和浙江两省带来了外部经济效应。其中一种是"搭便车"，最典型的如苏南的昆山地区，在浦东开发开放之际，利用临近上海的区位优势，"搭便车"设置了"自费开发区"，吸引了大量原本是奔上海而去的外部资源。外部经济性的另一种表现是资源的"溢出"。资源的"溢出"包括两部分，"硬资源"即有形资源的溢出和"软资源"即无形资源的溢出。很显然，为了充分利用这种外部经济性以及由此而来的经济集聚效应，推进区域经济一体化就是不可避免的。

（二）产业转移和产业分工

产业转移以及与此形成的产业水平分工是区域经济一体化的另一个主要解释变量，并和产品与要素的跨区域流动形成一种互动关系。地区之间的产业区域转移，进而形成区域内部的产业水平分工。

（三）空间距离

空间距离也是影响区域经济一体化的重要解释变量，在交通条件相同或类似的情况下，空间距离和要素流动的成本具有正相关的关系，因此那些空间距离较短的地区之间，具有一体化的天然优势。

（四）要素流动网络

在转型经济的背景下，形成区域经济一体化主要动力的要素流动是和各种社会网络的存在紧密相关的，要素流动在很大程度上是通过各种网络进行的，这种网络有正式制度网络，也有主要依靠民间"三缘（血缘、地缘与业缘）"关系而结成的网络，这种网络的密度越高，效率越高，要素流动的成本就越低。那些历史上具有较多联系的地区之间，要素流动的密度就会更大一些，如苏南地区和上海。

（五）制度成本

在中国转型经济背景下，构成制度成本的主要是地方行政壁垒，地方行政壁垒越高，要素流动的制度成本就越大。反之，要素流动就会更为顺畅。相比较以上四个因素，制度成本是一个负面的因素。从政府行为来说，推进区域经济一体化的主要任务就是降低要素和产品流动的制度成本。随着改革的深入，地方行政壁垒在弱化，一体化的制度成本趋于减少。比较典型的，可以观察到"长三角"区域经济一体化的高潮几乎是和改革开放的高潮重叠的。

三、区域产业集群理论

产业集群（industry cluster）是建立在企业和产业之间有着相互关联的基础上的经济发展模式，基于产业集群的区域发展政策代表了传统经济发展计划的巨大转变。

（一）产业集群的定义

产业集群是一群相互联系的企业和机构在某个地理区域紧密地集聚在一起的现象。迈克尔·波特认为，"产业集群是处于同一个特定产业领域的、相互联系的公司和相关组织的地理集中现象"，连接集群的是"采购—供应链、共同的技术、共同的采购、供销渠道或者劳动力市场的共享"。区域产业集群是指在地理上集中的产业集群，通常位于由大都市区、劳动力市场区和其他的功能性经济单元组成的区域。

（二）产业集群的形成与优势

产业集群需要一些制度规范和一些机构来支持企业的活动（比如商会、质量监督部门或文化、习惯等）。在某个区域内形成时间比较短的企业集聚也不能成为产业集群，还需要较长的时间来形成自己的制度规范和辅助性机构。产业集群有利于促进技术进步和扩散，有利于集中资源，加之产业集群的规模效应，区域产业集群的成长有利于区域产业和经济的增长，增强区域经济实力。产业集群的形成需要许多相应的条件，其中最主要的是供求条件、社会条件和经济利益。

产业集群的优势主要有：直接经济要素的竞争优势，如生产成本优势；基于质量基础的产品差异化优势、区域营销优势、市场竞争优势等。

（三）产业集群的发展阶段

根据产业集群理论，产业集群的发展大致可分为三个阶段：第一阶段是空间集聚，主要是指生产同类产品的企业"扎堆"在某个较小区域内，企业之间的专业化协作水平不高；第二阶段是专业化集聚，区块内出现了大量的配套企业和中介服务机构，专业化协作网络、中介服务体系以及区域产业链基本形成，区域品牌初步树立；第三阶段是系统化集聚，专业生产的系统化水平进一步提高，融入全球生产体系，并具有一定的国际竞争优势。

【专栏】浙江区域产业集群

2000 年以来浙江省块状经济继续保持快速发展态势，发展质量和发展水平不断提高，竞争力不断增强，相当一部分块状经济开始转化为现代产业集群，并涌现出一批具有较强综合竞争力的块状经济。

浙江省综合竞争力较强的区块

1.绍兴纺织：年产值 1021 亿元	11.乐清电器：年产值 225 亿元
2.宁波家电：年产值 600 亿元	12.秀州纺织：年产值 212 亿元
3.宁波服装：年产值 500 亿元	13.大唐袜业：年产值 191 亿元
4.义乌小商品：年产值 433 亿元	14.店口五金：年产值 175 亿元
5.萧山汽配：年产值 360 亿元	15.萧山羽绒：年产值 160 亿元
6.永康五金：年产值 331 亿元	16.鄞州机械：年产值 157 亿元
7.杭州通信设备（滨江）：年产值 323 亿元	17.温岭泵与电机：年产值 140 亿元
8.台州汽摩配：年产值 320 亿元	18.海宁皮革：年产值 129 亿元
9.温州皮鞋：年产值 270 亿元	19.杭州软件（滨江）：年产值 105 亿元
10.温州服装：年产值 226 亿元	20.嵊州领带：年产值 100 亿元

注：本表根据各块状经济产值、规模企业、出口规模及市场结构、品牌、创新能力、服务体系等 14 个指标测定；排名不分先后，仅以产值为序。

数据来源：浙江省委政研室，2005 年浙江块状经济发展报告。

第二节　区域经济发展的差异性

社会经济发展过程中，区域发展差异的难以消除甚至是扩大是一个重要的经济现象。中国沿海区域的发展也具有发展的不平衡与差异扩大的特征。

一、区域发展差异性理论争论

开放经济条件下的区域增长与发展是一个永恒而尖锐的理论与现实问题。无论是发达国家还是发展中国家，国内区域增长的不平衡并由此引起的区域发展差距问题，以及如何促进各地区的经济发展，不仅是各级政府关心的重要问题，也是理论研究的重点和长期争论的焦点。近年来，学术界研究的重点主要集中在以下问题：一是研究基础设施、规模报酬递增、集聚经济、产业集聚和产业集群等与区域增长之间关系，尤其是衡量它们对区域增长与发展的影响；二是考察和衡量人力资本、教育、技术创新和制度变迁等因素对区域发展的影响，并试图把教育、技术和制度等因素引入区域增长与发展模型；三是区域一体化的利益协调机制问题。从国家层面看，随着经济全球化的不断推进，近年来各国区域一体化进程也在加快。在推进一体化的过程中，政府与市场的作用如何分工，中央与地方之间以及区域间、城市间如何分工协作，基础设施、产业和空间结构一体化以及政府间政策的协调问题，都是现实经济中亟待研究的重大前沿问题。

区域发展经济理论涉及科技创新、人力资本，生产效率，资源配置，制度诸多因素，研究也需要运用多学科的新概念、新理论与新方法。应该说，无论是在国外还是在国内，有关这些问题解释与解决的认识仍是百家争鸣。中国的区域发展经济理论还不完善，就目前中国的发展阶段来说，区域发展经济理论在今后相当长一段时期内大有用武之地，在促进社会经济发展的作用方面还有很大的空间。

二、区域发展的不平衡性

区域发展分析的大多数问题都是与不平衡发展格局联系的，尤其是与各类生产要素的分布与流动、城市化和与市场化程度的差异、地区间和地区内部移民关系的研究相关。

对一个地区来说，至关重要的是它的开放性与其他地区的互相依赖性。之所以如此，因为贸易一般对地区来说比对国家更为重要，因为它严重地依赖于从其他地区引进的各种生产要素。地区比国家更为重视价格的灵活性与地区间的要素流动性。劳动力与资本在地区间的流动性远大于国家间的流动性，一个地区的增长不会因劳动或资本的短缺而受到限制，除非这两种要素的可获得性在地区间流动受到限制。经济活动的区域分布在很大程度上依赖它所面临的需求的增长，特别是对它出口到其他区域或其他国家的商品和服务的需求的增长。一旦一个地区的专业化得以形成，关键要素投入的固定性意味着，出口的变化中决定对这些产品需求的增长上变得重要了。这就形成了所谓的"路径依赖"。对于现有厂商，地区已有的产业结构可以解释地区经济增长差异方面的作用，因此，国内的和国际上的需求格局的变化、生产技术的变化以及厂商组织结构的变化，将以多种方式影响不同的行业。处于这种变化过程中的各个区域如何适应，将主要取决于它们所具有的行业和它们对区域的重要性。在这种意义上，经济结构与经济增长是互相依存的。

【专栏】2004 年浙江省出口交货值最多的区块

行业	产值/亿元	行业	产值/亿元
义乌小商品	186	余姚家电	50
绍兴纺织	121	象山针织	47
平湖服装	100	大唐袜业	46
临海礼品休闲用品	97	萧山汽配	45
永康五金	84	温岭制鞋	41
慈溪家电	83	诸暨贡缎	40
杭州通信设备（滨江）	67	温州皮鞋（鹿城）	39
郑州服装	63	杭州软件（滨江）	37
萧山羽绒	61	慈溪机械	34
嵊州领带	60	海宁皮革	32

注：本表以各地调查数据为依据。

数据来源：浙江省委政研室：2005 年浙江块状经济发展报告。

三、累积的地区增长与下降

地区经济增长，不仅强调需求对增长的促进作用，而且强调动态的和相互依赖的区域发展过程。这种动态的累积因果关系模型提出了经济强度在那些优势地区越来越集中的可能性。在累积因果关系模型中，一旦一个地区的经济增长稳固形成，就会形成一种良性循环，因为参与者享有与创新、技能发展和可以反哺的企业文化相联系的外部经济，还产生了更大的种种外部经济和动态规模经济。同时，对公共基础设施、公共服务和住房的需求，给这种增长的良性循环带来额外的刺激。相反，在衰落地区，则由于人口流失、产业的逐渐衰败，经济与社会结构的发展停滞。

转型区域中的市场治理机制具有如下几个方面的特点：其一，形成的前提条件是中央政府把全部或部分资源配置权向地方政府转移，地方政府把全部或部分资源配置权向企业或个人转移；其二，政府并没有完全从市场中退出，政府行为对部分国有企业经济活动仍具有关键性影响，地方政府官员与企业家之间存在共同利益的同时，也有利益冲突和矛盾；其三，区域市场治理机制具有多样性与多层次性，在整体性制度安排演进过程中表现出地域空间差异性与互动性，具有共时和序时演进特点；其四，不完全的私有产权与合约执行是转型经济中的区域市场治理机制的突出特点，市场经济活动主体既有公有产权主体的国有企业，又有私有产权主体的私营企业，还有混合所有制企业，企业之间合约的形成与执行受市场力量的影响，但又不可能完全排除政府力量的干预；其五，转型经济中的区域市场治理机制处于完全统治的区域经济治理机制向有较充分竞争的区域市场经济治理机制转变的过渡阶段，在区域经济运行过程中，企业外部交易与内部交易的不完全市场竞争性和不完全政府干预性并存，区域经济活动秩序是中央政府、地方政府、企业、个人之间策略选择互动均衡的制度化。

转型区域中的市场治理机制不具有长期稳定性，会沿着不同的方向变化。改革开放以来，我国市场经济区域化梯度推进特征明显，不同区域之间的发展差距进一步扩大，市场化差异是导致区域发展差距累积的主要原因之一。20世纪80年代初，我国率先在东部沿海地区进行改革开放实践，建立经济特区、沿海开放城市和沿海开放地区，使这些地区享受特殊优惠政策，推进这类地区的对外开放和市场化进程。20世纪90年代上半期，我国开始制定和实施浦东开放开发战略，促进了整个长江三角洲地区的对外开放和市场经济发展。为什么是东南沿海地区而不是内地成为率先推行市场化的区域？除了优越的地理区位和对外开放传统外，内在的制度安排与制度变迁是主要原因。

【拓展阅读】东北三省的陷落

东北曾经是全国的装备制造业基地、粮食基地、原材料供应基地，但从20世纪90年代以来，东北三省的经济地位一直处于下降状态。2015年，东北三省中，黑龙江、吉林和辽宁的名义 GDP 增长率分别是-0.29%、3.41%和 0.26%，排名垫底。2016年上半年，东北三省的增长率依然较低，辽宁更是以-1.0%成为全国唯一一个半年增速为负的省份。数据的背后，反映出的是支柱产业产能过剩、企业经营成本高、核心技术短板等深层问题。面对严峻的经济形势，有人认为，东北经济实际上已经"硬着陆"。东北经济占全国比例不断下降，意味着东北占领国内、国际市场能力偏弱，意味着内需严重不足，导致"产业结构性"劳动力过剩。

东北的衰退有国际和国内两方面原因。国际大宗商品价格下滑，复苏缓慢；国内面临增长速度换挡期、结构调整阵痛期、前期刺激政策消化期这"三期叠加"，但这都是外因。内因其实在于"两个集中、三个衰退"："两个集中"是东北尚未解决的体制性、机制性矛盾的集中爆发，长期积累的经济结构问题的集中显现；"三个衰退"包括资源性衰退、结构性衰退、体制性衰退。

再从人口经济学角度看，一个地区的人才流失与经济下滑有着较为密切的关系，而且彼此还相互作用。按照第六次全国人口普查数据，东北三省不仅每年净流出人口约 200 万，而且生育率较低。2010 年全国 0~14 岁儿童占总人口的 16.6%，东北三省该比例只有 11.8%，意味着东北后备劳动力资源严重不足，今后劳动力下降的速度将远超过其他省份，经济前景不容乐观。劳动力负增长后，由于经济减速和结构性失衡，失业率（尤其是青年失业率）会更高、劳动参与率会更低。因此东北一方面劳动力严重短缺，另一方面失业率还将上升、劳动参与率也将下降（隐性失业），"用工荒"和"就业难"将长期并存，劳动力将继续外流，步入了恶性循环。

案例分析题：

1. 东北三省经济陷落的原因？可能的解决办法有哪些？

2. 决定区域经济发展的关键因素有哪些？

第十一章　城市化与城乡协调发展

教学目标：

- 了解城市化及其对区域发展的影响
- 了解中国的城市化进程及特点
- 探讨中国沿海区域城市化可能的发展方向
- 探讨如何通过城市化与工业化来解决中国"三农"问题

无论哪个学科，谈及城市化论题似乎都无法回避另一个进程，即工业化。原因就在于这样一个事实：城市化与工业化天然地联系在一起。历史地来看，城市化既是工业化的重要内涵，也是工业化的直接外延。说它是内涵，原因首先在于，没有工业化就没有城市化；离开城市化，工业化进程便失去方向，对工业化进程的评判便失去一个重要依据。事实上，要评判工业化进程，人口由乡村而城市的迁移、人类经济活动或就业的非农化，本身就是一个极其重要的指标。说它是工业化的外延，原因在于如下事实：一国工业化完成后很长一段时间，城市化还会继续推进，城市化实际上是工业化的延续与扩展。

第一节　城市化

城市化是一个国家社会经济的巨大而深刻的变迁过程，与国家或地区的制度安排有着密切的关系，不仅是生产力的发展和提升过程，更重要的是社会经济关系的调整过程。其中，主要是乡村和城市、农业和非农（产）业、农村居民和城市居民之间经济关系的变化和调整，必然涉及农业经济的经营方式、土地产权的制度安排、就业政策和社会保障制度等。

一、城市化的进程

在城市规划学以及管理当局那里，城市化被解释为某种"二重"的变化过程。《世界城市》一书将城市化解释为"一个过程"，认为这个过程"包括两个方面的变化"：一是人口从乡村向城市的运动，并在都市中从事非农业工作；二是乡村生活方式向城市生活方式的转变，包括价值观、态度和行为等方面。第一方面强调人口的密度和经济职能，第二方面强调社会、心理和行为因素，实质上这两方面是互动的[1]；中国建设部也有类似界定，认为城市化是"人类生产与生活方式由农村型向城市型转化的历史过程，主要表现为农村人口转化为城市人口及城市不断发展完善的过程"[2]。人口城市化在一定程度上可以视为产业城市化的结果，反映了一个国家的经济发展水平。一般认为，城市化水平与经济发展水平具有正相关性。

在人口统计学家那里，城市化大多被解释为单纯的人口空间集聚过程或人口由地域分散而集中的过程；在"行为主义者"那里，城市化被解释为人类经济活动构成的变化或简单地称之为经济活动的"非农化"；在历史学家看来，城市化就等同于城市发展，等同于人类文明的发展；社会学家更关注城市化模式与城市规模；地理学家则聚焦于经济活动空间的变化；在经济学中，城市化被解释为人类追求规模经济的结果；近年走红的新经济地理学则将其与产业集聚命题联系在一起。

城市化是指在经济发展过程中，人口、社会生产力不断地由农村向城市集中的过程。城市化是伴随着工业化而产生的一种现象，城市化和工业化以及经济发展进程紧密相关。城市化程度一般用城市人口占总人口的比例来衡量，当此比例超过50%时，被称为基本实现城市化，超过70%时被称作高度城市化。第二次世界大战后日本以及东亚新兴工业化经济体（NIEs）的经历表明，后发型国家在工业化完成与现代化高潮时段，城市化有可能出现跳跃式的推进。以日本为例，在1945—1955年的10年间，城市化率就提高了近20个百分点，城镇人口占总人口的比重由37.5%猛增到56.3%。而在接下来的20年间，又增加了近20个百分点，达到75.9%，由此最终完成城市化。NIEs尤其是韩国和中国台湾地区也有类似的经历。

世界城市化进程大致经历了以下三个阶段。

第一阶段是1730—1851年，为世界城市化的兴起阶段。英国花了一个多世纪的时间，基本上实现了城市化，成为世界上第一个城市人口超过总人口50%的国家。

第二阶段是1851—1950年，欧洲和北美等发达国家基本上实现城市化，城市人口比重达51.8%。

第三阶段是1950—1990年，从全世界范围看，基本上实现了城市化，世界城市人口比重达到50%左右。

1　赵伟.工业化与城市化：沿海三大区域模式及其演化机理分析[J].社会科学战线，2009，（11）:74—81.
2《城市规划基本术语标准》（GB/T 50280—1998）

二、城市化对经济发展的贡献

工业化本身要求资本、人口、劳动等要素要集中到一定程度，这种集中过程正是城市化的过程；没有城市化也就不会有真正的工业化，尤其是现代化大工业城市已成为一国的经济增长点、高新技术的发源地和人才的集聚地，主宰着一国的经济命脉。

（一）城市是产品和劳务的供给中心

生产企业的聚集使其能为社会提供大量产品，由生产需要而发展起来的各种相关产业的聚集，又使城市成为商业中心、金融中心、信息中心、交通中心。通过城市的聚集性，每个厂商都从中得到好处。制造商与销售商邻近，可以减少许多运输成本和节省很多时间，服务和投入要素的得到较容易，又加强了社会商业化分工协作的功能。所有这些都表现为城市的聚集经济效益功能。

（二）城市化能产生外部经济效益

众多厂商把制造业设在城市，可以相互提供投资引诱和就近获得生产要素，从而产生外部经济效益。城市的基础设施齐全，水、电、运输、信息等服务完备，为制造商提供了便利的条件；城市人口众多又为厂商提供了丰富的人力资源，可减少寻找和雇佣劳动力和技术人员的成本；城市的卫生和教育较为发达，为生产和生活创造了良好的发展环境。

（三）城市具有吸引力和辐射功能

一个城市一旦建立，它的大市场就会显示出很大的吸引力，吸引制造厂商靠近它，相关产业聚集于此。现代化的城市通过向城市周边的辐射，从而带动周边农村经济的发展。这种辐射是通过向农村提供技术和向农村地区转移劳动力密集型工业的生产布局等方式来实现。以城市为中心，组织生产和流通，充分发挥城市的吸引力和辐射功能，也有利于资源的合理配置和优化生产结构。

（四）城市化吸纳农村劳动力推动结构变迁

把农村的劳动力吸纳到城市来，劳动力在城市里可以结合资本，劳动生产率会提高。但这里毕竟是有某种限制的，因为如果是自由流动的话，劳动力的边际产出在农村和城市应该是相等的；如果是柯布–道格拉斯生产函数、且系数是固定的话，劳动生产率通常来说也应当接近。不管怎么说，在城乡之间必定有一些障碍——不一定是人为的障碍，有可能是自然的障碍——使农村到城市的流动永远不会非常顺畅。

（五）城市化有利于环境保护与污染治理

这点常被大家忽视，有时甚至被从相反的角度理解。有人认为聚集产生更多的污染，没错，在城里可能是污染更多了，但是农村的环境得到了改善。从规模经济的角度来看，城市化反倒是有利于全面的污染治理。比如废水处理厂，必须达到一定的处理规模，才具有经济性。

（六）工业化与城市化相互促进

首先，工业化使城市取得主宰地位。城市的出现虽然不是工业化的结果，但工业化推动了资本、人口等向城市集中。另外，城市化推进了工业化，城市所具有的集聚效应，网络外部性，生产企业的互补，导致劳动力市场双方搜寻成本下降，推动劳动分工与专业化，从而实现生产和消费的规模经济。

其次，工业布局与城市布局的空间存在匹配关系。一般来说，工业枢纽也是地区的中心城市，围绕工业地区会形成大都市，工业地带形成城市带。如中国的上海与"长三角"城市带就属于这种情况。

第三，城市化与工业化并非同步进行。在工业化前期城市化速度较慢，工业化中后期城市化加速，后工业化时期城市化进程再次减慢。

三、发展中国家与区域城市化特征及影响因素

（一）发展中国家城市化的特征

（1）城市人口增长迅速。不仅在增长速度上大大高于发达国家，而且在绝对量上也超过了发达国家。到 1975 年，发展中国家的城市人口已占全世界城市总人口的 50.8%，1980 年则达到 54.6%。

（2）城乡人口同时增长。虽然 20 世纪 50 年代以来发展中国家农村人口大量流向城市，城市人口增长率为农村人口的 2 倍左右，但由于农村人口基数大，农村人口增长的绝对量还是高于城市人口的增长。

（3）超大城市现象日益突出。大城市的高速增长，使得发展中国家的城市人口过多地集中于大城市，引发一系列的社会问题。

（二）影响城市扩大的因素

主要有 3 个基本因素决定了城市扩大的趋势：人口的自然增长，城市地区出生人数超过死亡的人数；净流入城市的移民大量增加，城市中流入人口数超过流出人口数；城市行政区域的扩大。城市人口急剧增加，城市不得不向郊区和农村扩展、延伸，卫

星城的建设很快就和中心城市连成一片，发展中国家基本建设、基础设施、卫生保健、教育事业、交通运输能力等都赶不上城市化的速度，使城市问题的严重性更为突出。

第二节　中国的城市化进程

一、中国城市化的度量

（一）户籍人口

中国过去的统计一直采用户籍人口的标准度量城市化，即具有城市户口的人就被算作城市人口。这种方法在过去是可行的，因为居住在城市却无城市户口的人口几乎没有。但现在城市中有很多人并没有城市户口，例如居住在北京的非本地人口有800余万[1]，"珠三角"地区的外来人口超过本地人口。由此可见，这种计算方法并不科学。

（二）常住人口

从2000年开始，中国采取常住人口指标。常住人口是指某人在一个地方住满6个月。国家通过人口普查的方式来确定具体数据。这里面也有漏报的问题，有些人不去公安局领取暂住证，因此就需要依赖可信的抽样来确定。按照这种方式计算，我国目前的城市化率为56.1%，城镇常住人口达到了7.7亿，2011—2015年城镇化率年均提高1.23个百分点，每年城镇人口增加2000万人，比欧洲一个中等规模国家的总人口还要多。但是这种方法也有一定问题，它依旧把很多已经城市化的农村划为非城市地区，像是珠三角地区很多地方的面貌已完全像是小镇一样，可是其中的人口仍旧持有农业户口。

（三）非农就业人口

有一种算法即采取非农就业人口为指标，但统计起来很困难，需要给非农就业人口下一确切的定义。若按此方法计算，中国的城市化率就会很高，必定超过60%。

（四）城市化地区

在美国，采取的指标为城市化地区这一概念。美国的普查做得较精细，将全国国土划为1英里×1英里的方块，覆盖全国，每个方块内的基本信息，包括人口、土壤、作物都有记录，且完全公开。若方块内超过一定人口密度，即算为城市。这种方式比

1　据2013年度人口抽样调查数据显示：2013年底北京全市常住人口为2114.8万人，其中，常住户籍人口为1312.1万人，占常住人口的62%，常住外来人口为802.7万人，占常住人口的38%。

较好，因为人口集中到一定程度，必然带来生活方式的改变，就应该算为城市。当然，中国若要采取这种方式，就需要应用比美国的人口密度更高的指标。这种划分和利益也是相关的，有些农村特别想被划分为镇，因为相较于村，镇所获得的政府投入政策都是不一样的。

二、中国城市化的发展途径

目前学界关于中国"城市化"发展的问题分类与讨论，主要有如下几个观点。

（一）农民与农村的关系角度

以城市化进程中农民与土地、乡村的关系为线索，将改革开放以来中国的城市化分为两种模式，分称为"离乡不离土"模式和"离土不离乡"模式。并认为前一种模式下，进城农民依然与乡村土地保持着稳定的联系。后一种模式下，乡村土地及依附在其上的农民同时转化为"城市"范畴。有研究认为，前一种模式属于"基于中心城市集聚与扩散的模式"或"农民进城模式"；后一种模式属于"基于小城镇和乡镇工业的城市化模式"。两种模式正在出现对接趋向[1]。

（二）城市规模角度

这一角度最早由费孝通教授的"小城镇论"引出，费孝通基于对苏南、温州等地20世纪80年代早期乡镇工业化的实地考察，提出"小城镇—大问题"论点，认为小城镇化与就地工业化是中国工业化与城市化的一种选择。沿着这个线索，此后相继有所谓"中等城市论""大城市论""大中小城市论"的争论。这些争执要么主张中国城市化应取中等城市优先模式，要么取大城市优先模式，要么取大城市与中等城市结合并重的模式。

（三）城市集群角度

这一角度有"都市圈化说"与"大城市多中心论"之分。其中"都市圈化"模式说大体沿用了法国地理学家戈德曼的理论，戈德曼的"都市圈理论"[2]认为，世界城市化发展的大趋势是都市圈化，并据以鉴别出六个都市圈[3]。国内有研究者推崇这

1　冯云廷.两种城市化模式的对接与融合[J].中国软科学，2005，6.

2　Jean Gottman，"Megalopolis or the Urbanization ofthe Northeastern Seaboard，"Economic Geography。No 3．1957.

3　1976 年，戈德曼提出世界有六个都市圈：波士顿—费城—巴尔的摩—华盛顿都市圈；芝加哥—底特律—克利夫兰—匹兹堡之大湖都市圈；东京—横滨—名古屋—大阪—神户之太平洋沿岸都市圈；伦敦—伯明翰—曼彻斯特—利物浦都市圈；阿姆斯特丹—鲁尔—法国北部之西北欧都市圈；以上海为中心的长江三角洲城市密集区。

一理论，认为中国城市化也应取都市圈模式，建立多个大的都市圈。与这一模式说相近的还有谓"大城市多中心模式"，认为在一个城市内部或城市化区域须有多个承担一定城市功能的中心或"副中心"区域，这一模式应成为中国城市化的重要模式。

（四）城市化与工业化、服务业相关性角度

城市化源于非农产业尤其是工业的发展，工业经济的特点决定了规模经济、范围经济对于工业生产效率以及技术创新具有极为重要的作用。因此，作为非农产业尤其是工业的发展需要相应的城市化。1949 年以来的我国经济建设史已经证明，那种只要工业化不要城市化，只建工厂不建城市，在荒无人烟的山区，以"山、散、洞"的工业化方针进行的工业建设是极其无效率的。改革开放后，这些企业不是遵循工业发展的规律搬迁，在城市及其周边地区集中布局，就是无法有效经营，被迫关停并转、下马了事。

工业经济的特点决定了规模经济、范围经济对于工业生产效率以及技术创新具有极为重要的作用。除了少数本身就要求企业具有很大的规模经济的产业，如钢铁、汽车、石油化工、重型机械等产业之外，一个城市中的某个产业往往需要数十以至成百上千家企业的集聚，各个产业之间因技术经济联系而形成的投入产出关系，则又决定了需要众多产业的集聚方能带来必要的专业化分工，形成范围经济。因此，现代工业经济所要求的人口集聚规模，远远高于三五万人口的城镇，它要求是聚居了数十个百万人口的大中型城市。

随着工业经济的发展，相应的服务业也随之发展。没有高度集聚的工业企业，也就没有必要的专业化分工，专业化分工没有达到一定程度，就不可能形成有市场规模，可以商业化经营的生产性服务需求，从而不能形成社会化的生产性服务业。没有最低规模的人口集聚，正常的生活服务需求固然仍然存在，但却难以形成有商业价值的生活性服务需求。生活服务需求或转化为自给自足性的家庭内服务，或者无以生发，或者转向周边甚至远方的城市。对此，可以举出的简单例证是：在一个只驻扎一个排的无人边防海岛上，士兵们只能自我服务，相互理发；自来农村的孩子只能在村里或乡里上小学，要上中学就得到县里去，如果要上大学，就得到数百里之外的大中城市去。

实证研究证实：服务业的发展与城市的规模密切相关，20 万人以下的小城市，服务业在 GDP 中的比重远远低于百万人以上的大城市；一个地区的小城市比重越高，这个地区的服务业的比重也就越低。城市如果小于一定规模，势必不利于第三产业的发展，可能的原因是服务业与工业有着不同的再生产特点。工业生产与消费在时间、

空间上的可分离性，使工业生产可以基本上不依赖于当地市场容量。但是，服务业生产与消费在时空上的不可分隔性，使当地市场容量成为制约服务业发展的关键因素。当一个城市的规模较小时，产业规模势必有限，专业化分工必然受到限制，许多生产性服务如仓储、物流、产品设计、信息等只能由工业生产企业自行提供，而非专业的自我服务，往往低质、低效。一个城市的人口低于有效规模时，许多生活服务业由于达不到最小规模经济点，而无法形成社会分工，商业运作也只能停留在自给自足状态，无法得到充分发展；与此同时，一些当地居民的高端生活服务需求，例如大学教育、高端医疗服务、金融、会计、法律等专业服务需求，只能求助周边甚至更远地方的大中型城市的供给。例如，像舟山市这样较小的城市，虽然人口过百万，但较高端的生产性与生活性服务，如高端医疗服务，依然不得不求助于周边的大城市，如上海、杭州或宁波。

根据世界银行按人均国民总收入对世界各国经济发展水平进行分组，2010 年中国进入中等偏上收入国家组（3856~11 905 美元），这一收入等级上的国家在 2009 年第三产业占比已达到 61%，即使是中等偏下收入国家（976~3 855 美元）在 2009 年第三产业占比也达到 47.4%（表 11-1）。中国至今第三产业的比重远低于相近人均 GDP 水平的国家和地区，重要原因之一就是长期以来我国在城市化进程中实行了限制发展大城市、鼓励发展中小城市的错误战略。[1]

表 11-1 2010 年人均 GDP 相近国家的工业化率和城市化率

国　　家	人均 GDP/美元	工业增加值占 GDP 比重（%）	城市化率（%）
塞尔维亚	5 269	27	52
牙买加	5 274	22	54
白俄罗斯	5765	44	74
秘鲁	5401	34	72
阿塞拜疆	5722	65	52
多米尼亚共和国	5215	32	71
纳米比亚	5330	20	38
平均	5425	34.9	59

资料来源：世界银行数据库。

[1]当然，社会生产的组织形式、专业化社会化程度、产业结构以至居民收入水平等也是影响我国服务业的重要因素。

三、中国城市化进程的一般趋势

在我国，到底是走以发展中小城市为主还是以发展大中城市为主的城市化道路，近十来年来一直有争论。第六次全国人口普查提供的数据说明了近十年来的中国工业化、城市化进程中的人口迁徙趋势。它在一定程度上对此前的争论作出了结论。在此期间，我国的人口不仅向经济发达地区、尤其是沿海的大城市集中，即使是在沿海地区，人口也从规模较小的城市向大城市集中。因此，随着工业化的进程，应当实行城市化而非城镇化战略，在城市化进程中，应当鼓励人口的相对集中，推进以发展百万城市人口以上的大城市为主的城市化战略。

（一）城市化初中期阶段——传统城市化

在中国城市化的初中期阶段，城市化的基本方式是传统的城市化模式，主要特征是人口和经济活动单向地由农村向城市集中，城市规模由小到大，逐级递进。城市周边地区发展迟缓，郊区完全处于依附地位，是城市化的预留空间。由于郊区发展滞后，因此城市的空间布局以单核或单中心为主。但是，城市化发展到一定阶段之后，由于大量人口向中心城市集聚，城市尤其中心城区的土地价格大幅度上涨，城市生活的成本成倍增长。城市面积扩大，交通线延长，道路负担加重，交通总量增加，城市居民通勤费用上涨、通勤时间增加。人口的高度集中，造成住宅紧缺、环境污染、噪声、交通拥堵、社会治安问题增多，社会矛盾增加，社会关系紧张，冲突频发。城市管理及公共服务量增加，加重纳税人负担，提高了城市管理成本和居民的居住成本，增加企业的间接成本。这样一来，城市生活的质量开始下降，增加了城市发展的额外成本，城市的规模成本逐渐大于规模效益，聚集经济的优势不复存在，给可持续发展带来挑战。

（二）城市化后期阶段——新型城市化

到了这个阶段，城市化就从传统城市化转向新型城市化，从原来的单核大城市化转向多核的都市区化。新城市化是城市化的高级阶段，其主要特征是：人口和经济活动开始出现相对分散化的趋势，郊区或城市外围地区逐渐反客为主，成为带动区域发展的主导力量；中心城市与郊区经济重新定位，功能互有置换。中心城市的集聚和辐射效应依然存在，但在区域经济中的主导地位有所下降，制造业、零售业等在郊区获得广泛的发展空间；在郊区的城镇，出现一些经济独立性很强的次中心，与原有的中心城市共同构成复中心或多中心结构，优化了区域资源配置和生产力布局。结果，城市与郊区从此消彼长的博弈到同步依存,进而形成城乡一体化统筹发展的新的地域实体(一般称大都市区或大都市圈)。

根据国外的经验,从单核的大城市化向多核的都市区化转变,大约发生在一个经济体的城市化人口超过 50% 以后。我国在 2011 年城市化人口超过 50%,许多区域性大城市都开始出现了卫星城等"逆城市化"发展趋势,典型的有浙江的杭州与萧山。

"逆城市化"是指城市化后期大城市的人口和就业岗位向大都市的小城镇、非大都市区或远方较小的都市区迁移的一种分散化过程,此时,通过建立卫星城来推动城市化的发展。卫星城是指在大城市外围建立的既有就业岗位,又有较完善的住宅和公共设施的城镇,是在大城市郊区或其以外附近地区,为分散中心城市的人口和工业而新建或扩建的具有相对独立性的城镇。卫星城的发展有助于控制大城市的过度扩展,疏散过分集中的人口和工业。卫星城虽有一定的独立性,但是在行政管理、经济、文化以及生活上同它所依托的大城市有较密切的联系,与母城之间保持一定的距离,一般以农田或绿色隔离带,但有便捷的交通联系。近年来各国在卫星城镇规划建设方面的趋势是:人口规模适当增大;职能向多样性发展;尽量使工作与生活居住就地达到平衡;采用先进的交通系统与母城取得便捷联系。当前卫星城的发展趋势是:城市规模越来越大,与中心城市距离越来越远。这对发展生产协作,提供就业机会,提高公共设施水平,强化卫星城的独立性有着重要作用。实践证明,小城镇要结合纳入城市群规划中,大中小城市和小城镇协调发展,共同构成一个结构合理的城镇群体系。

第三节 中国沿海区域城市化

关于中国城市化的模式,几乎全部基于沿海地区最近 30 年以来的区域实践,而模式的争论在很大程度上反映了这样一个事实:沿海地区工业化区域推进模式多种多样,不仅在大的区域之间彼此有别,在较小的区域之间亦有明显差异。更有甚者,即使同一地区,在改革开放的不同阶段,其演化特征也不尽相同。

一、沿海三大区域城市化模式

区域工业化存在普遍的演化特征多样性现象。多样性至少存在于两个区域层次上,且经历了两个阶段的演进。一个是省域经济之下的"地级"行政区域,就整个沿海地区来看,这个层次上的三种区域工业化模式曾经最引人注目;三种模式分别为"苏南模式""温州模式"和"珠三角模式",可称之为"小区域模式"。另一个是沿海跨省(市)行政区层次的区域。这个区域层次上最明显的是形成了三个大的工业化地带(industrial zones)。

(1)"大珠三角地区"。这个地区随着香港与澳门的回归及其内部经济一体化的平稳推进,早已突破了早先"特区"藩篱,正在形成一个覆盖华南,辐射西南及华中的所谓"泛珠三角"区域。

(2)"长三角地区",囊括了苏、浙、沪两省一市。

(3)"环渤海地区",由辽宁的沈阳、大连而迤逦华北,继而至南下胶东半岛的带状地区。环渤海地区是目前中国区域面积最大、人口最多的工业化地带。其核心地区由京津冀沿海构成,这个区域本身就在形成一个巨大的城市群。不过,这三大工业化地带的工业化模式彼此有别,可称为"大区域工业化范式"。

早先的研究,曾将早期的"小珠三角模式"称为"外资导向"的工业化,将"苏南模式"称为"乡镇集体企业导向"的工业化,将"温州模式"称为"新古典工业化"范式。现在回过头来审视,可以认为,正是这些"小区域工业化模式"演化出了两种大区域模式,同时刺激了第三种大区域工业化范式的形成。具体来说,"小珠三角模式"奠定了"大珠三角范式"的基础,并促成了某种"路径依赖"。路径依赖的核心内涵可归纳为"外资导向"。外资导向在珠三角至少有两个重要标志:其一,外资一直是以"小珠三角"为龙头的华南经济圈的灵魂,在区域资本形成中占据重要地位;其二,无论"小珠三角"还是"大珠三角",制造业市场或产品营销及研发都对外商存在严重的依赖。这些特征被"大珠三角"全盘继承下来。

与"大珠三角"模式的形成相似,"温州模式"与"苏南模式"的变革与汇合演化出所谓"长三角模式"。近期研究认为,所谓"浙江模式"实际上属于"温州模式"以及别的几个小区域模式——"萧山模式""义乌模式""宁波模式"的融合。"苏南模式"在20世纪90年代中后期经过内部产权改革及外部推行"三外齐上"战略的冲击形成所谓"新苏南模式",这两大模式的汇合催生了所谓"长三角模式"。客观地来看,无论是"浙江模式"还是"新苏南模式",民营经济、民企导向是其共同特征,民营企业、民间资本在区域工业化进程中发挥着突出作用,这也是后来整个长三角区域工业化模式的主要特征。

与两大三角洲相比,环渤海地区尤其是其京津冀核心区域则形成了另一条工业化路径模式,可称为"京津冀范式"。这个区域工业化范式的重要特征之一在于两股微观主体力量的主宰:一股是国有企业,京津冀地区原本是计划经济的坚实堡垒,国有企业众多且大多控制着国家战略性产业;另一股是具有"官方"背景的非国有企业,这些企业不同于严格意义上的民营企业。这两股微观力量主宰的区域工业化可称为"国有+官商主导型工业化范式"。

上述沿海三个大区域不同的工业化模式所促成的城市化路径模式也明显不同。"大珠三角"工业化促成了声势浩大的"造城浪潮",催生了一大批新建城镇,其中最大同时也最具影响力的新城市要数深圳和珠海两个特区城市。与这两个特区城市的产生以及快速扩张并行不悖的则是一大批乡村小镇乃至乡村被就地城市化了,其中最具典型意义的要数东莞,那里许多乡村就是就地变为城市的。比如一个名为大宁的乡村,本地人口仅2300多人,引进外企80多家,吸引外来移民3万多人,就地变成了城镇。号称"中国油画之村"的大芬村,则以另一种方式就地实现了城市化。与"珠三角"地区略有不同,"长三角"地区的工业化则促成了原有大中小城镇齐头并进的扩张,在沪、杭、宁等原有大城市快速扩张的同时,江苏之苏、锡、常,浙江之甬(宁波)、台(州)、温(州)等原有中等城市以更快速度扩张。与此同时,一大批县城乃至乡镇也迅速成长为初具规模的城市,其中金华的义乌是县城变为中等城市的典型代表,温州的龙港、鳌江则是乡镇变为城市的典型。

客观地来看,无论"珠三角模式"还是"长三角模式",城市化迄今促成的"城市生态系统"或城镇空间布局极其相似,工业化城市化促成了大中小城镇并行不悖的扩张,其中中小城市的扩张速度明显快于大城市,迄今形成了由大中小城市构成的一个比较完整的"城市生态系统"。相比较来看,环渤海地区的情形明显不同,那里显然存在某种层层吸纳资源与"层层边缘化"的机制。具体来说,超大型城市如北京的迅速扩张吸纳了周边城市赖以发展的许多资源,尤其是水资源和人力资本,由此对天津及其他城市产生着持续的边缘化效应。与此同时,北京周边大城市的扩张,又多半靠吸纳中小城市的资源,对后者也起着明显的边缘化效应,由此形成自北京至天津等特大城市,再到其他大城市与中小城市的层层资源吸纳及边缘化效应——阶梯式边缘化。迄今为止的明显倾向是,那些行政级别越高越大的城市扩张便越快,而那些"行政级别"底层的城镇则多半处在衰败的边缘。

根据国家统计局公布的2012年全国千强镇的排名,占全国人口10%的前1000个小城镇创造了全国小城镇财政收入的50%。这次评比出的千强镇中,主要分布在浙江、江苏、广东等24个省(区、市),其中数量较多的省市分布情况是:浙江268个、江苏266个、广东152个、上海102个、山东49个、福建40个、北京29个。就其平均规模而言,多数"千强镇"都有发展为小城镇的潜力。因此,"千强镇"的区域分布从一个侧面反映了区域小城镇总体发展现状和潜力。这样我们看到,无论就"规模以上"城市结构来看,还是就反映小城镇发展潜力的强镇区域分布比较来看,都表明在两大三角洲和环渤海地区之间，大中小城市系统发展存在明显差异。环渤海地区尤其是其核心区域京津冀的城市结构带有某种"大树底下不长草"特征，那里行政级别高的特大城市及省会城市扩张有余，但行政级别较低的城市尤其是小城镇发展不足，由此与两大三角洲地区城市系统的结构形成鲜明对照，在这两个区域的城市系统，大中小城市共生共荣，相互促进。

二、沿海区域工业化与城市化的演变机制

沿海三大工业化地带的城市化模式彼此明显不同，这种不同直接源自工业化区域路径模式的差异。论及工业化区域模式或者区域工业化，两个经济学研究命题都难以回避，一个是工业化的资本来源，另一个是资本与产业的空间集聚。前者是个发展经济学命题，后者是个空间经济学命题。对于我们所要考察的区域乃至整个中国经济而言，无论资本形成还是其空间集聚都是工业化的核心命题，因此要对前述沿海三大区域工业化及其衍生的城市化模式差异给出合理的解释，梳理出各自形成的机理，明智的作法显然是将两个命题合一。若将两个命题通盘考虑，则将至少引出三个彼此相关的子论题：①工业化的资本来源及其性质，具体到我国则有内资、外资以及"民资"与"国资"之分；②资本—产业集聚区位，具体到我们的问题则有城市、乡村之分；③集聚变动或动态变化，具体到我们的问题则有乡村-城市流向的抑或相反之分。这些子命题，可以作为分析沿海三大国有化地带工业化及城市化区域模式形成及演化的基本线索。

沿着这些线索，对于"长三角"地区工业化的资本命题，涉及的关键词包括"民资乡村集聚"和"投资进城"。所谓"民资乡村集聚"，就是工业化起步以及快速推进所需的资本主要靠民间筹措，资本与产业最初主要集聚于乡村小镇。民间资本形成方式则多种多样，最初主要靠输出劳务和服务，后来主要靠输出商品和经营才能获得。这些资本早期无一例外地集聚于村镇，发展了繁荣的"乡镇企业"。后来在县、市政策以及"开发区热"的诱惑下纷纷进城，形成了"投资—产业进城"的路径模式。

同样沿着上述线索，可将"珠三角"工业化快速推进中的资本形成与空间流动归入两个"关键词"，分别为"外资城市集聚"与"投资下乡"。所谓"外资城市集聚"指境外与境内别的区域的资本与产业移入本区域，形成最初的集聚。实际上，若将港、澳、穗等城市视为初始期的大城市，将深圳、珠海视为后来新造的大城市，则无论境外资本还是区外资本，都最先集聚于这些大都市。而后以这些城市为"跳板"流向周边中小城市乃至乡村，形成"投资下乡"的路径模式。可以认为，无论是"长三角"

（主要是江浙）的"投资进城"还是珠三角的"投资下乡"，结果都归于一个普遍现象，这便是小区域的产业集聚。而恰恰是这种小区域产业集聚形成了巨大的规模经济潜能，促成了众多的制造业集聚地带。

与两大三角洲地区的区域工业化路径模式明显不同，环渤海地区尤其是京津冀工业化快速推进中的资本主要靠政府和国有部门投资，最初散布于大中小各类城市，但其动态流动则带有大城市化的倾向，中小城市甚至乡村资本纷纷涌向大中城市，因此可以"公有城市集聚""投资流动大城市化"两个关键词予以概括。刺激与推动资本由乡村及小城市而大城市方向流动的因素多半与两个现象联系在一起。一个是"国企"等公有企业改制乃至破产处置的"体制外"财富"避险式"转移趋向。不少案例显示，中小城市的国企尤其是其他"公有"企业改制具有强烈的"体制外"财富集聚与转移效应，创造了一批游离于公有之外的"新富"，而"新富"们多半有将其财富由小城市"倒腾"到大城市的倾向。很明显，在京、津这类大都市，那些"来路不明"或"灰色"财富才会令人感到相对安全。另一个是"户籍歧视"产生的财富流动与转移效应。这方面尤以北京对周边城市的效应为最，那些想方设法迁往北京等大城市的居民，都在有意或无意地向大城市转移财富与资源。

前已论及，工业化路径模式决定着城市化模式。客观地来分析，恰是上述大区域工业化路径模式的差异，尤其是工业化中资本积聚与流动趋向差异引出三个工业化地带不同的城市化模式。具体来说，"大珠三角"工业化之"投资下乡"路径引出的城市化模式，带有乡村就地城市化与大中城市扩散并举的特征。纵向考察可以看出，这种区域模式的演化大体上经历了三个步骤的跨越：第一步为大都市的扩充与新都市的再造。经由香港的外资加上国内其他区域大量直接投资的注入导致深圳、珠海等新都市的崛起和广州等老都市的迅速扩张；第二步为大都市扩散，港、澳、深、穗（即香港、澳门、深圳、广州）四大城市的资本与产业的竞相下乡与"圈地"催生了一批"二级城市"的兴起；第三步为都市扩散与乡村就地城市化并举，上述"珠三角"四大城市与多个中等城市的资本和产业下乡掀起"圈地"热潮，这个热潮中，许多乡村就地转化成了市镇，或者变为大城市的工业郊区。

"长三角"工业化的"投资进城"路径模式引出的城市化主要取小城镇集聚模式。与"投资进城"搅在一起的是"老板进城"浪潮，原本在乡村土生土长的一批批"乡企"老板先将产业迁入大小城市的"开发区"，而后携家带口移往周边城镇，跟在他们后面的则是大批来自农村的打工者，由此产生了持续的"老板进城效应"。恰是这种"老板进城效应"为原有小城镇的繁荣与崛起以及原有中等城市的迅速扩张提供了源源不断的能量，这方面的典型例子，前者有早期温州的龙港、鳌江，台州的路桥、黄岩，绍兴的柯桥等。近期最具典型意义的要数几座县城的聚合了，其中金华之义乌与东阳大有整合之势，而宁波的余姚与慈溪合建中心城已经开始实施。后者要属杭州和宁波，这两个城市在改革开放初期充其量只能算中等城市，但随着工业化与都市化的迅速推进，已经或正在跃入特大城市行列，其经济规模多年前已超过武汉这样的中部特大城市。而在苏南，小城镇集聚的典型区域无疑要数苏州、无锡、常州了。

环渤海区域尤其是其核心区域京津冀的工业化以公有资本主导，城市化取大城市尤其是特大城市扩散的路径模式。但与珠三角的"资本下乡"引起的大城市扩散不同，这个地区的大城市扩散主要属于已有都市的扩散，新兴都市扩散鲜见。这种模式除了工业化路径模式的决定因素之外，还受到别的因素的推动，其中最为明显的因素可能要属已有制度安排衍生的"大城市情结"了。整个京津冀乃至环渤海地区，存在强烈的"大城市情结"，不仅企业经营者与政府官员，一般大众也有强烈的"特大城市情结"，才以昂贵的成本寻找迁入北京等大都市的各种机会。相比较而言，这一情结无论在"珠三角"还是"长三角"都显得要微弱得多。一个重要原因，在于核心与外围区域关系不同。在"珠三角"与"长三角"，核心区域——大都市对周边地区具有正的经济辐射效应，在京津冀，核心区域即大都市对周边地区经济的负效应要强烈得多，负效应集中表现在对周边资源的掠夺性吸纳上，这方面首当其冲的要数水资源了。由此导致的区域城市空间结构多半有些"大树底下不长草"的迹象。其中北京可谓最大的"大树"，它的畸形扩张形成一个巨大的"内核"，将天津及河北的一些大城市置于边缘位置。后者与前者一起导致一大批小城镇区域的进一步边缘化乃至衰败。

三、结论及有待进一步研究的提示

关于城市化模式的争论，大体上可分出两类论题：一类属于制度安排论题，围绕的典型问题无非是"离土""离乡"的排列组合问题；另一类属于城市空间布局结构论题，即在一定空间范围内，大中小城市结构如何安排的问题。围绕这两大论题的学术争论与政府决策选择是一回事，然而现实发展进程又是另一回事。客观地来看，无论是"离土不离乡"还是"离乡不离土"的思路与政策建议，显然都回避了制度转型的核心命题即产权改革问题，而产权改革最核心的问题当是农地改革。恰恰是由于回避了农地改革等制度改革的关键命题，两种政策导致的现实结果都一样，这便是城乡分割。数以亿计的农民虽已进城，但他们在城市被称为"农民工"，处在城市生活的"边缘"状态。近年来，随着城市化的加速，城乡分割留下的隐患困扰着许多城市的发展，尤其是城市社会治安及环境问题凸显，由此引出了建设"和谐社会"的呼声。

相比较来看,关于大中小城市空间布局的争论,现实发展进程的答案则多种多样。就沿海三大工业化地带来看,"长三角"与"珠三角"两大三角洲的城市结构多半有些相似,初步形成了大中小城市同步扩张与大体共存共荣的发展格局。环渤海地区则不同,那里显然存在强烈的倾向:城市行政级别与规模扩张速度成正比,那些处在行政级别顶端的直辖市、省会城市以及"副省级"城市的扩张,要快于其他城市,而那些行政级别较低的城镇,则多半在衰败,日益被边缘化了。城市化区域模式的这种差异,在很大程度上源自工业化区域路径模式的差异。

分析显示,沿海三大工业化地带最近 30 多年以来的快速工业化所取路径模式明显不同,而决定路径模式差异的最重要因素是工业化进程中的资本来源、初始集聚模式以及这种集聚的动态变化趋向。需要指出的是,我们的考察仅仅沿着工业化进程中的资本形成及其空间集聚与移动线索展开,尚未深究导致资本空间集聚及其动态变化后面的因素,尤其是一些区域重要产业中心形成的初始动因。

对中国这样一个工业化尚未完成的经济体的产业中心形成的探讨自然会牵出一个古老的经济学命题,这便是产业地方化论命题。这个命题是由经济学大师马歇尔提出,最初探讨的问题是特定工业落脚于特定地域的原因。马歇尔描述了英国一些地区特定工业起源的原因,隐约地揭示了产业地方化的三个原因,分别为:①自然条件;②统治者有意无意地安排或者他所说的中世纪"宫廷的奖掖";③具有商业的便利。[1]具体到中国,这些因素可分别界定为自然环境、政府政策以及区域商业条件尤其是商业才能的人才条件。就中国沿海地区乃至全国来看,最近 30 年以来大规模的产业中心的崛起,显然都与这三方面因素密不可分;而制造业中心集聚及其区位转移也与这三方面因素密不可分,尤其是与政府决策密不可分。

第四节　工业化、城市化与"三农"问题

回顾中国改革开放 30 多年的农村经济发展所走过的道路,从历史的角度看农村工业化发展有它存在的合理性与积极意义,但是,继续实行它的合理性却是值得商榷的。中国农村地区发展的差异很大,城郊、沿海比较发达的农村,势必将逐渐纳入城市工业化的发展进程。而占中国农村大多数的边远地区比较贫穷落后的典型农村,在现阶段还能否依靠推动传统农村工业化模式来改变落后局面,是非常值得质疑的。

1　[美]马歇尔.经济学原理[M](上卷).朱志泰译.北京:商务印书馆,1981.

一、农村工业化的困境

（一）农村工业化曾经的辉煌与隐忧

1978—1996 年，大约有 1.1 亿劳动者从农业转向了农村工业部门，其中仅 1983—1988 年 5 年的时间就使农村工业的工人数量由 3235 万增加到 9545 万[1]，在如此短的时间内创造如此多的就业岗位足以震惊世界。劳动力向农村工业的转移使长期以来边际劳动生产率为零甚至为负的巨大农业剩余劳动力资源变得相对稀缺。由此带来的劳动力结构的变化更是具有实质性意义的发展：当上亿的剩余劳动力从传统农业这个低生产率部门转向农村工业——一个具有相对较高生产率部门的时候，不仅这些劳动者的生产率骤然提高，而且社会总生产率也大幅提升。所以，这一大规模的资源再配置不仅导致农村工业的快速扩张，而且还推动中国总体经济的快速增长。

农村工业快速扩张的前提要素是什么？建工厂的首要前提是要有一片土地，而在中国，土地只被两个主体所拥有：农村集体占有着中国的绝大部分农业用地，其他的土地归国家所有。土地承包制度确定了集体土地的排外权，农村集体开始有了从土地中获益的权利。至今为了防止集体土地所有制的瓦解，国家仍旧不允许自由买卖土地。土地的不可买卖性，导致其成为一种垄断性的资源。土地不可流转，农村劳动力难以流动，而资本是可以自由流动的，由此引致资本进入土地、进入农村发展农村工业化。集体土地不允许买卖，它们由大约 80 万个村集体组织拥有，它们都是相互独立的主体且散布在中国农村的大地上，这三个相互关联的因素导致农村工业空间分布的高度离散性。因为只有当投资者和土地所有者都是同一个村集体时，使用该土地、投资兴建工厂及从中获益的权利才是一致的，即只有这样乡村工业的利益才会完全内部化。当在一些发达地区的农村工业中劳动力短缺逐步出现时，当地的乡镇企业试图由劳动密集型转变为资金密集型，并提高当地工人的工资和排斥外来劳动力的流入，这是因为资本积累和劳动力短缺都是村集体长期努力实现的，所以村集体不希望外来者分享这一果实。这就迫使其他贫困地区的村集体组织必须靠他们自己的努力来发展工业和转移剩余劳动力，由此导致了"村村点火、镇镇冒烟"，农村工业遍地开花的后果。2000 年全国有 89%的乡镇企业分布在行政村（包括自然村），9%分布在建制镇，只有 2%分布在县城或县城以上的城市[2]，这也是它们为什么被称作农村工业的根据地。

---

1 姜春海.中国乡镇企业吸纳劳动就业的实证分析[J].管理世界，2003,3.

2 数据来自国研网"中国农村劳动力转移"课题组：中国农村劳动力转移现状、问题与发展，http://www. usc.cuhk. edu.hk/wk.asp。

政府官员和一些学者经常批评农村工业的分散性投资是"重复建设""浪费资源"，损失了规模效益，然而，正是这种小规模、发散性投资才使得剩余劳动力向工业的转移在广大的农村区域迅速地扩展。事实上，中国巨大的剩余劳动力得不到充分利用才是最大的资源浪费。不过，这种大规模的劳动力资源再配置但却几乎没有出现移民现象，上亿农村剩余劳动力从农业转向工业并没有导致农村劳动力市场的形成，这是因为农村劳动力在向工业转移时并没有离开他们自己的土地，被称为"离土不离乡，进厂不进城"的模式。

（二）农村工业化的局限性

1. 农村工业化自身的局限性

在一个典型的市场经济下，生产要素可以自由流动，工业化必定和城市化同步进行。这是因为企业向城市适当集中，通过共享交通、通信，排污系统、劳动力市场和资本市场等社会基础设施，工业化的成本可以因城市化带来的积聚效应而大大降低。但是，土地的集体所有制导致的农村工业分散化发展也限制了农村工业的规模化、集约化发展，无法分享城市的基础设施与积聚效应。在这种情况下，散布于广大空间的农村工业只能被迫走了一条高成本的农村工业化的独特道路。过于分散的乡村企业其信息成本、决策成本、交易成本以及引进人才的成本居高不下，企业自主研发系统的建设也是困难重重，非农产业的集中发展和产业集群难以形成，这些情况在偏远地区的典型农村工业尤为严重。

20 世纪 90 年代以后，分散工业化在吸纳劳动力方面的局限性也逐渐显露出来。一是农村工业本身在 90 年代初就开始出现了吸纳就业能力下降的趋势，那时，农民不仅兼业现象普遍存在，而且原来已经向非农产业转移的人口甚至出现回潮的趋势。1986—2000 年，乡镇企业资本对劳动力的吸纳弹性系数平均仅为 0.106，远远低于 1978—1985 年的 1.005 水平。这说明，1985—2000 年，乡镇企业资本对劳动力的吸纳能力很弱，资本投入增加只能引起劳动投入的略微增加；尤其是 1997 年以后，乡镇企业就一直处于资本投入绝对排斥劳动投入的阶段[1]。二是分散发展的农村工业不能有效推动城市化进程，无法产生城市的集聚效应和辐射力，无法相应地带动农村第三产业的发展。从 20 世纪 80 年代中期以来，第三产业产值占乡镇企业总产值的比重一直没有提高，始终徘徊在 15% 左右。这就使得第三产业"投资少、劳动密集"的优势不能充分发挥，从而也就无法创造更多的就业机会。而从发达国家的经验来看，农

---

1 于立，姜春海.中国乡镇企业吸纳劳动就业的实证分析[J].管理世界，2003，3.

业和制造业能容纳的劳动，都十分有限。2006年美国只有不到1.53%的劳动人口从事农业，其余劳动人口都是靠非农业产业谋生的[1]。中国目前的生产力水平还不高，但已经发生农产品相对过剩，以及制造业的产能相对过剩。从发展趋势看，从农业和制造业中会游离出越来越多的劳动力，在这种情况下如果还寄希望于农村工业化来解决剩余劳动力的就业问题显然是不现实的。

2. 农村工业化对农业发展的限制

肇始于农业的农村工业的结构特征对农业发展是不利的。比如2002年，中国乡镇企业中工业企业627万多个，占全国企业总数的30%，与传统农业密切相关的农业企业却只有32万多个，仅占1%；其中工业企业总产值占乡镇企业总产值的72%，达10万亿元，而农业企业产值只占1.3%，仅0.18多万亿元[2]。农业企业发展落后，导致为农产品的生产、深加工、运输、存储、服务等配套环节的工业发展滞后，阻碍了传统农业向具有科技化、商品化、市场化的现代农业的转变。

农村劳动力"离土不离乡，进厂不进城"的转移模式，使从农业中转移出来的劳动力具有很强的兼业性质。由于从农村工业中获得的收益远高于传统农业所能够产生的收益，所以农户的兼业性一方面导致他们为解决农业生产和非农生产用工上的矛盾，倾向于进行副业化的农业生产，导致对农业生产的忽视，以致大量耕地的撂荒；另一方面，由于不少农户积累的储蓄资金更愿意投入到利润较高的农村工业中，缺乏对农业生产进行投资的意愿，使农业生产结构的高级化难以实现。农村劳动力的这种状况限制了农业生产技术的应用，阻碍了农业现代化的发展。

由此看来，农村工业没有很好地完成转移农业剩余劳动力和反哺农业的重任，缺乏推动传统农业向现代化农业发展的能力。

传统农业发展与吸纳劳动力的有限性，迫使乡村集体组织把吸引资本进入以便为剩余劳动力创造非农就业岗位增加收入作为理性的选择。但并非每一个村集体组织都能成功地做到这一点，区位优势导致的级差地租在资源配置中发挥着重要作用。在大城市郊区，交通中心和沿海地区的农村工业发展得要比内地和偏远地区的农村工业快得多，那些地租越高的地区，就会有越多的地租转化为村集体企业的利润，由此会形成更多的村集体企业再投资。所以，尽管集体土地所有制下资源配置的总模式是遍地开花，但是投资还是会相对地集中在地租较高的地区。而且环绕城市发展的农村工业

1　数据根据美国《总统经济报告》（2007年）副录表格计算得出，Economic Report of the President 2007, p273, http://www.nber.org/。

2　蒋永穆，戴中亮.双重二元经济结构下的城乡统筹发展[J].教学与研究，2005，10.

得益于城市的技术溢出和城市的扩张，大城市的郊区县比偏远县在农村工业发展上更占绝对优势。

从长远角度看，典型农村发展工业化也不具有竞争优势，是很难依靠农村工业化来改变其经济、社会发展落后局面的。

（三）农村工业化对城市化的限制

在一般经济学原理中，"农村人口城市化"和"农业剩余劳动力非农化"基本上是同一个命题。在绝大多数市场经济国家里，他们基本是同步进行的。但是，我国目前农业人口非农化却被分割为两个部分：农民到城市成为工人——农村剩余劳动力非农化进展较快，而进城打工的城市农民工向城市产业工人和市民的职业和身份变化——农村人口城市化却步履维艰。这其中主要的制度障碍是：僵化的土地承包制度、城乡分割的劳动力市场制度和城市封闭的社会保障制度。这三个制度障碍互为依据相互加强，严重阻碍了农村人口城市化的进程。

工业化和城市化是实现农村建设目标必要的前提。只有不断发展的工业化和城市化吸纳大批的农业人口，才能实现农业的规模经营，从而提高农业的现代化程度。而这些，不仅需要让农民进城当工人来实现"农业剩余劳动力非农化"，而且需要这些进城农民工的家属也离开农村，实现"农村人口城市化"。然而，至今为止的"农业剩余劳动力非农化"却没有同步地实现我们所期望的"农村人口城市化"。

这样的"农业剩余劳动力非农化"实际上是传统体制下旧式城乡关系在新形势下的一种新的表现形式，是城市剥削农村、工业剥夺农业的一种新形式。这种形式下的工业化和城市化，实际上是将工业化和城市化的部分成本转嫁给了农村。因此，从解决"三农问题"的角度出发，必须实现"农业剩余劳动力非农化"和"农村人口城市化"同步化。

二、"三农问题"的解决出路

（一）农村的发展目标定位

长期以来中国传统的农村发展目标的主要特征是：按照现行的城市体制改造农村，鼓励农民进城以实现城市化，鼓励乡镇企业发展以实现农村的工业化。推进此发展目标的宏观制度背景是城乡之间的封闭和隔离。还有就是观念上的误解，认为农民在现代化进程中是要消失的一群，农业生产是一种低效率的不得不维持的就业行为，而农民则是工业化、城市化发展的包袱。

但是，从世界范围看，从发达国家的发展进程来看，农业人口比重虽然大幅度下降，但是，现代化的社会经济系统中仍然存在着农村，现代化的农村和农业仍然是现代社会一个不可或缺的组成部分。所以，农村发展的基本目标定位应该是：依靠城市工业化与城市化发展，大力转移农业人口，降低农业人口比重，建设现代化农业；依靠城乡统筹发展，改善农村基础设施，发展农村各项社会事业，使农民也能享受到现代文明社会的物质文化生活条件；维护农村良好的生态环境，实现农村、农业系统的可持续发展。也就是说，农村仍然是农村，不是城市，其主要产业仍然是农业，而不是工业。

（二）建立新型的城乡、工农关系实现城乡统筹发展

之所以在相当长时期内，中国的农村发展走上了依靠农村工业化的道路，一个重要原因是：30 年多来，中国农村的发展仍然基本上是在传统的城乡关系格局下进行的。改革开放初期，中国经济发展水平低下决定了只能在城乡隔绝或相对隔绝的状态下，发展农村经济；而国民经济的实力和政府的财力也决定了工业化和城市化必须从农业和农村中汲取资源。在这种城乡关系格局下，依靠农业自身的发展，很难给农村、农民提供经济剩余，农村经济的发展，就只能通过发展非农产业尤其是工业来实现。尽管从工业经济学与区域经济学的角度看，农村工业化是一种不经济的发展方式，从生态环境经济学的角度看，农村工业化是一条不利于可持续发展的道路，但广大的农村地区，还是被迫走上了依靠农村工业化发展农村经济的道路。

现阶段的问题在于，这样的发展格局是否应该在典型农村进行下去？前面的分析已经证明，从长远、从国民经济全局看，农村工业化并不是典型农村发展的合适道路；在国民经济发展到一定阶段之后，继续实行城乡隔绝的发展道路，无论是对城市还是农村的发展都是不利的。因此，要摆脱农村工业化的传统发展道路，必须建立工业反哺农业、城市支持农村的新型城乡关系，由对农村、农民的剥夺转而支持农业、农村的发展。

由此看来，农村建设必须强调城乡统筹发展。但应当看到，打破传统的城乡关系，建立新的城乡关系，不可能一蹴而就。1994 年分税制改革划分了中央与地方的财权（中央 60%，地方 40%）和事权（中央 40%，地方 60%）。中央实现财权的集权和事权的分权，财力向中央集中的同时，却继续让基层政府承担农业基础建设、义务教育、卫生医疗等开支，造成基层政府的大量债务，是中央政府在税基很小、负担很重的农村甩下的财政包袱。如此制度安排导致地方政府支出责任和收入资源的不对等层层向下推诿事权，造成地方公共产品的供给和服务严重匮乏。而农村公共产品是给农民提

供一个正常、合理的生存和发展的基础条件，对于农村发展是至关重要的。现阶段的农业税费改革，虽然减轻了农民的负担，却没有充分考虑到农村公共产品的供给问题。

从公共财政的理念来看，农村与城市、市民与农民本是一致的，财政应该把向整个社会提供公共产品的服务作为自己的义务和责任。资源的制度安排应该是根据资源的使用方向来决定的，如果是公共产品则理应由政府的公共财政资源来提供；如果是准公共产品则可以考虑政府、集体、私人三者的合作提供；如果是纯私人产品就应该放手让市场去配置资源。依据市场经济发展的进程，发展中国家政府职能的演进通常是从以经济性服务为主，逐步扩展到以社会性公共服务为主。对中国来说，这一过程显然具有重大的意义，它直接关系到中国市场经济地位的正式确立和全社会对于改革方向的共识。

不能靠农村工业化来发展农村经济，因为典型农村对公共财政的依赖更高，其对公共服务的需要、提高生活质量的需要，都必须在整个社会范围内靠工业化、农业人口非农化来解决问题。农业现代化问题不可能只从农业本身来解决，而必须结合工业化、城市化与劳动力的转移才能解决，靠实现土地的适度规模经营，靠提高农业的劳动生产率才能解决。

（三）加快农村人口城市化，发展现代化农业

相对于工业，农业处于弱势地位，什么条件下工业反哺农业？世界经济发展的一般规律显示，工业反哺农业的前提是农业人口足够少。世界上对农业补贴较多的发达国家，如美国、欧盟、日本等国家的农业人口占总人口的比重都低于20%。而中国农村人口的数量之多、比例之高，在全世界是少有的。截止2012年底，我国城镇人口71 182万人，乡村人口64 222万人，城镇人口占总人口比重达到52.57%。但相比于西方发达国家，我国农村人口依然偏多，城市化率较低。而数以亿计的剩余劳动力都必须向二、三产业转移，向城市转移。此外，农业人口转移的速度在各类农村是不平衡的。调查数据说明，典型农村的农业人口转移目前是最缓慢的[1]。只有典型农村人口的大量转移，才能真正解决地少人多、传统农业改造进展缓慢、生产力低下的问题，也才能真正促进农业现代化的发展进程。

工业反哺农业，必须建立在农村人口在总人口中的比重大幅度下降的基础上。因此，工业化和城市化是实现典型农村发展目标必要的前提。只有不断发展的工业化和城市化吸纳大批的农业人口，才能实现农业的规模经营，从而提高农业的现代化程度。

1　厦门大学课题组.新农村建设的战略研究，科学·和谐·发展：福建省社会主义新农村建设百村调查报告[M].北京：社会科学文献出版社，2006.

要做到这些，不仅需要让农民进城当工人来实现"农业剩余劳动力非农化"，而且需要这些进城农民工的家属也离开农村，实现"农村人口城市化"。然而，至今为止的"农业剩余劳动力非农化"却没有同步地实现我们所期望的"农村人口城市化"。造成此种局面的主要制度障碍是：首先，期限较长的土地承包制度设计的着眼点是维护农村稳定，但也造成土地缺乏流动性，这是农村剩余劳动力难以实现彻底转移的重要原因；其次，城乡分割的劳动力市场制度使得进城农民工大多只能从事一些不稳定、收入低、无福利、无保障等市民不愿从事的职业和岗位，很难进入城市正规体制，真正融入城市；最后，与二元户籍制度对接的城市社会保障制度具有很强的排外性，没有将事实上在城市务工经商的农民工纳入城市社会保障体系之中。这三个制度障碍互为依据相互加强，严重阻碍了农村人口城市化的进程。农民工在城市的工作所具有的不稳定性、临时性和收入低[1]的特点，使其无法承担家人在城市的生活费用，只能只身前往城市打工，而把家人留在乡下，迫使他们不得不依靠农村的土地作为自己的最后保障，无法割断与承包土地的"脐带"关系。过低的收入水平，实际上使农民工成了新时期城市建设的新长工。这样的"农业剩余劳动力非农化"实际上是传统体制下旧式城乡关系在新形势下的一种新的表现形式，是城市剥削农村、工业剥夺农业的一种新形式。而这种形式下的工业化和城市化，实际上是将工业化和城市化的部分成本转嫁给了农村。

因此，从典型农村发展的角度出发，必须实现"农业剩余劳动力非农化"和"农村人口城市化"同步化发展。而要实现二者的同步发展，首先集体土地制度必须有所改变，使农村的土地成为可以流转的，一则可以促使兼业农户退出农业经营，以使土地一定规模的集中与经营成为可能，从而为机械化、现代化的农业发展奠定基础，二则可以促使分散化、缺乏规模效益的农村工业的重新整合，以使规模化、集约化、集群化的农村工业发展成为可能，促进城市化的进程，从而为典型农村的人口转移提供更多的机会。其次，还必须改变的是对农民的一些歧视性制度，如户籍、社会保障制度，真正给农民以公民地位，保障其基本的生活水平，保护其迁徙、选择居住地与职业的自由与权利。

（四）提高农民能力推动城市化

户口开放能够使得部分农村人口迁移进入城市，肯定是有作用的。但我们需要认识到这是一个缓慢的过程，即使城市化率达到 70%，由于中国人口基数大，剩余的

---

1 根据《中国统计年鉴 2005》的数据，1994—2004 年，城市职工的实际平均工资从 4 538 元增长到了 11 902 元（以1994 年为不变价格），而一些相对发达地区的进城农民工的工资水平却没有太大的变化。

30%人口仍旧会留在农村，因此城乡差距依旧会很大。户口开放只能部分抵消上述差距。那些已进城的人的收入水平也不会太高，农业中心的宋宏远所作的一个调查表明，80%的进城农民未达到初中水平，若把他们算进城里的人，也只是把城市人均收入给拉下来，并没有实质性的提高。因此，解决城乡差距，关键需要加大对农村的投入，包括医疗卫生、教育及其他公共设施。

人们无法指望靠农业将来提高人均收入，而在农村发展工业所带来的污染得不偿失。与其那样，我们不如保持一个低度的发展，但是建立一个真正可以居住的农村，中国仍要允许农民自己选择进城或待在农村。但是我们也应该认识到，中国的城市化也许不会像欧美那样 90%的高度城市化，也许最后能够达到一个比较好的均衡，70%～80%的人口住在城市，其他人住在农村，享受一个较好的环境。如何看待城乡二元结构的问题中更重要的并非收入差距，这种差距很有可能会长期存在，而是应该更为关注如何提高农村居民的能力。此处"能力"来自阿马蒂亚·森（Amartya Sen）的说法，指的是功能的组合，即人们能够做什么事情。在中国，若加强农村的社保和教育等各方面，使得农民能够有机会凭借自己的能力提升社会阶层，城乡的二元结构才会逐渐转好，这才是根本的解决办法。

第十二章　沿海区域经济

教学目标：
- 了解世界沿海区域发展一般趋势
- 了解中国沿海区域发展的差异性与累积性
- 了解中国沿海区域发展的规划及定位
- 探讨中国长三角区域一体化发展的可能性

中国被习惯性地视为一个单一经济体。但事实上，从经济的角度来看，中国的30多个省、市和自治区存在巨大的差异。在人口数量达到中国总人口1%及以上的所有地区中，最贫穷的贵州的人均收入仅为最富裕的天津的25%。相比之下，欧元区国家的这个数字为约35%、英国为42%、日本为46%、美国为57%[1]。这种异乎寻常的巨大差异的存在有多种原因，最显著的原因之一是，沿海经济特区的建立使沿海地区能够更容易地和世界其他地方联系起来，而内陆省份则缺乏这样得天独厚的优势。在促进区域经济发展上，开放非常重要，而沿海区域则具有得天独厚的开放条件与区位优势。我国沿海区域，约占全国面积13%，集聚全国40%的人口，创造了全国70%的财富，其中海洋经济功不可没。

第一节　沿海区域经济发展现状

一、沿海区域产业发展

发达国家海洋经济及沿海区域经济发展经历了由第一产业到第二产业，再到第三

1　简世勋.中国发展新潜力：缩小地区差异[N/OL].英国金融时报：中文版，[2016-02-4].http://www.ftchinese.com/story/001066085?dailypop.

产业主导型的产业结构演变过程，第三产业主导型产业结构被认为是符合经济发展趋势最优产业结构。美、英、日等国的海洋产业结构的演变过程及趋势为海洋产业结构优化理论提供了实践证明和支持。沿海区域的经济增长与产业结构演变密不可分，产业结构演变是经济增长的一个典型特征，反映经济增长的方式与质量。经济增长动因往往也是产业结构演变的动因。

二、国际沿海区域经济发展典型案例

（一）新加坡的发展经验

（1）政府主导科学规划。新加坡是一个港口城市国家，其经济发展的主要制约因素是地域狭小、自然资源匮乏，经济发展对外依赖性较高。海运是新加坡经济发展的命脉，所以，海港的全面综合规划具有十分重要的意义。新加坡政府自20世纪60年代起，就开始有计划、有步骤地进行港口的扩建工程，完善各种服务设施。于1964年成立的港务局全面负责港口的规划与建设，港务局对港口码头进行重新规划与安排，把南北两岸分为六大港区，进行专业化分工，各司其职。为了把新加坡建设成真正的国际海运中心，政府对港口建设进行了巨额投资，大量添置了先进的机械、电子信息等设备，同时对员工进行人力资本投资，加强教育与培训。为了提高运输效率，政府通过简化进出港手续来缩短船只等候泊位和留港的时间。

新加坡在由单一功能的港口城市向多功能的综合性城市转变的过程中，充分发挥了对外贸易与国际金融等产业的支柱作用，不断巩固和发展新加坡作为高效的国际海运中心和自由贸易港的地位。除继续重视转口贸易外，新加坡不断地扩大自由贸易区并放宽管制，创造有利的投资环境积极引进外资和先进技术，鼓励本国资本扩大业务领域和经营规模，加快出口加工区的建设步伐，促进直接贸易的发展。新加坡实行自由贸易政策，基本上不进行外汇管制和对内的价格控制，在对外贸易中，政府通过实行自由港和自由贸易区等政策，对国外货物进入自由港和自由贸易区通常免征关税。这些措施保证了多边贸易渠道的畅通，有利于对外贸易的扩大和发展。

由此可见，自由贸易区、出口加工区和自由港的建设是紧密相连、相互促进的。港口的建设和不断完善以及区位优势是新加坡经济得以不断发展的前提；此外，港口的发展又以城市为依托，以国际市场为目标开展自由贸易，促进了多元经济的形成与发展，反过来又促进了港口建设的新发展，形成良性循环。

（2）政策扶持产业升级。20世纪60年代，新加坡的主要产业是成衣服装。进入70年代，新加坡经济迫切需要产业升级，主要采取的措施有以下几项。

首先，扶持跨国公司培训。新加坡主要提供土地、建筑、一些机械与设备，包括一些运营成本和人员工资，并给予跨国公司一些税务优惠。而跨国公司为新加坡培训了专家，提供系统的教材、资料等。这一时期的合作使新加坡开始进入生产光学仪器和精密仪器产业，并促进了本地零配件产业和中小企业的发展。

其次，开办技术学院。20世纪80年代，新加坡开始大量引进高科技产业，而这需要更专业的技能和知识。1979—1982年，新加坡经济发展局和其他技术培训比较强的国家如日本、德国和法国联合设立了3所技术学院。国外政府提供学院领导、技术支持与新设备、新机器，新加坡则提供土地建筑、运营成本、机械维修与教学工资。

再次，支持产业发展。新加坡采取各种政策支持产业发展，扶持国内的中小企业，减少对劳动密集型产业的依赖。在这个过程中，新加坡的产业提升计划制造了许多产业提升的机会。培训人员从跨国公司出来以后，在政府支持下开办自己的企业，或者进入扶持产业成为主要骨干和领导。典型的是，近年新加坡政府在生物科技产业方面的工作，成立部长级的委员会，一般由副总理担任主席，成员为教育、卫生、贸工部长，同时还成立一个执行委员会，并聘请生物科技领域有杰出成就的人如诺贝尔奖得主担任咨询委员。具体执行方面的战略有：第一是人才资本战略；第二是专利资本战略，并在公共研发方面提供资金支持、在知识产权保护方面提供保护；第三个战略是国防技术的民用化与商业化。

（3）产业提升注重环保。20世纪60年代，伴随工业化而来的环境恶化，河流污染，空气质量下降。从70年代开始，借助产业转型的契机，新加坡的保护政策逐渐从粗放式走向严苛。为从源头上减少污染，从规划到建设，政府把极为稀缺的土地资源优先保证污水处理厂、垃圾焚烧厂、垃圾填埋场等环境基础设施使用，而这些单位的运营全部交给企业。如今，3200多千米的管网，100多座污水泵站，和6个大型污水处理厂将城市相连，所有的生活污水、工业污水全部集中处理、达标排放。4家垃圾焚化发电厂，将全国91%的工业废弃物和生活垃圾焚烧处理，垃圾再循环率达到60%。

既有严格的法律保障，又鼓励企业和公民的支持参与，新加坡实现了经济环境协调发展。借鉴新加坡的经验，只有把环保变为全社会共同的准则，环保优先才能真正成为沿海开发的重要战略，成为可持续发展的源源动力。

（二）澳大利亚的发展经验

澳大利亚政府通过制定海洋科技计划与战略框架，来指导海洋科技发展。1999年出台了"澳大利亚海洋科技计划"，2009出台了"海洋研究与创新战略框架"，旨在建立统一协调的国家海洋研究与开发网络，将参与海洋研究、开发及创新活动的所有部门协调起来，包括政府部门、研究机构及企业等，充分挖掘海洋资源，为社会和经济发展服务。澳大利亚的海洋生物技术开发和管理具有如下特点：一是高度重视海水养殖业与环境的协调发展，坚持可持续发展的基本方针；二是重视高技术研究和基础研究，研究内容和对象具有鲜明的实用性和前瞻性，研究结果具有明显的深入性和精确性；三是产、学、研结合，真正形成了促进科研成果转化和产业化的有效机制，采取真正意义上的跨部门、跨地域、跨学科联合，避免了各系统和各部门之间的重复和浪费，发挥各自学科优势；四是灵活的人才政策和广泛的国际交流合作。2009 年，澳大利亚与韩国签署了为期三年的合作协议以保持区域渔业的长期发展。

澳大利亚海洋科技研究取得了丰硕的成果，建立了海洋综合观测系统，开发了世界上最好的生态系统模型，发现了可能影响澳大利亚气候的海洋气温变化的因素，绘制了世界第一张海底矿物资源分布图，建立了海洋渔业捕捞战略、海洋天气预报系统、保护海上大型工程的模型，开发海洋生物技术生产天然药品等。

（三）荷兰鹿特丹的发展经验

第二次世界大战后，荷兰政府清醒地意识到，贸易和航运优势必须有强大的工业基础为后盾，商业资本必须与产业资本相结合，才能在国际经济与贸易中占据优势地位。所以，战后恢复初期，鹿特丹港管理当局提出，要把港口建设和工业区的建设结合起来，使鹿特丹成为港工一体化的综合性港口。当局认为，既然鹿特丹港有大量原料燃料过境，完全应当利用这种便利条件就地发展加工工业，建立工业基地，不应该满足于仅作为中转而为他人作嫁衣裳。建立工业基地的关键是要有可供使用的土地、有相应的基础设施和一套优惠政策，这样才能吸引国内外企业来投资建厂，才能使国际转运港变身为工业基地。所以，管理当局在加强建设深水码头和航道时，非常重视陆域的开拓和土地规划，使以鹿特丹为中心的莱茵蒙德区逐渐发展起来，成为荷兰最大的工业基地。

20 世纪 70 年代鹿特丹港完成了三大深水港区及相应的码头、泊位及仓储设施的建设，是作为石油化工业的基础设施来规划和设计的，还开辟了宽阔的陆域，供修建炼油厂之用。鹿特丹港充分发挥了廉价海运的优势，迅速发展为世界三大炼油中心之一，英荷壳牌石油公司、英国石油公司、海湾石油公司等国内外石油化工大集团，都在鹿特丹港口工业区建立了炼油厂。鹿特丹每年进口原油约 9 000 万吨，占其大宗物资卸货量的 85%，大部分供港区炼油厂做原料，余下的通过管道输往本国及邻国其他地区，鹿特丹港由此成为欧洲油气管道运输网的起点站之一。

工业、贸易及航运的大发展，促进了金融、保险、信息等生产性服务业规模的扩张和质量的提高，鹿特丹成功地实现了产业结构的升级。鹿特丹以国家物资集散中心的有利地位，建立了粮食、棉花、木材、热带水果及矿物油等商品的批发集散市场，为了及时地提供商品信息和国际市场行情，鹿特丹港已经开始将其建设为信息港。荷兰受欧盟委托，开发了三大信息系统：信息跟踪系统（掌握行货船舶的信息，特别是对危险品船货有污染的船舶实施全程监控追踪）；信息编辑系统（为船舶航行提供安全、有力的航行信息，有效控制航运事故的发生）；航运信息综合特种分析系统（对航运基础设施的数据进行分析，为政府的基础设施建设提供依据）。这些信息系统服务于整个欧盟。

荷兰政府的行政及经济干预政策，促进了鹿特丹港的工业化进程，对其成为现代化的港口建设意义重大。国家的大量投资，鼓励不需要进入深水区的工业活动外迁的优惠政策，都大大促进了港口工业区的建设。但是，国家的干预主要不是直接投资与生产经营，而是给予港口以较大的土地利用权和税收优惠政策，以港养港、以港建港，发挥港口的主动性和创造性。

（四）香港的发展经验

（1）产业升级，选择优势产业。香港是全球最重要的金融、航运、贸易中心之一，也是世界上最自由的经济体系之一，被视为"最佳经商城市和最具有潜力的投资基地"。长期以来，香港已发展成为一个以金融服务、旅游、贸易及物流业支持及专业服务为支柱的服务型经济体，至 2008 年底，服务业占香港 GDP 比重升至 92%，而上述四大核心产业附加值合共占 GDP 比重 56.7%。但是，随着世界经济全球化进程的发展，香港特殊的优势逐渐受到威胁，调整香港经济的发展战略是当务之急。面对全球化的挑战，香港正致力发展高增值的知识型经济，在传统的金融、贸易及物流、专业服务和旅游四大支柱产业的基础上，积极开发新的产业，使产业结构更加多元化。香港现正进一步发展六项优势产业：文化创意、创新科技、检测和认证、环保、医疗、教育。2009 年，六项产业的私营部分为香港经济带来超过 1200 亿港币的增加值，较 2008 年上升 3%。六项产业占本地生产总值的比重亦由 2008 年的 7.6%上升至 2009 年的 8%。

除上述行业外，还有一些消费与服务性行业发展前景也值得看好，如红酒分销。香港曾在 2007 年 2 月份发表的预算案中宣布取消红酒进口税，此措施促进了香港快速转型成为亚洲区红酒分销中心。根据香港专业品酒师协会发表的资料，2008 年香港葡萄酒进口总值 28.4 亿港元，较 2006 年增两倍，较 2007 年上升八成，而 2009

年的进口总值进一步升至 40 亿港元，升幅达 44%。值得一提的是 2009 年在苏富比
拍卖的高价红酒数量中，香港超过了伦敦成为仅次于纽约的全球第二大高价红酒销售
中心，这也是历史上首次有亚洲城市取得这一成绩。世界上可能很难找到一个地方像
香港那样，一项很简单的措施便可以促成一个中心形成，这反映了香港拥有相当好的
市场机制。此外，近年来香港的速递服务也呈现良好的发展势头。香港拥有适中地理
位置、较先进的通信与国际航空运输网络，具备成为亚洲区速递中心的条件。

香港拥有优质的医护专业人员、先进的设备、高水平的医疗技术，以及严谨的中
医药规管制度。为加快医疗产业的发展，香港特区政府已划定了四幅土地发展私营医
院，并积极推动公共卫生及医疗服务的研究和发展，以及发展药物临床试验，推动药
业和生物药业的发展。此外，特区政府亦积极发展中医药行业，以"循证医学"的概
念，引入科学化的鉴证机制，推动中医药规范化。特区政府现正推行"香港中药材标
准"研究计划，以期为中药制定安全性及质量方面的标准。自 CEPA（全称为内地与香
港关于建立更紧密经贸关系的安排）落实后，已有香港服务提供者到内地开拓医疗业
务。内地和香港可透过更紧密的合作，互相补足，为两地民众提供更优质的医疗服务。

（2）完善软硬件设施服务产业。香港具备优良的软件和硬件以及健全的法制，支
持应用科技研发的深入。位于沙田的科学园是香港创新及科技发展的重要旗舰，为应
用研究发展提供设备和服务，汇聚专才。自 2001 年成立后，共有 300 多家科技公司
进驻，涉及领域包括电子、资讯科技、电信、生物科技、精密工程及绿色科技等。科
学园现正展开新的扩建计划，完成后将可提供额外 10 万平方米的楼面面积，令整体
楼面总面积增至 33 万平方米，大大加强香港科研发展的硬件设施。

特区政府采取土地供应、资金投放、人才培训等针对性的政策措施，消除不必要
的障碍，创造有利于这些行业发展的环境和条件。特区政府同时透过财政资助，加快
科研成果转移应用和商品化，鼓励企业与科研机构加强合作，并积极推动政府部门和
公营机构试用本地大学及科研机构的科研成果。随着国家踏入"十二五"规划时期，
香港加强了与内地的科研合作，鼓励香港科研人员参与国家科技计划，配合国家发展。
今年其中一个合作项目，便是为国家重点实验室在香港的 12 间伙伴实验室提供营运
资助。

（3）认清发展隐忧，加快向知识经济转型。近些年来，香港产业结构转型相对缓
慢，主要原因是港乏高科技及创意产业、人才流动受限以及教育改革方向不明确等几
大原因造成的。与西欧工业发展的情况不同，香港并没有充分发展工业，没有进入高
科技时代，完成工业化的整个过程。尽管今天香港的服务业已经达到本地生产总值
86%，但是香港产业架构并没有具备知识经济时代的特征。知识经济时代的特征包括：

普及的高素质大学教育、高科技研究及相关产业、发达的信息行业、高级的跨国金融服务业、资产管理、蓬勃的社会和个人服务业、联系各种产业链的物流业、出入口贸易、创意产业（电视、电影、戏剧、音乐、产品设计、广告、营销）。

从目前的情况来看，香港能够符合知识经济的只有信息行业、金融服务业、社会和个人服务业，缺乏的是普及的高素质大学教育、高科技研究及相关产业、创意产业。香港经济目前仍然靠高地价和地产业支持，高成本的格局，阻碍了外国财团在香港进行知识经济的投资。近年来，香港的大型上市公司都寻求向国际发展，许多投资投放在外国。因此，当内地更加开放，经济逐步升级，产业结构更加优化，香港就要承受更大的竞争压力，中下层市民贫困化的趋势将会更加严重，社会埋下了不稳定的种子。特区政府已认清发展隐忧，正在加快向知识经济转型。

（五）纽约大都市圈的发展经验

经济全球化所带来的国家间竞争正日益体现为区域、城市之间的竞争。竞争优势主要来源于它们在金融、咨询等现代产业的国际地位及其发挥的作用。纽约作为国际城市的典型代表，早已是世界最重要的金融、资讯和物流中心之一。从发展历程分析，纽约大都市圈具有如下特征。

（1）经济结构升级促进生产性服务业规模增长。纽约的生产性服务业发展可以追溯到第二次世界大战结束之后。随着制造业的持续衰退，传统制造业开始向外围和其他国家扩散，生产者服务业部门逐渐占据重要地位，1996年其从业人员占全市从业总人数的56.5%。信息技术革命和跨国公司的增长推动国际资本进一步向纽约等全球城市集聚，原来的城市中心变为繁华的中央商务区，生产者服务业在中心区就业比重迅速增加，大部分生产者服务业高度集聚在曼哈顿、皇后区等少数中心城区，约占全部就业人数的83.81%。

（2）区域集聚效应明显。20世纪90年代中期，曼哈顿地区生产性服务业约占全部就业人数的83.81%，产值比例接近90%。曼哈顿产业集聚的重要特征是以一个或多个关键企业为核心，其他企业围绕核心企业进行产业链上下游及水平方向展开多方位合作。纽约市政府通过在曼哈顿区修建的大量商业办公楼、展览中心及住宅楼。修建穿过市中心区的地铁，建成宽阔的环型高速公路、世界贸易中心等基础设施来引导和促进生产性服务业集聚发展。纽约政府的合理规划和有力调控成为生产性服务业集聚发展的重要因素。但自20世纪80年代以来，纽约市生产服务业的就业规模增速放缓，总部经济发展乏力。造成这种结果的原因包括信息技术广泛应用降低了企业对空间的依赖程度、快速交通网络的修建提高了企业外迁的积极性、中央商务区各种成本的上升迫使更多企业采取郊区化战略。值得一提的是，发展中国家经济快速增长造就了北京、上海等一批新的国际区域经济中心，它们凭借相对低廉的商务成本和广阔的市场优势，在国际竞争中夺得一席之地。

（六）国际金融、航运中心伦敦的发展经验

伦敦是现代本主义的发祥地，也是国际金融、物流、资讯的中心之一，欧盟最大资本市场。自 20 世纪 80 年代以来，高速发展的现代服务业对大伦敦地区及整个英国都具有举足轻重的作用。据统计，2004 年大伦敦地区的 GDP 占英国 GDP 的 1/5，伦敦金融区的 GDP 占大伦敦地区 GDP 的 14%，占整个英国 GDP 的 2%。早在 1987 年，伦敦生产性服务业就业比重就超过了制造业，这标志新的城市发展功能得到确立。

（1）深厚的历史底蕴和良好的外部条件。早在 17 世纪，伦敦就已是全国最重要的商业中心，尽管当时的生产性服务业还处于萌芽状态，服务的种类比较单一，主要包括保险、股票经纪和投资等，但是它为日后的发展奠定了基础。一些与经济发展需求相适应的近现代生产服务业在伦敦首先出现，行业市场运行规则也呼之欲出，且金融、国际商务、航运等国际商业活动兴盛，最终使伦敦率先成为世界金融和航运中心，1870—1914 年，伦敦的全球经济中心地位达到顶峰。英国产业结构和产业分布的调整给伦敦生产性服务业的发展提供了有利的外部条件。英国的制造业从 20 世纪 80 年代开始衰退，就业人口迅速向服务业转移，为服务业发展提供了大量的人才储备。

（2）空间分布出现"多极化、等级化、功能化"特征。伦敦生产性服务业的空间分布与纽约存在明显差异。为了实现需求多样化和控制运营成本，伦敦现已形成"城市中心、内城区、郊外新兴商务区"的多极化、等级化、功能化空间布局模式。20 世纪 60 年代，大伦敦区的制造业部门因竞争力下滑而迁往周边地区，尽管大部分的企业更倾向于外移，但仍有一些有竞争力的制造业部门集聚在伦敦区，如 IT 业和印刷业等。70 年代以后，英国西南地区被确定为发展新区，吸引了一批制造业和生产性服务业，于是除了高端服务业倾向于继续留在伦敦中心区之外，大部分的公司总部重新选址。虽然制造业和居住人口逐渐外流，却有一批国际商务机构进入，并在改造后的泰晤士码头区和住宅区方向扩展，特别是在西敏寺城区形成了与伦敦城金融中心相对应的以公司总部和专业服务为主体的另一个中央商务区。全球经济活动的复杂化和专业化使得伦敦的生产性服务业区位出现明显等级体系和功能定位：城市中心主要承担高级商业服务，国际化、信息化程度高；内城区和郊外的新兴商务区则主要面向国内或当地制造业，同时接受来自城市中心区的高等级产业辐射，如后台数据处理中心等，彼此之间协作关系密切。

（3）追求创新成为持续发展的动力。伦敦作为全球金融中心、航运中心和资讯中心，主要依靠金融创新、信息技术创新、规则创新以及相关的全球标准来维持行业领先者的地位。行业创新为伦敦的生产性服务业发展注入源源不断的活力。一方面表现为同类或相关行业的集聚，产业集聚有助于产业创新和技术传播。据统计，现有近 30 家世界 500 强企业总部设在伦敦，全世界知名金融机构、法律服务机构和会计服务机构都在伦敦设有全球总部或区域性分支机构。伦敦集聚了 500 多家跨国银行和 800 多家保险公司，每年外汇成交总额超过 3 万亿英镑；国外上市公司达到 530 余家，是世界最大的国际外汇市场、保险市场和证券市场之一。生产性服务业的集聚可利用上下游产业联系、共用劳动力市场和知识溢出等优点节约企业成本，培育竞争氛围，形成产业发展动力。另一方面表现为行业规则的制度性变革和新技术的应用。伦敦作为全球金融中心、航运中心和资讯中心，主要依靠诸如金融创新、信息技术创新、规则创新以及同产业相关的全球标准来维持其行业领先者的地位。比如金融服务业，它的功能被日益扩展，金融业作为工业的金融服务者和信贷提供者的传统角色，在一定程度上正在被市场上的现货贸易或期货贸易所取代，并伴随着新的金融工具、金融市场和金融技术的出现。英国生产性服务业如金融、交通运输、咨询等也都在积极利用信息技术以及相应的技术型人才支持商业活动。

（七）东京大都市圈的发展经验

东京是全球重要的金融中心和物流航运中心。东京市中心商业区主要由千代田区、中央区和港区等组成，东京的金融、信息等服务业集中分布在千代田区，吸引了大量的国际金融机构，办公面积达 1700 平方米，占中心区面积的 60%左右，用地基本达到饱和状态，并已经开始由过去的过度集中转向分散。

（1）转变战略方向促进生产性服务业稳定发展。从 20 世纪 80 年代开始，受到生产成本增加、日元升值等影响，东京中心城区的制造业出现大规模的外迁，整座城市面临着空心化的严重威胁。为此，日本政府提出要从"贸易立国"导向逐步转向"技术立国"的战略思路，东京发挥自身人才和科研优势，重点发展知识密集型的"高精尖新"工业，并将"批量生产型工厂"改造成为"新产品研究开发型工厂"，使工业逐步向服务业延伸，实现产、学、研融合。在此阶段，诞生了一批以高科技产业为市场取向的新兴服务业，如风险投资、现代物流、信息加工等。

（2）"多中心、分层次"的空间发展战略支持生产性服务业发展。从生产性服务业的空间分布分析，东京城市中心区的发展既有别于纽约市的中心区就地蔓延发展模式，也不同于伦敦城市的中心区限制发展模式，而是形成了市中心区膨胀化发展和以外围地区多点为支撑的空间模式。也就是说，它采用了老中心区与多个新中心区分层次并进的策略来适应经济结构快速转变的需求。东京中央商务区除丸之内金融区、新宿商务办公型副中心区和临海商务信息区 3 个梯次外延的层次外，还在东京大都市圈和东京湾开发区域的整体规划中进一步把东京市外的幕张副中心和横滨纳入首都圈规划。如果从城市中观层面看，东京的商务区已经为生产性服务业提供了一个网络结构的发展空间。

（3）政府行为成为生产性服务业的空间分化的外部动力。在东京成为国际城市的过程中，政府行为起着至关重要的作用。"二战"后日本经济在政府主导的发展规划中取得了令人瞩目的成就，政府承担着许多原本可由私人部门从事的活动。同时，国家权力的集中带来相关服务产业集聚，如金融保险、商业服务、教育咨询等。此外，在历次规划中，东京多次提出在首都圈分散中枢管理的职能，建立区域多中心城市复合体，特别是在 20 世纪 80 年代，陆续完善了"多核多圈层"结构。不过由于担心严格限制中心区的发展有可能会丧失东京固有的活力，失去国际经济中心的地位，于是采取必要经济刺激政策，强化东京服务功能，提升东京的国际金融和商务中心的地位。

（八）区域经济发展的经验与借鉴

上述七个区域发展的典型案例分析，既有像新加坡、香港主要以自由港为基础，发展贸易、金融、物流与新兴产业的城市化区域；也有像澳大利亚与荷兰鹿特丹等以政府积极营造区域发展基础与环境，推动传统产业升级、培育新兴产业发展的区域；还有像纽约、伦敦、东京等大都市圈，在后工业化时代积极利用城市化的集聚效应大力促进生产性服务业发展，从而占据价值链的最高环节。从我国沿海区域现阶段及未来的发展方向来看，"长三角""珠三角"与环渤海区域已经形成了一定规模的城市圈，其中的三个城市圈的中心城市北京、上海、广州皆可以走纽约、伦敦与东京大都市圈的发展道路，成为中国北部、东部与南部的金融、物流、研发等生产性服务业主要提供者；而像"长三角"的沿海区域，如宁波–舟山、珠三角的深圳、环渤海的天津、大连可以走新加坡与香港、鹿特丹的道路，依托良好的资源条件，以先进港口物流业、制造业、重化工业为基础，发展成为区域性的经济领头羊。经过 30 余年的快速增长，我国三大沿海区域与发达国家的硬件其实已经没有太大的差距了，我们的沿海区域、城市、港口缺乏更多的是软件、创新与服务。所以，中央政府与各级地方政府则应该关注制度性与基础性的建设，营造更加良好的投资与竞争环境，培育与提高教育、研发与社会服务等能力，保持经济社会的可持续发展。

三、国际沿海发达区域经济发展的经验总结

（一）产业结构合理化

纵观世界经济发展的历程，发达国家沿海城市经济的发展基本上都经历了三个阶段：以"制造业为中心"的工业化时代；以"制造业为中心、加上服务业"的多元化经济的后工业化时代；以"服务业为中心、加上某些制造业"的多元化经济的现代工业化时代。世界经济在制造业中心跨国转移之后，又呈现了制造业与服务业的融合发展现象。作为一种高智力、高集聚、高成长、高辐射、高就业的现代服务产业，其发展程度作为衡量经济发展水平的重要标志，已经成为国际沿海大都市产业发展的首要特征，是构成城市国际竞争力的关键和核心因素。

目前，发达国家的海洋产业结构呈现以下特征。首先，"二、三、一"产业结构顺序正在向"三、二、一"产业结构顺序演变。2003年资料显示，纽约、伦敦、东京等国际化沿海大都市以生产性服务业为主的第三产业比重均已超过85%，以生产性服务业为主的服务业就业人员占总就业人员比重达到70%以上。其次，区域特色明显由于各国（地区）的资源禀赋条件不同，海洋产业结构的空间分布即地区海洋产业结构，形成了各不相同的比较优势。

（二）产业集聚是区域经济发展的重要特征

首先，与制造业相比，高技术渗透的新兴产业集聚效应更加明显，新兴产业集聚所发挥的经济效应，大大促进了所在区域的发展。以美国纽约为例，纽约大部分生产者服务业高度集聚在曼哈顿、皇后区等少数中心城区。曼哈顿商务区集中了美国大量的大银行、保险公司、交易所以及上百家大公司总部，以及吸引了大批人才服务、会计、咨询等相关企业集聚。伦敦作为全球金融中心、航运中心和资讯中心，主要依靠金融创新、信息技术创新、规则创新以及相关的全球标准来维持行业领先者的地位。

（三）科技创新成为区域经济快速发展的引擎和加速器

新兴产业是技术密集、资金密集和人才密集型行业，对于现代科学技术有着强烈的依赖性。高科技的应用使区域经济中的传统产业得到了不断改造，同时又不断地开发和培育出新的快速增长产业。

发达区域新兴产业的快速发展无一不与强大的科技创新与人才培养相关。科技创新是新兴产业发展的引擎和加速器。近20年来，美国新兴产业的研发经费投入的平均增长率是其他行业的两倍，绝对值也远高于日本和欧洲各国。美国凭借强大的科技

投入与创新能力，新兴产业经历了一个以信息技术研发和应用为主要内容的技术创新和改造浪潮，进一步提高了新兴产业的技术含量与竞争力。美国通过高等教育和社会培训的方式，注重对新兴产业从业人员的素质培养，提高劳动力的受教育水平，以满足新兴产业对专业人才的要求。一方面技术创新引领新兴产业的快速发展；另一方面，新兴产业的发展也是新技术创新重要推动者，像广泛应用的物流信息系统和电子数据交换（EDI）技术，以及条形码、卫星定位系统（GPS）及无线电射频技术等。这些技术都是在新兴产业的发展过程中不断产生和创新的，发达国家新兴产业快速发展与技术创新处于积极的良性互动当中。

（四）政府产业政策和法律法规起到积极的引导和推动作用

总体而言，与陆域经济管理相比，海洋经济具有特殊性，所以政府对海洋经济发展介入的范围更广，也更为深入。政府的管理主要集中在部门协调和对经济外部性的治理这两个方面，其他领域则更多地强调市场机制对资源配置的基础性作用。

发达国家在扶持和指导海洋新兴产业方面分为直接扶持和间接调控。

在直接扶持方面，发达国家通过直接投资或低息贷款、担保贷款、税收优惠等形式参与，保证了海洋新兴产业的投资来源。西欧一些国家还专门为小型企业技术创新制订直接财政援助计划，以充分发挥小型企业与研究机构各自的优势，促进小型企业技术创新。

在间接调控方面，首先，发达国家逐步放松具有垄断性质产业的规制，引入竞争和多元化投资机制，例如，对于交通运输业，美国通过立法改革和行政改革，减少国家对铁路、港口的控制，促进产业进步和自由发展。其次，发达国家大都建立了多层次人才培训体系和科学的人力资源开发体系，以保证海洋新兴产业发展所需要的大量专业人才。再次，像美国和日本政府还制定了一系列推动科技进步的政策措施和加快高技术产业发展的法律法规，积极利用风险资本支持技术创新，加快建立现代知识产权制度、信息立法和规范外包市场秩序，推动海洋产业向高端发展。最后，充分发挥行业组织的作用，促进产业发展规范化和标准化。如美国的物流管理协会（CLM）、英国的物流协会（IL）等对物流人才培训和认证方面起到了巨大作用；日本的信息处理振兴事业协会（IPA）、信息服务产业协会（JISA）等行业组织作为政府联系企业的桥梁，对促进信息服务业规范化和标准化发展起到了积极作用。

（五）区域经济整体发展可持续化

可持续发展是针对传统的产业"不可持续发展"而提出的，在发展新兴产业上应单纯吸取传统经济增长的教训，从一开始就强调新兴产业本身的可持续发展。发达区域在新兴产业发展中，无一例外地将可持续发展重要原则。

（六）沿海区域产业发展启示与借鉴

综上所述，目前世界上主要的沿海区域城市基本上进入了第三个阶段——以生产性服务业为主、新兴制造业产业与服务业互动协调发展阶段，新兴产业发展规模化、集约化、高科技化越来越大，吸引力增强，从而聚集了大量直接为沿海区域及企业服务的金融、保险、法律、财务管理、代理、广告营销等生产性服务业的发展，既优化提升了产业结构，又极大地增强了区域的竞争力与综合实力。

第二节　中国沿海区域发展

我国沿海 11 个省（市、区）由于历史演变、资源禀赋、经济基础、社会条件等差异，其海洋经济发展各不相同，呈现出显著的地域分化格局。1980—1982 年中国开放了深圳、珠海、厦门、汕头 4 个经济特区，从而揭开了我国引进外资，逐步融入全球经济的新篇章。从此，我国区域和城市发展的格局发生了根本性的变化，沿海区域的发展速度开始超越内地及边远地区，且其差异还呈现出不断加大的趋势。

一、中国沿海各区域海洋经济发展现状

近 40 年的快速发展，东部沿海区域已经成为中国经济实力最强、最具有发展活力、人民生活水平普遍较高、社会发展相对最为均衡的区域，并已经形成"长三角""珠三角"与环渤海三大经济圈。2015 年，环渤海地区海洋生产总值 23 437 亿元，占全国海洋生产总值的比重为 36.2%，比上年回落了 0.5 个百分点；长江三角洲地区海洋生产总值 18 439 亿元，占全国海洋生产总值的比重为 28.5%，与去年基本持平；珠江三角洲地区海洋生产总值 13 796 亿元，占全国海洋生产总值的比重为 21.3%，比上年回落了 0.5 个百分点[1]。

（1）山东省位于我国华北平原东部、黄河下游，是当今中国沿海比较发达的省份之一，是黄淮海地区的重要省份，是中国在东北经济圈中的重要省区。山东的海岸线全长 3 024.4 千米，大陆海岸线占全国海岸线的 1/6，仅次于广东，居全国第二位。沿海岸线有天然港湾 20 余处，在海上运输和对外贸易上具优越的地理条件；海洋资源

1　中国海洋信息网：2015 年中国海洋经济统计公报，2016.3.8，http://www.coi.gov.cn/gongbao

得天独厚，近海栖息和洄游的鱼虾类达 260 多种，海产资源产量均居全国首位，并且是全国四大海盐生产地之一。山东省、江苏省、福建省、海南省以及广西壮族自治区主要支柱产业为海洋渔业，但由于渔业资源日趋稀少，山东省、江苏省、福建省海洋渔业也明显处于衰退趋势。

（2）江苏省地跨华北平原和长江下游平原，是当今中国沿海比较发达的省份之一，是长江三角洲地区的重要省份。江苏海岸线 954 千米，是港口大省，在沿海 25 个主要港口中，江苏有 5 个，至 2006 年，全省共有码头泊位 9 076 个，港口吞吐量完成 8.63 亿吨，位列全国第一。

（3）上海市位于我国南北弧形海岸线中部，长江入海口，地理位置优越，是当今中国沿海发达的中央直辖市，是沪宁杭地区、长江三角洲地区乃至中国最大的城市，也是世界上最大的城市之一。上海市为中国水陆交通中心，海运、铁路、航空均较发达，地处中国南北航线中枢，是优良的天然河口港，与世界上 100 多个国家和地区的港口有贸易往来。上海市缺乏金属和非金属矿产资源，但近海油气资源丰富，具有我国近海海域最大的油气盆地，油气资源储量约 60 亿吨。

（4）浙江省位于太湖以南，东滨东海，是当今中国沿海比较发达的省份之一，是长江三角洲地区的重要省份。浙江海洋资源十分丰富，拥有海域面积约 26 万平方千米，海岸（岛岸）线总长 6 486.24 千米，居全国首位，其中大陆海岸线 2200 千米，居全国第 5 位；大于 500 平方米的海岛有 3 061 个，占全国岛屿总数的 40%，是全国岛屿最多的省份。浙江省港口、渔业、旅游、油气、滩涂五大主要资源得天独厚，组合优势显著，为加快海洋经济发展提供了优越的区位条件、丰富的资源保障和良好的产业基础。

（5）广东省位于南岭以南，临南海，是当今中国沿海比较发达的省份之一，是珠江三角洲地区的最重要的省份。广东省交通运输中，水运占主要地位，内河航运联系全省半数地区，沿海各县物资交流主要靠海运，全省共有大小海港 100 余个，拥有众多的优良港口资源。广东海岸线漫长，海域辽阔，海洋资源丰富，全省大陆岸线长 3 368.1 千米，居全国第一位；沿海共有面积 500 平方米以上的岛屿 759 个，数量仅次于浙江、福建两省，居全国第三位；海洋生物资源物种繁多，是全国著名的海洋水产大省。广东矿产资源丰富，种类繁多，已探明储量 89 种，产地 1400 多处。近年来，广东已探明有我国所发现的最大的独立银矿床，海上石油、天然气等的勘查评价也获得重大进展，极具开发前景。

（6）辽宁省位于中国东北地区的南部，是中国东北经济区和环渤海经济区的重要结合部。辽宁省陆地面积 14.59 万平方千米，占中国陆地面积 1.5%，海域面积 15.02

万平方千米。海岸线东起鸭绿江口，西至山海关老龙头，大陆海岸线全长 2178 千米，占中国大陆海岸线总长的 12％，岛屿岸线长 622 千米占中国岛屿岸线总长的 4.4％。辽宁省主要支柱产业为海洋渔业和海洋交通业。

（7）海南省位于我国第二大岛屿海南岛上，是我国第二大的岛屿省份。岛内有着丰富的水资源，南渡江、昌化江、万泉河被称为海南的三大河，集水面积均超过 3000 立方千米，流域面积达 1 万多平方千米。海南生物资源十分丰富，素有"绿色宝库"之称，是我国最大、最丰富的物种基因库。经地质普查勘探证实海南有丰富的石油、天然气资源，先后圈定了北部湾、莺歌海、琼东南 3 个大型沉积盆地，总面积约 12 万平方千米，其中，对油气勘探有利的远景面积约 6 万平方千米。目前尚未开发利用、潜力很大的能源资源还有海洋能、太阳能和生物能等。

（8）天津地区支柱海洋产业为滨海旅游和海洋石油天然气业，滨海旅游业占天津海洋生产总值比重逐年减小，而海洋石油天然气业依托天然资源优势，稳步发展，逐步成为天津最具活力的海洋产业。

二、沿海发达区域积累的问题

（一）产业结构迫切需要升级

沿海发达地区普遍存在农业基础薄弱、工业素质在总体上不高，除少数大城市外，第三产业发展相对滞后，一些地区仍然没有摆脱粗放型的经济增长方式等问题。2008 年金融危机后，沿海区域普遍面对着如何从出口导向型转向更为均衡的增长方式，从而提高在价值链中的位置的问题。沿海区域间产业结构雷同，竞争激烈，而区域内部缺乏有效的协作，甚至是有效的竞争。

（二）企业经营成本不断上升

一方面包括土地、水、电等其他资源的价格不断上升；另一方面劳动力短缺，导致企业用工成本不断上升；再就是严格的信贷政策导致沿海区域大量的中小企业无法从正常渠道获取资金，不得不求助地下信贷等高利率借贷渠道，导致经营成本不断上升，甚至出现大量由于资金链断裂导致的破产倒闭情况。

（三）生态环境恶化影响可持续发展的可能性

由于长期的经济高速增长与大规模的城市化进程，加之土地资源、水资源的短缺，"三废"污染严重，沿海地区的生态环境问题十分突出。

（四）东亚地缘政治态势的不确定性

中国经济的快速增长，对全球、东亚地缘经济关系的演变产生了举足轻重的影响，已经改变了某些地缘经济关系。一些国家，已经开始调整各自的地缘政治和地缘经济战略。从这个角度来看，中国沿海区域未来的发展面临着一系列严重的压力。

三、沿海区域发展的转型

在由计划经济向市场经济转型过程和一个非均衡发展大国经济体系中，由于地理区位、经济基础、制度环境、历史文化条件的差异，不同区域市场化程度存在着差异，市场治理机制的形成、演进路径和方向也存在着差异。区域市场治理机制是指某一区域中，为了降低交易费用、稳定交易预期、规范交易秩序而形成的，规范政府（包括中央政府和各级地方政府）、企业、个人等市场经济活动主体之间的交易关系与经济行为的制度安排。

在对外开放战略的指导下。我国许多沿海城市不遗余力地通过优惠政策引进外资，并凭借廉价的劳动力优势以国际代工的方式进入国际分工体系，不但利润微薄而且过分依赖国外市场。但事实上，对外开放并不是区域经济发展的唯一路径。从大国工业化的历史来看，几乎所有的大国在工业化过程中都强调国内需求的扩张优于国外需求。这表明，区际开放的重要性甚至可能高过国际开放。特别是近年我国居民人均可支配收入的提高和消费观念的转变，扩大内需的区际开放和促进出口的国际开放应至少得到同等重视。

我国区域发展进入全面转型时代后，这种转型发展在不同地区是不一样的。由于东部沿海区域举足轻重的经济地位，成为我国优先发展区域。对东部沿海地区来说，现阶段与将来的发展是进入全面转型升级时期。从国家层面来看，对"珠三角""长三角"这些沿海发达地区，主要定位是要提高以下三个能力。一是提高自主创新能力。自主创新主要靠沿海，尤其是北京、上海、深圳、苏州等大城市。二是提高产业国际竞争力。中国对外贸易产业主要集中在沿海发达区域，如广东、浙江与江苏等出口大省，只有积极推动产业结构的升级才能提高在产业链中的位置。三是提高可持续发展能力。目前一个很严峻的事实是，"珠三角""长三角"、环渤海区域的资源环境问题已经接近"天花板"，资源短缺与限制导致中低端产业的发展显然已不合时宜，应该向更高端的方向发展。党的十八大报告中提出"发展海洋经济""建设海洋强国"的目标。未来 10 年，将是我国海洋经济发展的关键时期，深化海洋经济区域建设，成为开启建设海洋强国至关重要的一把钥匙。

近些年，随着国家一系列沿海区域经济试点城市和发展规划的出台，我国沿海区域发展的战略布局加速起锚，空间布局基本成形。在这种情况下，我国沿海地区正加紧探索经济转型发展的路径，海洋经济将成我国区域经济转型的强劲动力。但是，如何在发展中规避风险，协调解决好环境、生态与资源的可持续发展问题，值得决策者高度重视。

四、中国沿海区域的全球化视野

在一个互联网、电子商务、全球化的服务外包与各种离岸业务更为广泛普遍地构筑的阶段，在分析经济外向度很高的沿海区域经济来说，需要一种全球化视野。若以全球化视野来观察中国的沿海区域经济，大致可以分成四个层面：一是全球经济的三个核心是美国、欧盟与东亚；二是东亚经济，主要经济体是中、日、韩；三是中国经济，其中沿海区域是核心，内陆是外围；四是"长三角"区域，经过 30 多年的工业化与城市化，这个区域也呈现了核心——沪、宁、杭、甬，其他地区是外围的状态。

第三节　中国沿海区域发展规划、定位及策略

改革开放近 40 年来，中国经济发展逐渐趋向于"政府中心驱动"模式，主导型的政府便于资源集中、行动高效，让政府对促进经济增长拥有较强的务实性和较快的适应能力，是成就"中国发展模式"的核心要素。政府的强势首先表现在各级政府对经济具有决定性影响力。各级政府通过对各种生产要素的控制与各种产业政策的控制与引导来确定经济优先发展方向和目标，引领经济体制向符合经济发展需求的方向发展，比如制定各种发展战略来整合生产要素促进经济增长。

一、中央政府对沿海区域发展的宏观规划与布局

中国是一个地域面积辽阔的国家，各地区之间的资源禀赋、市场化程度、发展基础、发展水平、发展潜力都存在较大差异，不应该也不必要采取整齐划一的政策。在改革开放初期，国家曾经实施沿海发展战略，鼓励沿海地区利用优势地理区位和市场基础较好的特点率先发展，在发展到一定程度支援国内其他地区。为了适应 2008 年经济危机后新的经济形势，从 2009 年 1 月份开始，国家就先后通过了 8 个沿海地区

振兴规划。已经获批的八个沿海区域振兴规划，具体为"珠三角"规划、海西区规划、上海"两个中心"规划、辽宁沿海经济带发展规划、珠海横琴发展规划、江苏沿海地区发展规划、山东黄河三角洲高效生态经济区发展规划，以及《关于推进海南国际旅游岛建设发展的若干意见》。2011年，国务院先后批复《山东半岛蓝色经济区发展规划》《浙江海洋经济发展示范区规划》《广东海洋经济综合试验区发展规划》。2012年10月，《福建海峡蓝色经济试验区发展规划》获国务院批准。国家海洋局的信息显示，天津已被列入全国海洋经济发展试点城市名单之中。2013年上海自由贸易区获批，建设上海自贸区是可以与20世纪80—90年代设立5大经济特区和启动浦东新区开发相提并论的重大事件。由此，从南方岛屿海南到北部的辽宁，区域规划已全面覆盖沿海地区，并形成了一条贯穿南北的链条，空间布局基本成形。

二、沿海区域各级地方政府的发展规划、定位与对策

沿海各省市发展区域经济有着各自的地方特色，相继提出建设区域经济的发展规划与措施。而对于沿海地区的相对发达地区，规划更希望在通过调结构，大力发展高新技术产业来保增长，或曰"做强存量"。在"长三角""珠三角"、环渤海等优先开发区域，要通过扩大开放释放改革红利，推动产业结构向高端、高效、高附加值转变，打造中国经济的"升级版"。加快基础条件较好区域开发开放的意义在于，培育形成新的经济增长极。

（一）长江三角洲区域的发展规划、定位与对策

"长三角"区域的市场化程度低于"珠三角"区域。所以，"长三角"区域应该积极促进市场化程度提高，减少区域内部的地方保护主义，开放市场，加强区域间上海、浙江与江苏的协调，从而改善区域内部的竞争环境。"长三角"应该促进服务业的发展，成长为国际性大都市圈，发展成为亚太地区的国际经济、金融与贸易物流中心。

作为"长三角"的中心城市上海将自贸区建设定位为"国际贸易中心、国际航运中心、国际金融中心、国际经济中心的综合载体，将成为'长三角'外向型经济发展的新引擎"。在上海的综合成本下，一般制造业基地不可能放在上海，上海应该努力发展战略性的创新产业，提高在金融、贸易与运输方面的服务质量，建设国际金融与航运中心。

在多个改革工程和政策的引导下，2010年，浙江省政府发布了《关于处境中小企业加快创业创新发展的若干意见》，促进浙江小而散的"块状经济"向"产业集群"

升级。兼并重组、产业集聚、引进大项目大企业将成为主要的任务，未来拟形成数十个千亿元产值的"产业集群"，分工精细、产业链更长、效益更好的企业群。此外，海洋资源的优越性，浙江还应该重点发展新兴海洋产业，寻找新的增长点。浙江省突出港口航运和海岛开发的特点，依托港口航运优势带动经济发展。

江苏省则应该提高经济竞争力，创新能力与可持续增长的能力。事实上，不仅是江苏沿海地区，包括天津滨海新区、海峡西岸经济区（即"海西区"）、广西北部湾经济区等，均是改革开放以来沿海地区发展中的薄弱环节，此次被列为振兴区域，可以打造新的增长极，属于做大增量。江苏省拥有沿海滩涂近 1031 万亩，基本为尚未开发，很大一部分稍加改造并改变用途后就可以作为工业用地，这在国内其他地区绝无仅有。

（二）珠江三角洲区域的发展规划、定位与对策

"珠三角"区域的定位是建设"全球有影响力的先进制造业与现代服务业基地"与"中国南部的国际性门户"。"珠三角"作为南中国的国际经济、金融与贸易中心，希望将来可以发展成为世界性大都市圈，建设成为世界级的以高附加值的制造业基地；在香港的帮助下尤其是 CEPA 协议下发展服务业尤其是生产性服务业，促进可持续发展；继续作为中国政治与经济改革的样本区域为其他区域树立榜样；加强与香港、澳门、台湾等地区及亚洲其他国际经济区域的合作，以改善区域竞争的状态。为了缩小区域内部发展差距，2010 年广东省政府发布了五个规划项目，其中包括珠江三角洲基本公共服务、产业布局、城乡规划、环境保护及基础设施建设一体化规划。

广东省提出了"三区、三圈、三带"海洋综合开发格局，统筹协调"珠三角"、粤东、粤西三大海洋经济区的临海工业、海洋新兴产业和海洋科技研发等空间布局。

（三）环渤海地区域的发展规划、定位与对策

经济总量及市场化发展程度相对较弱的环渤海地区，GDP 总值仅是"长三角"区域的 80%，全部的贸易额仅是"珠三角"区域的 78%。区域内部经济结构高度同化，对资源及投资有激烈的竞争；区域内部地方保护主义严重，缺乏协作，限制了区域协同创造力的发挥；缺乏完整的生产链，阻碍了区域内部的产业发展；过高的能源消耗，以及对自然资源的过度开发。环渤海区域作为中国北方的国际经济、金融与贸易中心，促进北京、天津、河北、辽宁与山东的协作，改善区域内部的竞争环境，应该培育完整产业链所需要的差异化产业，培育地方性的人力资本的同时积极吸引更多的国际人力资本进入区域发展。

辽宁和山东要着重产业结构的调整，发展现代农业，辽宁着重发展农业经济，而

山东则着重发展海洋经济。

北京作为中国首都，要提高所提供的创新、金融、商业与信息服务的质量，为将北京建设成为智能城市力争资源管理最优化。

天津的目标是发展中高级制造业，促进滨海新区的运输与物流服务业的融合。

河北则应提高农业的生产率与竞争力，发展海洋产业与旅游业，并积极承接来自珠三角、长三角与北京、天津的产业转移。

山东省依托青岛、烟台和威海的"抱团"优势，突出蓝色半岛经济区的整体发展。

（四）海峡西岸经济区域的发展规划、定位与策略

推动跨省区域合作，加强海峡西岸经济区与长三角、珠三角的经济联系与和合作，促进优势互补、良性互动、协调发展，进一步完善沿海地区经济布局。发挥闽浙赣、闽粤赣等跨省区域协作组织的作用，加强福建与浙江的温州、丽水、衢州，广东的汕头、梅州、潮州、揭阳，江西的上饶、鹰潭、抚州、赣州等地区的合作，建立更紧密的区域合作机制。2009 年 5 月 6 日《国务院关于支持福建省加快建设海峡西岸经济区的若干意见》指出，"海峡西岸经济区东与台湾地区一水相隔，北承长江三角洲，南接珠江三角洲，是我国沿海经济带的重要组成部分"。

福建省作为海峡西岸经济区主要组成部分，定位是力争成为深化两岸海洋经济合作的核心区、全国海洋科技研发与成果转化的重要基地、具有国际竞争力的现代海洋产业集聚区等。

三、沿海区域经济发展如何调动民间资源

沿海区域规划具有积极意义，每次规划都是中央和地方凝聚发展共识的机会，不过，规划的真正落实，更需要的是制度性的变革。由中央政府给政策来推动地方经济发展的模式，已经越来越显示出了它的弊病——地方政府更热衷于把眼睛盯着上面，要求中央给政策、给资金、给资源，但与此同时，部分地方政府却以牺牲生态环境和社会福利为代价，来推动经济的增长。由于各个地方政府都面临巨大的"政绩考核"压力，沿海区域各省份设定的规划目标中 GDP 年均增长率都在 8% 以上，少数省份甚至高达 10% 以上，一旦区域规划获批，地方的投资冲动也会被激发，重复建设和产能过剩问题很可能接踵而至。2015 年中国的 GDP 增长率下降到 7%，2016 年前三个季度的增长率均为 6.7%，靠高公共投资推动经济快速增长的模式已不可持续，而由此造成的产能过剩已成为亟待解决的问题。

各级政府对市场的每一次干预虽然都出于善意，但是在绝大多数时候，干预都可能加剧了市场与资源配置的扭曲，这样长期下来形成惯势，势必影响经济发展的活力和后劲。所以，各级政府需要面对，政府中心的发展模式所产生的非常严峻的可持续发展问题的挑战。如果一味强调"政府中心"的优越性，就有可能掩盖了其严重的缺陷。各级政府力量过于强大，市场的力量就会被限制。各级政府在整个社会体系中处在强势地位，以"搞运动"的模式进行经济规划与建设，市场本能的创新活力则无法充分激发，大多数企业缺乏自主创新能力，难以激发出将科研成果转化为现实产业的商业模式。但实际上，中国经济改革取得巨大成功的一个关键性因素就是开放了民营私营经济，而这也是未来中国经济发展能否取得创新成功的重要因素。

整体来看，改革开放 30 余年来，沿海区域经济发展大致遵循着农村改革-农村工业化、发展劳动密集型产业-外向型经济-产业结构优化的发展顺序逐步展开。沿海区域经济发展改革初期即取得了显著的成绩，在工业化的中前期区域发展带有强烈的内源性和内向性特征。但以区域经济三次产业结构发展状况衡量，则可以发现，沿海区域经济转型尤其是制度转型仅仅取得了有限突破。突破极其有限的是第三产业服务业中的生产性服务业，诸如金融、保险、电信、电力、教育、研发、铁路运输、航空、远洋航运等，受制于超地方政府力量及制度的控制，民营企业很少或基本无权涉足。这样，曾经推动与促进了浙江区域经济快速发展壮大的民营经济与制度转型，当遭遇到超地方政府权限的限制，就陷入停滞状态。

当前沿海区域经济发展过程中出现的种种问题，很大程度上正是体制改革的滞后与制度规章的缺位所造成的。当前政府在从"管制政府"向"服务政府"的转变过程之中取得一些成绩，但其公共职能的发挥仍没有完全到位，政府还承担者一些应当由社会机构承办的事务，限制了行业服务体系的发展，社会力量没有得到充分的发挥，行业服务机构与政府部门的关系有待理顺。

首先，从准入制度来看，当前沿海区域经济中的某些行业中依然存在较为严重的进入和退出壁垒，这些障碍有些是人为因素造成，也有一些是非人为的，这些在市场准入环节上的诸多障碍不利于区域经济效率的提高。这种市场准入障碍主要体现在以下几个方面：对投资主体的所有制身份的限制难以逾越，投资规模、投资条件逐步提高门槛，以及行业监管趋向严密。

其次，从市场竞争机制来看，区域经济的竞争仍然不够充分，市场在优化资源配置、反映供求关系等方面的作用没有充分发挥。政府从社会稳定的角度，对某些行业的价格进行严格的管制，甚至出现了价格管制日常化的趋势；对某些行业通过政府审批、检查等方式进行行政干预；一些非经营性机构在享受国家各项拨款与补贴的同时，从事一般的市场经营活动，形成了不公平的市场竞争关系，无序竞争普遍化。对于一些垄断经营的服务行业，尤其是政府垄断，行业内部缺乏提高服务质量与降低服务成本的动力，漫天要价；而对一些需求较为旺盛的服务行业的投资主体身份有较多限制，不能有效增加服务的供给，典型如文化服务、医疗保健、教育等，价格持续上涨但服务质量却得不到保证。

第三，从支持制度来看，区域经济的发展需要外部公共服务平台建立和完善，但是目前沿海区域在这方面仍较为欠缺，公共服务平台尚未完善，公共服务业体系发展严重滞后，极大地制约着沿海区域的进一步发展。区域经济的发展与现代化改造离不开政府公共平台的建设与体制环境的营造，尤其是信息平台的建设。大多数地方政府抛却了改革初期的"解放思想、锐意进取"的精神，"等靠要""循规蹈矩"成为不少地方政府的行为守则。

典型的有，2012年的温州金融试点改革及2011年舟山海洋经济示范区建设，国务院的批复将难题和主动权都交给了地方政府。理论上地方政府完全可以利用这种开放性，充分发挥本地各种经济主体的创造力与经济实力，有所突破。然而事实是，这种缺乏具体细则的改革反倒成了地方政府改革试验区建设的最大障碍。地方政府官员已经习惯了任何事情"向上汇报"，习惯了"凡是没有明确同意的，都是不能干的"，使急需大胆创新的改革进程相对缓慢。国务院之所以选择浙江的温州及舟山、宁波作为综合试验区的试点，恰恰在于以前对于中央政府及各相关部门的管制太多，使得民间经济主体被过度束缚丧失了活力及创造性。改革成败的关键，并不在于地方政府设立了多少监管部门，从中央要到了多少生杀予夺的大权，而是有没有尊重市场、尊重民间的创新意识和主观能动性。中国的改革进程已经多次证明，并且将继续证明，真正的改革绝对不是"管"出来的，而是"放"出来的。

为什么在几乎同样的条件下，有的地区形成了产业集群，有的地区却没有，仅用自然的、运输的、规模经济的因素已不足以说明，这时候企业家精神就起到关键的作用。尤其是最先进入这个地区或在这个地区产业内的企业，领导人具备的企业家精神是吸引其他产业内企业和相关企业聚集在周围的决定性因素，这在工业化水平不高的国家表现得最为明显。相应的制度安排和政府采取的产业政策对产业集群的形成和发展也有重要的影响。

如何进一步深入市场化改革，将成为决定沿海区域经济发展潜力的关键。所以，从各级政府层面来看，只能继续深化市场化改革，真正、彻底地放开思想，才有可能整合、激励各种民间资源加入到沿海区域经济发展过程中来，以发挥民间力量的积极性与创造性，才有可能真正提高沿海区域经济发展的可持续竞争优势。

四、推动沿海区域经济一体化

依据主体的不同，区域经济一体化有两个层次：一是国际范围内国家之间的经济一体化；二是一国内部各地区之间的经济一体化。其本质上都是为了获取国家之间或者地区间的分工合作带来的利益，提高各个国家或地区的经济实力和竞争力。在当前中国经济发展不平衡的背景下，推进沿海区域经济一体化是促进地区经济乃至整个国家经济协调持续发展的基础，可以有效提高地区和国家的竞争力。

（一）区域经济一体化的基础是市场一体化

区域经济一体化实际上是根据经济同质性和内聚性，在区域内建立统一的产品市场、生产要素市场的过程。在市场经济条件下，要保证各产品和生产要素自由流动，就必须有发育良好的市场体系和统一市场做基础，因而区域经济一体化的首要任务就是实现市场一体化。区域市场不统一，商品、资本与服务的流动受非市场因素制约，行政区内"计划性太强"而跨行政区的经济区域内"市场性太弱"，会制约区域经济一体化进程。制约区域经济一体化的另一方面因素，来自于各地政府对市场的不当干预或歧视政策造成的不公平以及由此造成的体制障碍。地方政府业绩考核指标的经济导向，常常导致地方保护主义、产业同构甚至地区之间的恶性竞争，因此，政府的制度创新与政策协调是影响区域经济一体化进程的另一个重要因素。在衡量区域经济一体化程度时应综合考虑市场一体化和政策一体化两个方面，以考察区域经济一体化程度的差异情况。

三大经济圈区域经济一体化程度的差异与各地区自然地理条件、资源禀赋、产业结构以及发展基础等因素有关，也是中央政府进行分权化与市场化改革、实施地区差异化政策的结果，是渐进改革、梯度开放的必然结果。"珠三角"地区的深圳、广州是首批实行改革开放的地区，开放性政策大大促进了当地的经济发展，也加大了地区内各城市之间的发展差距，因而区域经济一体化程度最低。"长三角"地区实行改革开放要晚于珠三角，一些重要城市，比如上海、南京、苏州和杭州等城市依托有利的地理条件和资源优势，经济取得了长足的增长。以北京和天津两大城市为轴心的京津冀地区改革开放较为滞后，各城市之间发展的差距较小。凭借自身的"后发优势"，随着除北京、天津之外其他城市的发展逐渐加快，京津冀区域协作明显增强，基础设施、资源环境逐渐开始被纳入区域统一规划。

从发展趋势来看，经济快速发展的初期，必然有一部分城市先发展起来，造成区域内资源的集中，而地方政府制定的政策往往优先考虑自身利益，而不是整个区域的协调发展，这种"利己"策略使得区域一体化发展不升反降。三大经济圈区域经济一体化程度的变化都不大，说明区域协调发展依旧没有得到应有的重视，各地区更多情况下还是着眼于自身的发展，要真正达到完全一体化，充分获取一体化的利益，还需要一个较长的过程。

所谓区域经济一体化，并非如一些人所认为的那样是一种自上而下的由宏观政策当局主导的主观政策行为，而是一种内生于区域经济发展和体制转轨进程的，由区域内部各次区域间商品和要素流动密度不断加大而产生的区域整体化趋势增强的过程和状态。

区域经济一体化进程本质上是一个市场化的进程，一体化程度提高不仅有助于资源合理配置进而增强区域整体的竞争力，而且要素在更大范围的自由流动也推进了市场的成熟和市场机制作用的充分发挥。

（二）区域经济一体化是产业区域分工的必然结果

分工是经济增长的主要动力，分工提高了人力资本，促进了技术创新，提高了生产率。区域分工与贸易的产生有两方面的原因：一是区域的比较优势；二是规模经济。20世纪80年代以来，以克鲁格曼为代表的一批经济学家提出了新贸易理论。该理论指出，"区域分工及贸易的产生不仅在于区域的比较优势，而且在于产业（企业）的规模经济，规模经济是决定区域分工与区域贸易的重要因素"。无论是比较优势理论还是规模经济理论都说明了区域分工是经济发展的必然结果，区域经济的协调发展应当建立合理的区域分工体系。

从上述分析看，沿海区域一体化程度差异和不足主要源于制度创新不足。因此，对政府部门来说，不是想当然地去进行"统一发展政策，统一规划布局，统一资源整合"，并为此去建立更多的行政指导机构或行政协调机构，而是如何顺应经济发展的产业经济和市场化规律，顺其自然地放弃更多阻碍区域间资源要素流动的管制，将区域经济发展的主动权交于经济发展的主体。只有这样，才能弱化区域行政壁垒降低区域经济一体化的制度成本，同时为要素跨区域流动提供更为便捷的公共产品，包括交通通讯网络的建设等。实践证明加快政府制度创新，加强地区的协调发展和政策一致性，突破行政体制对产品和要素市场化的阻碍，并进一步发挥民营经济和民间资本在区域创新中的作用，将有助于一体化进程的加快。

五、总结

综上所述，我国的沿海地区的区域经济发展，归纳起来可得出以下几个方面的印象。

（1）区域经济的发展空间对科学技术及专业服务的依存度越来越高，新兴产业必然要向以专业服务与科学技术为基础的服务型、科技型转变。

（2）区域产业结构演变的直接动因是产业资本收益率和人均劳动者报酬的变动，而产业资本收益率变动和产业人均劳动者报酬的直接动因是产业技术进步。

（3）技术进步是推动区域产业结构优化的根本动因，同时技术进步还需要解释市场的检验，通过资本和劳动回报作用于产业结构优化。所以，沿海区域在积极推进产业结构优化及区域布局过程中，必须打破产业、地区垄断，取消不合理的行业、区域壁垒，消除人员、技术、资本流动的障碍，充分发挥市场竞争机制的作用。

（4）我国区域性产业布局应逐渐形成区域间竞争与合作并存，形成各自特色与主导产业群；区域内错位竞争与协作的产业布局。重点形成以高科技新兴产业为主导、先进的第二产业为主体、生产性服务业为支撑的产业发展新格局。

（5）区域经济发展需与城市化同步进行。城市化战略——把都市圈作为城市化的主体形态，突出强调中心城市的带动作用，大力发展集聚集约的城市经济，才能与时俱进地全方位、高层次地参与全球竞争与合作。可以说，沿海区域要在新一轮区域竞争中继续"走在前列"，关键是要在城市竞争上抢占制高点，以新型城市化提升新型工业化，以城市经济引领产业转型升级。

有鉴于此，我国沿海区域经济应做工作包括以下几项。

首先，加快培育都市圈。在培育"长三角""珠三角"与环渤海都市圈和各区域城市群过程中，既要加快基础设施网络建设，尤其要加快规划建设快速、便捷、安全的轨道交通，有效提高城镇之间的组织化程度；又要打破行政区划壁垒，促进都市圈内要素自由流动、资源市场配置、产业分工协作，更大范围地统筹资源要素配置，更高程度地实现规模经济和范围经济，更深层次地建立城际经济联系，形成一个功能定位清晰、空间分布有序、分工协作紧密的区域有机整体。

其次，推进产业和城市联动发展。在推进产业集聚区建设中，既要注重产业功能区的发展布局，又要注重城市功能区的配套建设，加大招商引资、招才引智力度，加快产业、科技、人才集聚，推动二、三产业融合和产城联动发展，增强中心城市经济综合实力。

最后，大力发展城市经济。加快人力资本、研发、管理、资本、信息等高端要素的集聚，着力发展商务、金融、创意、物流、总部经济等高端服务业，突出科技、市场、组织、制度创新在提升产业竞争力中的重要作用，加快推进经济增长由要素投入驱动转向科技创新驱动，联动推进产业结构调整与空间布局优化，推动产业链和价值链从低端走向高端，促进块状经济向现代产业集群转变、县域经济向城市经济转型。

思考题

1. 中国沿海区域经济主要有哪些特点？
2. 影响区域发展的主要因素有哪些？
3. 中国沿海区域的市场化程度是如何影响区域发展的？
4. 沿海区域的资源开发如何做到可持续发展？
5. 中国三大沿海区域的城市化与工业化进程有哪些特点及差异性？
6. 中国沿海区域如何进行城乡统筹发展？
7. 中国沿海区域的发展对于解决三农问题有何启示？
8. 未来沿海区域面临主要发展问题有哪些？
9. 促进未来中国沿海区域的发展应该采取哪些重大措施？

推荐阅读

安虎森. 产业转移、空间集聚与区域协调[M]. 天津：南开大学出版社，2014.

安虎森等. 新区域经济学[M]. 第2版. 大连：东北财经大学出版社，2010.

陈秀山等. 中国区域经济问题研究[M]. 北京：商务印书馆，2005.

陈钊，陆铭. 在积聚中走向平衡:中国城乡与区域经济协调发展的实证研究[M]. 北京：北京大学出版社，2009.

[芬]海迈莱伊宁等. 社会创新、制度变迁与经济绩效——产业、区域和社会的结构调整过程探索[M]. 清华大学启迪创新研究院译. 北京：知识产权出版社，2011.

[美]斯蒂格利茨. 发展与发展政策[M]. 纪沫，仝冰，海荣译. 北京：中国金融出版社，2009.

[日]藤田昌久，[美]克鲁格曼等. 空间经济学——城市、区域与国际贸易[M]. 梁琦等译. 北京：中国人民大学出版社，2012.

中国人民大学区域与城市经济研究所. 中国沿海地区经济转型重大问题研究[M]. 北京：经济管理出版社，2011.

赵伟. 中国区域经济开放:制度转型与经济增长效应[M]. 北京:经济科学出版社，2011.

第五编

海洋科技、海洋管理与海洋经济

[本篇导读]

本篇主要介绍了科技创新对海洋经济与产业可持续发展的关键性影响，并进一步探讨了如何促进优化海洋科技资源的配置及相关配套公共政策及制度。

第十三章　科技创新与海洋经济可持续发展

教学目标：
- 理解科技创新与海洋产业发展之间的关系
- 了解区域科技创新对区域发展的影响
- 探讨如何促进区域科技创新及海洋产业发展

海洋科技成为推动我国海洋经济持续发展的重要因素。海洋探测、海上运输、海洋能源、海洋生物资源、海洋环境和海陆关联等重要工程技术领域呈现快速发展的局面，科技竞争力明显提高，有力支撑海洋产业的发展，推动了海洋经济规模迅速扩大。然而，有分析表明，首先，我国海洋科技整体水平落后于发达国家 10 年左右，差距主要体现在关键技术的现代化水平和产业化程度上；其次，随着海洋在国民经济社会发展中的战略地位的提升，海洋在提供食物来源与保障食品安全、提供多种生态服务、防灾减灾和保障民生方面，将起到越来越重要的作用。这一切都离不开科技的支撑。

第一节　科技创新引领海洋产业发展

与渔业等传统产业相比，深海勘探、药物研发等高端产业，更加需要海洋科技的引领。学者普遍认为，当前新一轮海洋竞争的突出特征就是以高科技为依托，海洋科技水平和创新能力在海洋竞争中发挥着决定性作用。

一、发达国家的经验

美、日、英等国之所以能够拥有较为先进的海洋科技水平，与其所建立的海洋科技政策体系关系紧密。

美国是世界上制定海洋政策最早也是最多的国家，从 20 世纪 50 年代末开始，就开始制定海洋科技领域的长远规划，并根据不同时期的特点不断修正。同时，美国十分重视海洋科技方面的投入，2004 年通过的《21 世纪海洋蓝图》中明确提出："美国海洋研究经费应从目前占联邦科研经费总预算的不足 3.5%，提高到 7%，海洋基础研究经费投入至少提高 1 倍，达到每年 15 亿美元。以后视国家实力逐渐增加。"美国还从全球战略出发看待海洋科技发展，早在 1986 年制定的《全球海洋科学计划》中，就把海洋科技提升为全球战略目标，以寻求全球海洋科技领域的领先地位。

日本海洋科技居于世界先进水平，尤其是海洋调查船、深海潜水器以及海洋观测仪器等设施和技术，其水平甚至可以与美国相当。日本海洋科技的特点在于非常重视科技创新和高端海洋技术的发展，制造出大批高端设备，有力推动了日本深海开采的进程。2010 年，日本开发出具有划时代意义的水中航行器，为日本深海开发进程提供有效助力。

英国海洋科技政策最大的特点是注重科技产业化，2010 年开始实施的《2020 年海洋科技计划》优先支持三方面研究：海洋生态系统如何运行、如何应对气候变化，与海洋环境之间的互动关系及增加海洋的生态效益并推动其可持续发展。随后不久发布的《海洋能源行动计划》，在政策、资金、技术等多方面支持新兴海洋能源发展，推动潮汐能、波浪能等海洋能源发展，预计到 2030 年可满足英国 1500 万个家庭的能源需求。

二、自主创新改变经济发展方式

深入研究我国经济增长中技术进步路径演变与技术创新动力机制问题，可以发现：技术能力、技术知识积累、市场化程度、经济基础条件等因素对技术进步路径演变影响较强，技术进步路径存在一定依赖性，但不显著；不同技术进步方式对技术创新的影响存在较大差异，与技术引进相比，自主研发对技术创新能力影响程度最大、显著性水平最高；技术创新的经济增长效应显著影响，尤其是核心创新能力对经济增长影响更加显著。创新已成为地区之间竞争发展的关键，谁拥有强大的创新能力，谁就能把握先机、赢得主动。要抓住难得发展机遇，突破自身发展瓶颈，解决深层次矛盾和问题，根本出路在于改革创新，关键要靠科技力量。

转变经济发展方式，主要依靠增加物质资源消耗向主要依靠科技进步、劳动者素质提高、管理创新转变。换言之，转变经济发展方式的本质就是需求结构、产业结构和要素投入结构得到优化升级，而自主创新正是通过这三方面促进经济发展方式的转变。自主创新对要素结构调整的促进作用最为显著，说明随着自主创新能力的提高，区域要素投入不再追求数量，而更注重投入质量；自主创新对需求结构的改善的作用也很明显，说明随着自主创新能力的提高，其拉动内需的作用也不断显现，进而促进区域经济发展方式的转变；区域环境也随自主创新能力的提升而得到相应改善，自主创新能力提升改变了以往以牺牲环境为代价来追求经济增长的局面，以更坚实的步伐向实现经济的真正可持续发展方向迈进；自主创新对区域产业结构的调整也是正向的促进作用。

自主创新应突出"自主"，自主包括三方面的含义：自主创新的主体、自主创新的方式和自主创新的"自主程度"。自主创新的主体应为内资占主导地位的法人或法人单位，以内资企业为主。自主创新的方式包括两类：自主创新主体主导的并由此产生的创新成果，以及自主创新主体引进其他国家或地区的创新成果并实现其商业价值的创新活动；自主创新的"自主程度"是指创新成果主要是依靠自身实力获得还是依靠输入获得。依据国际经验，大部分沿海区域目前的整体情况是处于工业化的第二阶段的后期，在鼓励原始创新的同时，在一定程度上还要依靠技术引进，因此，自主创新的程度涵盖原始性创新、集成创新和引进消化吸收再创新三类。

三、区域科技创新推动经济增长

技术能力、人力资本等因素对技术创新能力产生重要影响。区域间的技术能力、资源禀赋结构、市场结构状况等差异对技术创新动力产生重要影响。区域是研究技术创新的重要维度：第一，不同区域间经济和技术发展极不平衡，不同的区域有不同的优势产业和技术绩效；第二，知识扩散在创新过程中的作用越来越重要；第三，以地理上相互接近为基础的隐性知识对创新的成功越来越重要；第四，政策的制定和实施以及政府机构的组织能力和效率多以区域为边界。

技术进步应具有可持续性、知识累积效应，否则难以从根本改变经济增长方式。就政策层面来看，宏观政策应进一步强化核心创新能力发展战略，加大政策支持；产业政策应具有持续性，政策才可能不断产生技术创新的累积效应；技术政策应进一步优化，提高产学研联动效应，克服企业创新的技术门槛限制，不断提升企业创新能力与创新动力。

技术进步在提高生产率的同时，也会使得原有的一些产业由于新技术的产生而退出市场，而新的产业也随着技术进步而产生。因此，技术进步在提高社会生产率的同时也会促进产业结构的变迁。但在这一过程中由于存在着产业之间生产率水平的差异，使得投入要素在各生产部门间流动，而这种由低生产率部门向高生产率部门的流动将会促进总社会生产率水平的提高。由此可见，技术进步通过直接提高生产率来影响经济增长，而产业结构的变迁则是通过产业间的要素流动来提高社会生产率水平，进而影响经济增长。

第二节　区域科技创新目标与经济发展

创新是区域经济发展的决定性因素，没有创新就没有发展。在利润最大化假设下，区域开展技术创新活动的最根本原因是这些活动能够给它带来收益增长。从成本的角度，技术创新包括成本节约型创新和价值提高型创新，但无论哪种类型，区域创新动力都来自于两个方面：预期自己能获得理想的创新效率；预期所取得的创新成果能在市场上得到较好实现。技术创新贯穿于区域经济和社会发展的始终，是区域经济发展的重要动力，在一个国家或地区的经济发展中起到了决定性作用。只有根据区域差异，建立切实有效的区域技术创新体系和运行机制，才能提高区域创新效率，更好地推动区域经济快速发展。

一、区域科技创新目标

沿海区域科技创新应以构建完善的区域海洋科技创新系统为基础，以生态化为方向，以提高自主创新能力为主线，建立一批海洋科技集群创新平台，汇聚一批创新人才，取得具有自主知识产权有影响的海洋科技成果，竞争力出现实质性增强，推动区域社会经济发展通过动态的、适当的平稳过程找到连接人口、资源、产业、社会总产值四个子系统的最佳水平，能够支撑区域国民经济系统持续、健康地发展。

这一总体目标来自于四个子目标的需求，即：建立合理的海洋产业结构，实现海洋经济的持续稳定增长，促进沿海区域社会全面进步与生态环境的不断改善。海洋经济的持续稳定增长是基础，海洋产业结构合理目标是实现上述基础的途径。但在不同区域，由于具体情况不同，在上述四个目标间，既有相辅相成、相互促进的一面，又有相互矛盾、相互冲突的一面（图 13-1）。如经济增长有可能提高环境整治能力，改善生态环境，也有可能破坏生态环境，降低区域环境质量。但如果四个子系统都是以科技进步与创新为基础的，就可能打破目标之间的冲突。经济增长、社会稳定发展要建立在依靠科技进步与创新、有效控制人口增长、合理利用资源、保证良性循环的基础上，才能促进区域社会、经济、产业与科技的协同与均衡。

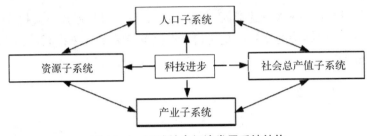

图 13-1　区域社会经济发展系统结构

二、区域优选产业技术

区域战略产业的产生是区域产业系统众多产业之间相互竞争和协同作用的结果。因为区域战略产业是在产业系统演化过程中，从无到有、从小到大产生、发展起来的，是区域内各产业之间竞争、协同作用的结果。区域战略产业的产生源于区域经济系统内自组织的条件和机制，绝非是人为的或外界因素强加于系统的结果。区域内一个产业能否成长为战略产业，受产业系统内各个产业关联关系的制约，受来自于系统内技术的、要素资源的等多种因素变量的作用。

战略性新兴产业的发展规划主要要解决两个问题，即发展什么产业以及如何发展。从整体的高度制定产业发展规划，就必须将战略性新兴产业看作一个完整的系统，并将整个系统作为考虑整合问题的出发点和归宿，追求整体"效用最大化"，追求整体与部分的和谐统一，追求内外部环境的相互协调，追求现在和未来的可持续发展。

在制定发展规划的时候，要坚持把战略性新兴产业的发展放在全球视角下来审视，从全球角度选择领域、谋划项目和配置要素，提高战略性新兴产业的国际竞争优势；要注重借助"外脑"，提高规划的科学性、前瞻性和战略性；要充分评估产业发展趋势、市场容量及产品生命周期，统筹规划产业布局、发展规模和建设时序，加强市场准入监管，避免出现产能过剩。

区域战略产业的发展依赖于科技的发展，科技发展的高度决定了产业发展的高度。不同技术领域的专利增长速度不同，发展的技术机会也不同。在区域技术布局中，如果选择在那些发展最快的技术领域中增强技术能力，则在未来的发展中可能会拥有更多的机会。战略产业的选择应遵循以下三条原则。

第一，有利于加强区域海洋资源开发与养护。

第二，有利于促进区域海洋新兴产业的培育与成长。

第三，有利于加速区域海洋传统产业的改造与升级。

三、区域科技与经济协同发展

科技与经济协调发展将会利于实现区域经济增长，促进区域经济社会的全面进步。作为区域生产力系统子系统的科技与经济，它们具有不同的生产力属性，二者共同作为社会经济系统发展演化的动因，但却表现出不同的功能特征。一个区域的科技与经济是否协调，主要看科技与经济是否相互促进，共同发展。协同学研究认为，系统内部各要素在相互作用过程中，往往形成某一或某些变量，称为"序参量"，促使不同要素结合在一起自行演化发展，并主导系统向着更为高级有序的结构发展[1]。对于区域科技经济发展而言，科技协同可以认为是通过区域科技与区域经济子系统相互作用，形成技术创新、制度创新或两者共同为序参量，主导区域创新与经济发展。其演化过程表现为在区域不同的经营期，技术要素与制度要素互动创新的形式，并随着区域经济发展，科技协同的模式从一种要素创新主导型向另一种要素创新主导型演进。

区域创新协同演化模型表明，面对纷繁复杂的外部环境，要想在激烈的市场竞争中立于不败之地，区域必须时时保持技术创新与制度创新间的良性互动，并在区域成熟期间达到一个两者相互促进和谐共处的稳定状态。

通过协同发展模式的建立和分析，可以制定和控制区域经济系统在一定的条件下，出现稳定有序的新结构。人们可以通过制定政策，有意识地对区域经济系统施加影响，促使区域经济稳定有序地发展。

---

1 许庆瑞，谢章澍. 企业创新协同及其演化模型研究[J]. 科学学研究，2004，（6）：327—332.

第十四章　海洋科技资源的配置与管理

教学目标：

- 了解何为海洋管理的善治模式
- 了解区域科技创新的需求与供给
- 了解影响区域科技创新的制度供给
- 理解人才与金融对区域科技创新的影响
- 探讨优化区域政府科技制度与公共服务供给的可能途径

与陆地管理相比，海洋管理是一个相当"年轻"的领域。海洋的多元属性决定了海洋管理的多重维度。为此，各国都在探索海洋管理的善治模式。

第一节　探索海洋管理善治模式

一、海洋管理体制

各海洋大国制定与更新海洋战略的重要内容之一，就是建立和完善海洋管理体制，实现海洋综合管理，确保海洋的可持续利用。1992 年联合国环境与发展大会通过的《21 世纪议程》指出，每个沿海国家都应考虑建立，或在必要时加强适当的协调机制，在地方层面和国家层面，对沿海和远海区域及其资源实施综合管理，实现可持续发展。

加拿大 2002 年 7 月公布的海洋政策，提出加拿大海洋管理将从单一资源或单一产业管理方式，向更广泛、更全面的海洋资源和空间管理方式转变。英国通过政府部门"各司其职"的方式推进海洋战略，环境部主导海洋环境计划，能源部领衔海洋能源计划，另外成立的"海洋科学协调委员会"负责实施海洋科学战略。

但是，由此而来的管理体制的分散，长期困扰着不少国家。为改变这一状况，美国不断出台政策加强现有联邦涉海机构的职责，合并联邦机构的同类海洋计划，组建统一的海洋管理部门，加强对海洋的统一管理。越南也实施了海洋综合管理体制改革，设立海洋海岛专职管理机关，综合管理海洋资源与环境。

完善的法律体系，是实现海洋综合管理的重要保障。加拿大在 1997 年就通过了海洋法。英国 2009 年颁布了海洋法，这些国家海洋立法的目的，就是要改变海洋管理长期采用的分散管理体制，解决涉海部门多、管理效率不高、执法力量分散等较为突出的矛盾。

信息化与透明化，是实现海洋综合管理的基础条件。李巧稚撰文指出，人类从认识到开发海洋、管理海洋，信息发挥了至关重要的作用。俄罗斯为确保国家海洋政策的实施，支持和发展全球海洋信息系统。日本也在逐步加强海洋基础信息体系建设，做到信息迅速传递，加强国内外海洋观测数据的收集、分析、管理，实现信息资源共享。

为实现可持续发展，不少海洋国家开始探索基于生态系统的管理方式，将其作为海洋管理的理想模式。美国海洋政策中一条重要的指导原则是以生态系统为基础的管理原则，即海洋资源管理应反映所有生态系统组成部分之间的关系，包括人类与其他物种的关系以及其他物种的生存环境需求。由此在海洋管理权划分依据中加入了生态系统视角，而非纯粹的行政边界。

二、海洋意识与教育

目前，不少国家对海洋知识和意识的普及已相当先进。美国在 20 世纪 60 年代就开始实施海洋补助金计划，吸引科研人员开展海洋科学研究，从事海洋咨询和服务活动。美国还在其《海洋行动计划》中，明确提出将"促进海洋的终生教育"作为 21 世纪国民意识建设的重要政策。

1996 年 8 月，韩国政府成立了海洋与渔业部，制定了《韩国 21 世纪的海洋发展战略》，其中涉及加强各个层次的海洋教育、开拓海洋科技培训渠道、在公民中开展持久的新海洋观教育等内容。

2005 年，日本经团联（全称为"日本经济团体联合会"）发表了《关于推进海洋开发的重要课题》，向日本政府建议将产业界、学术界和政府联合起来，在小学、初中和高中开设海洋教育课程。

在澳大利亚，中小学是开展海洋教育的重要场所，意在增进学生对海洋的理解和关心，培养学生成为积极参与海洋保护行动的公民。澳大利亚许多州还制订了社区海洋教育的发展计划，通过举办海洋知识讲座、开放图书馆、举办各种专题讨论、调查搜集水资源数据、参与沿海保护项目等多种形式，开展海洋教育活动。

第二节　区域科技与经济的联系

科技与经济之间日益相互促进，科技界与产业界之间的联系日趋紧密。

一、区域科技与经济的一体化发展

科技进步与世界经济发展之间的相关性，从历史上来考察，至少可以从两点得到印证：一是历史上历次技术革命与产业革命之间，均呈现时序上的对应性；二是历史上历次科技中心的转移，都带来了经济中心的相应转移。在区域经济增长中，科技进步发挥着越来越重要的作用。经济系统为科技进步提供科技投入，从而促进科技进步。一个国家的经济越发达，便越有财力来支撑和促进科技进步。从世界各国研究与开发来看，研究开发经费的地区分布与世界经济实力分布具有密切关系。

经济发展与科技进步之间还存在一种间接促进关系，即经济发展形成对科技的需求，进而拉动科技进步。再就是，由于科技人员社会地位和待遇的提高，其科技活动的积极性也进一步提高，也会促进科技成果数量和质量的提高。与此同时，由于经济增长的巨大需求，科技成果向现实生产力的转化率也会越来越高，形成良性互动。据有关资料，美国技术创新的动力源中，科技推动占22%，市场需求拉动占47%，生产需求拉动占31%，后两者总计占78%。与此相似，英国技术创新的动力源中，市场需求和生产需求的因素占73%。我国科技进步受科技成果转化难的制约，与经济系统对科技成果的有效需求不足有关。需求不足又反过来影响科技投入，导致科技投入短缺，进一步制约了科学技术的进步。

（一）市场驱动机制

市场驱动机制是城市创新体系运行的基础和前提，而市场对资源的配置主要是通过价格机制、供求机制和竞争机制表现出来。高校和科研机构通过技术市场向企业转让科技成果，就是最直接的在市场驱动机制下建立起来的联系，在这种联系中，高校、科研机构和企业作为具有独立的个体通过市场进行技术贸易活动，达到资源的配置。另外，高校、科研机构与企业之间进行的项目合作、中介为企业提供的信息服务、技术服务、培训服务、评估服务等也受市场驱动机制的作用。

（二）竞争激励机制

竞争激励机制是区域创新体系发展的基本要求。创新体系通过竞争实现体系内外科技资源的全面整合，优胜劣汰、强强联合，形成有形资源和无形资源的相互转化，建立全方位以资源最优配置为目的的竞争机制。通过优胜劣汰，各种主体都能够参与竞争，保证中介为企业提供最优、最及时的服务，提高了项目完成的效率；通过强强联合，高校和科研机构以建立联合实验室、购买技术、成立合作实体、委托研发等形式，不仅可充分利用有关科研院所的研发力量，实行自主基础上的联合研发；而且培养技术人才，吸引优秀人才，形成自己的核心技术和具有自主开发能力的技术队伍，达到人力资源优化配置的目的。

（三）政府引导机制

政府引导机制是区域创新体系的发展方向的保障。在这个机制下，政府要采取必要财政或政策手段，加大协调和保障的力度，最大限度发挥宏观调配和引导作用，有效激活区域内外各种要素资源，优势互补、互惠互利，实现有效的技术传递，达到创新资源的互动，使区域创新体系建设整体规划、有序推进。在目前舟山区域创新主体的状况下，政府除了需要给其他主体提供必要在财政支持以外，在政策上也予以一定的扶持。政府部门通过制定各种政策法规，调动高校和科研机构人员进行创新的积极性，从而推动辖区内创新的持续发展；管理和监督各类中介机构，规范其的合理发展；促进企业进行科技成果产业化的活动，推动创新技术的应用。

（四）开放互动机制

互动开放机制是区域创新体系运作的基本要求。互动开发要求在体系内的各系统之间、系统内的各主体之间、系统与主体之间、系统与体系之间、主体与体系之间以及体系与外部环境之间达到高度开放，互惠互动，根据互利、互助、互补的原则，提高区域创新体系开放程度，加强区域创新体系内外合作网络的目的。人员在各主体之间流动，较之其他主体之间的项目合作流量更大的企业与高校间、企业与研究机构间的合作项目，高校和企业参与的国际交流和合作等，都是在互动开放机制下运作起来的联系。

二、区域科技供给与需求

区域科学技术研究对科技创新供给具有引领和支撑作用，如何强化激励与合理分工，增强区域科技供给能力对区域经济发展来说是非常关键的。

（一）优化对基础研究的支持方式

切实加大对基础研究的财政投入，完善稳定支持和竞争性支持相协调的机制，加大稳定支持力度，支持研究机构自主布局科研项目，扩大高等学校、科研院所学术自主权和个人科研选题选择权。

改革基础研究领域科研计划管理方式，尊重科学规律，建立包容和支持"非共识"创新项目的制度。

改革高等学校和科研院所聘用制度，优化工资结构，保证科研人员合理工资待遇水平。完善内部分配机制，重点向关键岗位、业务骨干和做出突出成绩的人员倾斜。

（二）加大对科研工作的评价及绩效激励力度

强化对高等学校和科研院所研究活动的分类考核。对基础和前沿技术研究实行同行评价，突出中长期目标导向，评价重点从研究成果数量转向研究质量、原创价值和实际贡献。对公益性研究强化国家目标和社会责任评价，定期对公益性研究机构组织第三方评价，将评价结果作为财政支持的重要依据，引导建立公益性研究机构依托国家资源服务行业创新机制。

完善事业单位绩效工资制度，健全鼓励创新创造的分配激励机制。完善科研项目间接费用管理制度，强化绩效激励，合理补偿项目承担单位间接成本和绩效支出。项目承担单位应结合一线科研人员实际贡献，公开、公正安排绩效支出，充分体现科研人员的创新价值。

（三）深化转制科研院所改革与技术转移机制

坚持技术开发类科研机构企业化转制方向，对于承担较多行业共性科研任务的转制科研院所，可组建成产业技术研发集团，对行业共性技术研究和市场经营活动进行分类管理、分类考核。

推动以生产经营活动为主的转制科研院所深化市场化改革，通过引入社会资本或整体上市，积极发展混合所有制，推进产业技术联盟建设。

对于部分转制科研院所中基础研究能力较强的团队，在明确定位和标准的基础上，引导其回归公益，参与国家重点实验室建设，支持其继续承担国家任务。

逐步实现高等学校和科研院所与下属公司剥离，原则上高等学校、科研院所不再新办企业，强化科技成果以许可方式对外扩散。

建立完善高等学校、科研院所的科技成果转移转化的统计和报告制度，财政资金支持形成的科技成果，除涉及国防、国家安全、国家利益、重大社会公共利益外，在合理期限内未能转化的，可由国家依法强制许可实施。

创业活动从内部组织到开放协同。互联网、开源技术平台降低了创业边际成本，促进了更多创业者的加入和集聚。大企业通过建立开放创新平台，聚合起大众创新创业者力量。创新创业要素在全球范围内加速流动，跨境创业日益增多。技术市场快速发展，促进了技术成果与社会需求和资本的有效对接。

创业理念从技术供给到需求导向。社交网络使得企业结构趋于扁平，缩短了创业者与用户间的距离，满足用户体验和个性需求成为创新创业的出发点。在技术创新的基础上，出现了更多商业模式创新，改变了商品供给和消费方式。

三、区域创新投入与收益

尊重知识、尊重创新，充分体现智力劳动价值的分配导向，让创新人员在创新活动中得到合理回报，通过成果应用体现创新价值，通过成果转化创造财富。

（一）加快下放科技创新成果使用、处置和收益权

不断总结试点经验，结合事业单位分类改革要求，尽快将财政资金支持形成的，不涉及国防、国家安全、国家利益、重大社会公共利益的科技创新成果的使用权、处置权和收益权，全部下放给符合条件的项目承担单位。单位主管部门和财政部门对科技创新成果在境内的使用、处置不再审批或备案，创新成果转移转化所得收入全部留归单位，纳入单位预算，实行统一管理，处置收入不上缴国库。

（二）提高科研人员成果转化收益比例

完善职务发明制度，推动修订《中华人民共和国专利法》《中华人民共和国公司法》等相关内容，完善创新成果、知识产权归属和利益分享机制，提高骨干团队、主要发明人受益比例。完善奖励报酬制度，健全职务发明的争议仲裁和法律救济制度。

修订相关法律和政策规定，在利用财政资金设立的高等学校和科研院所中，将职务发明成果转让收益在重要贡献人员、所属单位之间合理分配，对用于奖励科研负责人、骨干技术人员等重要贡献人员和团队的收益比例，可以从现行不低于20%提高到不低于50%。

（三）加大科研人员股权激励力度

鼓励各类企业通过股权、期权、分红等激励方式，调动科研人员创新积极性。对高等学校和科研院所等事业单位以创新成果作价入股的企业，放宽股权奖励、股权出售对企业设立年限和盈利水平的限制。建立促进国有企业创新的激励制度，对在创新

中作出重要贡献的技术人员实施股权和分红权激励。积极总结试点经验，抓紧确定创新型中小企业的条件和标准。高新技术企业和创新型中小企业科研人员通过创新成果转化取得股权奖励收入时，原则上在 5 年内分期缴纳个人所得税。结合个人所得税制改革，研究进一步激励科研人员创新的政策。

第三节　科技创新制度供给

当前，我国发展的外部环境和内部条件发生了很大变化，加快转变经济发展方式、实现创新驱动的紧迫性进一步凸显。从国际发展的趋势来看：一方面，国际金融危机使世界各国面临经济发展方式转变和产业结构深度调整的压力，经济发展对于发现和培育新的经济增长点的需求更加急迫；另一方面，世界科技发展正孕育着新的革命性突破，信息、生物、新能源、纳米等前沿技术领域呈现群体突破的态势，以智能、绿色和普惠为特征的新产业变革蓄势待发，科技创新将从根本上改变全球竞争格局和国民财富的获取方式。

面对新的竞争态势，不同的国家与区域都在推出激励科技创新的政策措施，积极抢占未来竞争的战略制高点。许多沿海区域的创新主体之间互动性、创新链条内部承接性、产业链与创新链之间衔接性都不够完善，科技创新的体制机制也尚未理顺，亟需构建科技创新的新生态，缩短技术创新和产业化的周期。大力发展众创空间等新型创业服务机构，加快转变政府职能，强化市场资源配置的决定性作用，努力营造良好的创新创业生态体系，催生新一轮的经济繁荣。

从经济发展的中长期角度看，国家存在是经济增长的关键，政府代表国家进行的制度安排对本国技术经济范式的形成至关重要。中国作为发展中的大国，在构建适合新的技术经济范式的国家创新体系中，政府应负责为创新主体的创新活动提供制度支撑，从宏观层面进行结构调控，促进创新主体创新活力的增加以及创新活动在不同创新主体间良性互促，以逐步完善科技创新生态制度供给。

一、创新网络与科技制度

政府、大学、科研机构、企业等共同创新，则构成了国家创新系统，它是一个相互合作、密切联系和协调发展的网络，包括产学研合作网络、企业与企业间构建的战略技术联盟、生产者与用户之间的联系网络等。其中产学研合作网络最为重要，企业与大学和科研机构之间为更好满足市场需求、实现利益共享，通过协商达成共同创新目标，按照市场机制运行规律，通过咨询服务、科研开发等多种形式进行的经济合作活动，形成的强大网络，几乎有益于社会各个方面。因此，科技制度应对产学研合作网络的形成发挥积极作用，通过建立技术市场、技术服务公司、工程技术研究中心等中介服务机构，促进产学研结合网络的形成；通过促进企业与大学和科研机构之间的相互合作，进一步加强创新网络的建设。可见，建立以企业、大学和科研机构为主体的有效的产学研合作创新网络，是科技制度建设的核心。

在资源统筹整合方面，更加强调部门之间的协同联动。例如，中关村示范区已搭建起由北京市 30 多个部门和区共同构成的跨部门协同创新组织架构，更好地实现了资源高效整合以及与国家层面的整体对接。深圳建立市区联动和部门协同机制，形成创新资源与产业布局的有机统筹，还加强与中央部委的会商沟通，积极搭建与国家重大创新工程的联动平台，从而有效避免了部门多头管理、资金分散投入。

在激发创新活力方面，将支持科技人员创新创业作为重要举措。上海、湖北、安徽等省（市）加大企业股权和分工激励等政策试点力度，鼓励高校、科研院所放宽职务发明成果的处置权和收益权，依据贡献大小奖励参与研发的科技人员或团队。与此同时，还积极鼓励科技人员在完成本职工作的前提下兼职从事科技创业、成果转化等活动，逐步建立起相对灵活的人才管理制度。比如，东湖示范区鼓励事业单位在职人员离岗创业，在一定年限内给予保留身份编制，充分调动了各类人员创新创业的积极性，解决了人员后顾之忧。

在保护创新成果方面，重点强化专利创造应用和保护。深圳市颁布了具有地方特色的知识产权法规和政策，探索建立知识产权交易中心，积极推进研发专利化、技术标准化、产品品牌化和成果产业化，进一步探索刑事、民事、行政"三审合一"改革和大知识产权管理体制。

在实施国家创新驱动发展战略中，各类示范区、试验区在创新生态体系建设中展开了有益的尝试，也在构建开放、多元、共生的体制机制方面进行了试点突破并取得良好效果。特别是深圳的国家自主创新示范区，就开始体现出深圳是一个创新生态体系，它涵盖了整个产业链和创新链条，对沿海区域创新生态体系建设具有强烈的示范推动效应。

二、创新体制与创新环境

加快创新生态体系建设，除了进一步完善各类创新主体的功能、强化主体之间的协同性，关键还在于创新体制机制，营造相对宽松的创新环境，真正从制度中释放创新活力。因此，必须构建与创新需求相适应的科技制度和经济制度，加强创新要素市场建设，通过创新要素的良性流动提高区域创新能力。优化创业创新环境，通过降低创业门槛、分担创业风险、完善中小微企业金融服务等举措，进一步激发科技创业活力。明确科研机构、企业、政府在区域创新体系中的定位，建立产学研联盟推进协同创新，共同提升重大关键技术的攻关能力。与此同时，要改进科研项目评审机制，提高财政科技经费的使用效率。努力营造容忍失败、崇尚创新的文化氛围，加强知识产权保护，营造公平市场环境。构建开放式创新体系，促进创新要素在全球范围内有序自由流动和高效配置。

基于既有的研究，我们基本可以得出推论：①海洋科学技术创新推动海洋经济发展和资源养护，是决定因素；②制度创新通过影响海洋科学技术创新进而促进或阻碍海洋经济发展和技术进步。

虽然中央和各级地方政府都意识到了制度的重要性，在制度改革和制度环境建设方面取得了一定的成绩，但对转型中的中国来讲，在区域科技、经济增长与社会发展差异不断扩大的今天是远远不够的，因为制度还是目前阻碍科技、经济与社会进一步发展的根本原因之一，也是区域科技与经济增长差异的最重要影响因素。为此，需要从以下四方面入手。

第一，不断改善产权关系，加大产权尤其是知识产权保护力度，建立符合市场化原则和国际标准的知识产权制度，鼓励各种经济主体积极进行技术和知识创新，提高其经营效率，强化它们的市场竞争优势，进而推动科技与经济长期健康发展。诺斯指出："有效率的组织需要建立制度化的设施，并确立财产所有权，把个人的经济努力不断引向一种社会性的活动，使个人的收益率不断接近社会收益率。"[1]有效率的产权具有竞争性和排他性，这有助于减少不确定性和避免机会主义倾向，能激励人们更有效地使用资源，并把资源投入发明与创新活动之中，引导资源流向更有效率的区域或产业，从而推动经济增长和发展。

同时，增加非国有经济特别是民营经济体在科技与经济增长中的比重，因此要制定促进民营经济发展的相关政策，比如提供良好的金融服务、完善基础设施建设、减少审批事项和流程、鼓励民营经济转型发展等。要进一步释放科技与经济的增长潜力，就需要建立更符合市场规则的产权制度。

第二，继续推进改革开放和市场经济体制建设，使政府对科技与经济的管理逐步

---

1 [美]道格拉斯·诺斯. 西方世界的兴起[M]. 张炳九译.北京：学苑出版社，1988.

实现"从以政府主导向以市场主导转变","以企业为主体",为经济主体提供公平的竞争环境和投资环境。在修改和调整不适应市场经济与科技发展的相关法律行政法规的同时,提高各级政府执行这些法律法规的效率,以便更好地规范经济主体的经济行为。

第三,制度质量对经济增长的影响效应直接取决于政府效率,作为具体实施制度的主体——政府,应不断提高自己的服务质量和效率,因为只有高效的地方政府才能有效进行资源配置,才能提供符合地方经济发展的基础设施等公共物品,才能为经济主体提供优良的公共服务,进而成为推动其科技与经济发展的重要力量。所以各级政府应具有改革自身行政行为的魄力和能力,以便提高自身治理水平,转变管理模式,以增加公民对政府的信任为目标提高服务效率。尤其是对于科技与经济发展较欠发达的地区,要实现经济赶超,这是政府相关部门首先不得不面对的根本且最直接的问题。

第四,大力发展科技与经济,为制度改革和制度环境建设提供良好的科技与经济支撑,同时也促使制度要素成为科技与经济增长的根本动力,形成制度发展与科技、经济发展的良性循环。

第三节　科技市场体系

在国家创新体系的制度安排下,企业、科研机构、中介机构发挥着各自的创新职能:企业既是创新投入的主体,也是技术开发以及产出利益分配的主体,更是技术能力积累的主体;科研机构主要承担基础性知识研究和创新,其科研产出为企业创新提供持续的知识源泉,同时也为技术知识向现实生产力的转化输送人才。此外,在现代市场体系中,专业化的中介机构可以利用知识、技术、信息、资金等为企业和科研机构等创新主体提供各种专业化、社会化的服务,发挥技术知识供求传递的纽带作用,全面构筑科技市场生态体系。

一、企业——创新主体

企业是技术进步的主体,应该包括以下几方面含义。一是企业是技术开发的决策主体,也就是说企业对技术开发与创新活动应该具有充分自主权。这种自主应该包括是否开发、开发什么、何时开发、怎样开发等内容。二是企业是技术开发与创新的投资主体,企业应承担技术进步的主要投入。三是企业是技术进步的责任主体, 企业对技术进步承担主要责任，是技术开发与创新行为的主要承担者。四是企业是技术进步的受益主体，企业是技术进步收益的主要获得者。审视一下我们现行的技术开发与创新政策，政府的某些行为是越界的，是剥夺了企业技术开发自主权的。如某些地方政府主管部门为促进企业研发活动，规定企业技术开发投入不能低于规定的比例，否则在考核企业经营者时此项分数不及格。这样的政策规定是违背市场经济基本原则的。

一些重要科技企业已经成为影响区域创新的重要组成部分。具体来说，就是将创新资源向高成长性企业和优秀企业家集中，不断延伸产业链和创新链，提高企业核心竞争力。例如，深圳围绕有优势、有竞争力的战略性新兴产业领域，以财政科技投入为引导，与产业龙头企业共同设立"产业科技创新专项资金"。由龙头企业主导，根据产业创新需要和市场需求，以产学研用相结合的方式，组织实施关键技术研发和攻关，逐步形成和完善了企业主导的产业技术研发机制。试验区还鼓励有条件的创新型企业承担国家重大科技攻关任务，建设以企业为主体的各类研发平台，重点解决科技成果工程化问题，一定程度上提高了企业自主研发和承接成果转化的能力。

二、创新载体——协同作用

要充分发挥科技基础设施、研究机构、公共服务平台、孵化器等创新载体的各自优势，还要更大限度地发挥不同创新载体之间的协同作用，确保载体资源高效利用，帮助科技企业特别是中小科技企业解决技术平台利用、科研成果转化、产品中试等方面的问题。比如，中关村示范区依托密集的科教资源，建立创业平台、科技融资平台、技术转移平台等公共服务平台和一大批特色的产业技术研究院。张江高科技园区将企业孵化向培育创业团队、加速企业发展延伸，形成以创业苗圃、孵化器、加速器为主线的"一体化"培育机制，还通过发展共性研发平台，推进"智慧城市"建设。此外，西安高新区科技大市场按照"交易、共享、服务、交流"的功能定位，以网络平台和实体大厅相结合模式，初步构建起"三网一厅"的平台及服务体系，使区域内"分散、分割、分离"的科技资源实现高效集聚，促进技术转移、成果转化和推动大型仪器设备开放共享。

对于沿海区域来说，在海洋科技平台建设方面，需要整合优化现有海洋重点工程与科技实验室资源和布局，以海洋实验室建设为中心，构建区域海洋科技创新体系，加强重点海洋科技研发中心建设，提升和完善海洋科技相关的基地和设施现代化水平，推动科研仪器的开放共享、推进科技云服务平台使用。

三、区域与平台——创新网络

既要充分利用区域高等院校及科研院所聚集的优势，也要引进一些研发能力强的国内甚至国际研究机构与自主创新型企业，增强沿海区域的自主创新能力。

（一）高等院校和科研机构

对高等院校和科研机构进行"所在与所用协调"，充分发挥高等院校和科研机构人才密集的优势，建设一批重点学科、科研基地、重点实验室，形成一批科技团队和著名学科带头人，鼓励高等院校和科研机构申报国家项目以及区域科技计划项目，开展前瞻性应用研究、原始创新和综合创新。鼓励高等院校、科研机构和企业共建研发中心以及培训中心等。

（二）自主创新型企业

为进一步提高区域创新能力，需要在资源配置和公共服务方面向自主创新型企业倾斜。加大政府科技投入，建立多元化、多渠道的投融资体制，解决企业自主创新和技术成果产业化的资金瓶颈问题。加强成果转化平台建设；积极运用政府采购推进企业自主创新，实施政府采购对本区域自主创新产品倾斜政策；支持企业创造、使用、保护知识产权，支持建立以行业协会为主导的国际知识产权维权援助机制，有效保护企业的创新权益；鼓励企业结成技术标准联盟，推动自主创新产权与技术标准的结合，形成优势产业事实标准。

四、区域多元科技合作

（一）面向全球整合创新资源

创新资源不局限于特定区域范围，而是通过多种方式拓展创新载体。例如，深圳市充分发挥经济特区作为对外开放窗口的政策优势，面向全球范围集聚配置创新资源，加快融入全球创新网络体系：一是积极推动"深港创新圈"纳入国家战略，联手打造世界级的创新中心，开展科技创新专项合作，加大核心技术攻关力度，着力推进源头创新；二是鼓励龙头企业在产品、资本"走出去"的基础上，通过自建、并购、合资、合作等多种方式，在科技资源密集的国家和地区设立研发中心，不断增强利用全球创新资源的能力；三是积极承接跨国公司研发中心向深圳转移，鼓励跨国公司在深圳设立研发机构、技术转移机构和科技服务机构，通过技术引进带动人才引进，最终将原创、前端技术和技术研发团队留在本地；四是积极参与国家重大国际科技合作项目，鼓励企业、高等院校和科研机构参与政府间多边、双边科技合作项目，在项目参与合作中不断培养本地人才队伍发展壮大。

加强国际间海洋科技合作，借鉴和引进发达国家海洋技术，对重点项目和重大工程进行国际联合攻关。推动国际海洋科学技术转移，鼓励境外企业和研究开发、设计机构在沿海区域设立合资、合作研发机构。

（二）加强不同规模的科技企业合作

如何看待科技型中小企业的创新涉及创新与企业规模的关系问题，即大企业与小企业，谁在创新中发挥的作用更大。经济学家熊彼特认为，企业规模与创新之间存在正相关关系，大企业在创新中的作用更大。一些实证研究结果支持熊彼特的创新假说，但一些实证研究也得出相反的结论。大企业拥有丰裕的资本与技术的规模优势，中小企业则拥有灵活、反应快的优势，尽管相关实证研究并未得出明确结论，但无论怎样强调科技型中小企业的创新功能也不为过，所以应加强不同规模企业之间的合作。我国正处于培育和发展战略性新兴产业阶段，全球正值新一轮技术革命前夜，不少具有革新性的技术创新正在孕育，产业发展的技术路线仍未确定。面对技术不确定性和市场不确定性，数量庞大的科技型中小企业显然能够在创新方面发挥更重要的作用。

沿海区域应逐步形成以大企业为主导、大中小企业协调发展，专业化分工协作的组织结构；通过重点扶持若干产业集群，建设更多的特色海洋产业化基地，培育出更多在国内外有较强竞争力的特色海洋产业。

（三）强化以企业为主体的技术创新体系

鼓励企业与高校科研院所联合实施重大科技攻关项目，提高原始创新和集成创新能力；推进企业博士后工作站、工程技术研究中心和企业技术中心的建设，提高技术开发及成果转化能力；支持中小企业充分利用研发平台，开展自主创新活动；建立和加强行业协会在技术创新中的沟通和协调作用，共享行业技术发展信息资源，减少企业技术创新活动的风险和成本。

第四节　海洋人才

人才是科学发展的第一要素、第一推动力，在实施创新驱动发展战略中，必须高度重视人才工作。改革的中国为国内外人才的创业创新，释放了更加巨大的红利，中国正在通过深化人才制度改革，破除不利于人才发展、束缚人才成长的体制机制障碍，激发各类人才投身中国建设事业的积极性。围绕建设一支规模宏大、富有创新精神、敢于承担风险的创新型人才队伍，培养和吸引人才，按照市场规律让人才自由流动，实现人尽其才、才尽其用、用有所成。

一、创新型人才培养

开展启发式、探究式、研究式教学方法改革试点，弘扬科学精神，营造鼓励创新、宽容失败的创新文化。改革基础教育培养模式，尊重个性发展，强化兴趣爱好和创造性思维培养。

以人才培养为中心，着力提高本科教育质量，加快部分普通本科高等学校向应用技术型高等学校转型，开展校企联合招生、联合培养试点，拓展校企合作育人的途径与方式。分类改革研究生培养模式，探索科教结合的学术学位研究生培养新模式，扩大专业学位研究生招生比例，增进教学与实践的融合。鼓励高等学校以国际同类一流学科为参照，开展学科国际评估，扩大交流合作，稳步推进高等学校国际化进程。

支持企业建立技能人才培训制度，鼓励民办培训机构参与政府主导的技能人才培训；依托本地高校，采用委托培养、定向培养等多种形式，培养结构合理、素质优良的各类专业人才，加速沿海区域职业教育产业的发展，鼓励民间资本进入，大量培养海洋高新技术产业发展急需的高级技工等实用型人才。

二、科研人才流动机制

改进科研人员薪酬和岗位管理制度，破除人才流动的体制机制障碍，促进科研人员在事业单位和企业间合理流动。

符合条件的科研院所的科研人员经所在单位批准，可带着科研项目和成果、保留基本待遇到企业开展创新工作或创办企业。

允许高等学校和科研院所设立一定比例流动岗位，吸引有创新实践经验的企业家和企业科技人才兼职。试点将企业任职经历作为高等学校新聘工程类教师的必要条件。

加快社会保障制度改革，完善科研人员在企业与事业单位之间流动时社保关系转移接续政策，促进人才双向自由流动。

三、人才吸引制度

在开发国际移民人才红利方面，传统移民国家做得都很出色，比如美国和新加坡等，移民在其经济发展、创新创业突破等方面发挥了重要作用。基于未来发展的需要，我们也需要越来越多的国际人才，只有实行更具竞争力的人才吸引制度、更加开放的人才政策，才能大量引进国外人才，推动创新驱动发展战略突破。

围绕区域发展的重大需求，面向全球引进首席科学家等高层次科技创新人才，建立访问学者制度，广泛吸引海外高层次人才来到区域从事创新研究。

稳步推进人力资源市场对外开放，逐步放宽外商投资人才中介服务机构的外资持股比例和最低注册资本金要求。鼓励有条件的人力资源服务机构走出去与国外人力资源服务机构开展合作，在境外设立分支机构，积极参与国际人才竞争与合作。

通过建立知识产权保护制度、制订科研成果入股的管理办法、选择科学的薪酬体制和建立科研奖励制度等手段建立多样化的奖励机制，留住优秀人才，激励企事业单位和科研人员不断地进行创新。鼓励资本、技术、管理等生产要素参与分配，鼓励高新技术企业和民营科技企业实行产权多元化、知识产权化，通过技术入股、管理入股、员工持股经营和股票期权等多种分配和奖励形式，鼓励高科技人才携带科技成果作价入股、参与分配，激励他们创造更多的科技成果。

四、提供人才多样优质服务

区域环境升级吸引创新驱动发展所需高端人才，还要提供创新人才宜居、宜业的多元及优质服务，为科学家潜心研究、发明创造、技术突破创造良好条件和宽松环境。针对不同创新人群需求提供多样化的服务，对科学家及工程师、国际人士、专业人才、普通居民等的不同需求，提供多样化的服务设施，满足高科技人才对文化艺术、体育健康等方面的优质需求。搭建舒适的公共交流空间，连续开敞的空间体系，促进创新人群的交流与合作。

第五节　科技与金融的融合机制

科学技术创新艰巨而漫长，从研发到产业化的整个过程充满不确定性，高新技术产业的发展天然伴随着巨大的金融供给和金融服务需求。同时高新技术产业引领世界经济发展的浪潮中，金融内在蕴涵着足够的动力投入其中，通过运用高科技提升竞争力，通过提供专业的金融服务分享高科技产业的高成长和高回报，与科技携手共同推动科技产业、金融产业和新兴经济的繁荣与发展，形成科技、产业与资本的良性互动。然而在实践中，大量高新技术企业仍难以获得及时，足够的金融服务和金融支持。

科技资源与金融资金均具有资本的属性。具有相同的内在发展需求和利益诉求，具有资本寻求利润和增值的天然属性。认知、认同科技与金融主体双方的内在价值诉求和天然属性，才能找到双方相容的根本利益；找到双方共同的根本利益，才能顺藤摸瓜找到连接双方的根本力量或通道。

一、科技金融创新

科技金融是指促进科技开发、成果转化和高新技术产业发展的一系列金融工具、金融制度、金融政策与金融服务的系统性、创新性安排，是由向科学与技术创新活动提供融资的政府、企业、市场、社会中介机构等各种主体及其在科技创新融资过程中的行为活动共同组成的一个体系，是国家科技创新体系和金融体系的重要组成部分。科技金融可以使科技资源的资本化及实现科技资源的价值最大化，提升科技资源的价值实力和与金融资本平等对话的交易能力，最大化满足科技资源对未来收益的诉求和快速发展的需要，从而使金融资本参与分享科技资本未来的高收益成为可能。同时科技资源的资本化使金融资本得以在适时的时机以较低的对价得以分享科技的未来高收益，资本化的结合方式使金融机构得以参与高科技企业的管理、获取第一手的经营管理信息，从而最大化降低信息不对称带来的高风险和不确定性，使金融资本有动力和手段将投入科技的高风险最小化的同时实现金融资本收益的最大化。当科技资源与金融资金在资本的呼唤下，内在焕发出强烈的结合意愿，科技创新与金融创新将如影随形。科技创新与金融创新将共同或交替推动高新技术产业、金融业的发展，共同推动经济结构的优化和经济发展模式的转变。

二、科技与金融的融合

一是建立科技金融对接机制。针对科技企业和战略性新兴产业发展的有效融资需求，初步建立起多层次、全方位的科技金融体系，还积极探索服务中小微企业担保融资、信用贷款、信用保险和贸易融资、集合债和集合信托等一系列信贷创新试点。二是健全科技金融服务机制。张江高科技园区通过设立科技信贷风险补偿资金、融资担保资金、研发投入补偿资金和推动科技企业进入代办股份转让系统挂牌交易等举措，完善信贷服务体系和科技投融资体系。三是建立风险容忍机制。例如，合芜蚌试验区内的合肥市通过建立高科技企业创新贷风险池，引入科技保险经纪公司开展比例补偿和保费补贴，推广专利权质押贷款做大规模等方式，逐步强化对前瞻性项目的支持，鼓励领军人才创办科技型企业。四是设立区域性股权、产权交易市场。例如，深圳市成立了新产业技术交易所，打造"技术产权银行"模式，建立全球交易和服务网络，逐步建成区域性统一互联的科技金融服务体系。

三、科技金融对科技的分类支持

如果把科技金融分为公共金融和商业性金融的话，公共金融应着力于支持共性技术、关键技术、前沿技术和重大技术，着力于影响或制约行业和产业发展的基础环节、早期环节和瓶颈环节。商业性金融的支持重点则放在科技成果转化和产业化领域。

海洋科技是一个高风险、高投入、高产出的领域，需要政府持续不断的资金投入和政策支持，包括设立海洋科技发展专项资金，以商业合同的方式向海洋高科技企业直接投入研发经费，以及税收激励和金融优惠政策等。

第六节　科技制度与公共服务

格什克隆在总结 19 世纪末欧洲工业化的历史经验时指出，一国经济越落后，特殊制度因素在工业化中所起的作用就越大，进而这种因素的强制性与内容的广泛性越显著；落后程度的不同导致各国在应对新技术冲击上制度创新的多样性，后发国家实现追赶的潜力实际上体现在"技术上落后制度上先进"。阿布拉莫维茨认为，一国技术水平的落后，反映出其发展具有快速增长的潜力，但技术差距只是后发优势的一个构成部分；衡量其追赶的潜力不仅由落后程度决定，而且也取决于新技术的吸收能力与制度建设。从这个意义上来说，第三次工业革命将将带来组织结构和竞争格局的重大调整，基于国家层面的创新驱动并不只简单地用新技术取代旧技术，而是一场技术经济范式意义上的技术、管理、组织和制度的全面协同变革。

一、科技制度

（一）科技创新顶层设计

"顶层设计"，在工程学中的本义是统筹考虑项目各层次和各要素，追根溯源，统揽全局，在最高层次上寻求问题的解决之道。这一术语在政府规划中出现，说明中国的改革事业进入了新的征程。随着改革的深入，影响中国发展的因素也越来越复杂、积累的深层次矛盾问题越来越多，如何避免"头痛医头脚痛医脚"，从源头上化解积弊，在重点领域取得突破，必须要有"顶层设计"。合理的顶层设计能够避免各部门之间"群龙治水"，使得行政程序更加流畅。

（二）制度创新推动科技创新

制度创新研究最具代表性的理论成果是诺思的制度变迁理论，"制度"是一个地区、一个国家经济增长的最终决定力量。制度创新之所以能推动区域经济增长（然后扩展到整个经济），是因为制度的变化具有改变区域经济结构、收入分配结构，以及改变资源配置的可能性。技术创新活动总是在一定的制度框架内进行，制度创新决定技术创新，合适的制度选择会促进技术创新，不合适的制度体系会导致技术创新偏离经济发展的轨迹，或抑制技术创新。制度创新通过激励和约束机制对科技与经济活动实施影响，从而减少不确定性和交易费用来实现的，实现效用与利润的最大化，推动区域科技经济发展。

制度创新是一个学习、试错的适应性过程，不可能一蹴而就，制度建设本身也需要一个不断探索和逐步完善的过程，所以就不可能等待制度创新完成以后再进行技术创新。事实上，一般是先进行一些制度创新，排除那些启动技术创新所必须排除的制度障碍，把技术创新开展起来后，再通过技术创新让人们看到希望也积累了经验，才能再把制度创新继续向前推进。制度创新与技术创新两大系统相互联系、相互推动，只有将二者整合，才能形成社会创新力和经济发展的现实力量。在区域经济发展中制度创新与技术创新的作用是不断变化的，不同时期会形成以某一要素创新或两者共同主导的创新协同模式，过分强调某一方面都是片面的。

资金、人才、技术、制度这四大要素中，制度是解放生产力的，它不仅能促进其他要素向新兴产业集聚，而且还具有整合功能，可以实现资金、人才和技术三大要素的互动与集成。图 14-1 说明了制度在发展新兴海洋产业发展中的作用定位：首先，制度、人才、资本和技术构成新兴产业发展的四大内生性要素；其次，制度对其他三大要素均有着极其重要的促进作用；第三，制度也促进了人才、资本与技术之间的耦合，同时，技术是人才、资本、制度的函数，而技术对制度也有一定的反作用力。

制度本身是一个系统。它由制度要素集合和要素关系两部分构成。如果这两部分发生破缺，制度动力就不能有效或发生偏颇，甚至起到相反的作用。因此，制度的系统性要求政府等在制定时各种制度时，必须注意制度要素集合与要素关系之间构成的合理性。制度的整体性和结构性对制度系统的功能有重要的影响，同时，制度系统的开放性是决定系统结构是否合理有序的主要因素。对于各种制度安排的研究必须将其置于制度系统中，分析它们之间的相互作用和影响，加强顶层设计，只有这样才可能避免冲突，提高制度效率。

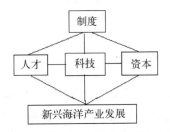

图14-1　制度在新兴海洋产业发展中的作用

（三）新常态下科技创新与经济发展的需要

"顶层设计"不同于改革开放初期的自下而上的"摸着石头过河"，而是自上而下的"系统谋划"，更加注重改革的系统性、整体性、协同性，给改革提供政策引导和方案指导，为改革开放引领目标、凝聚共识、统筹谋划。

顶层设计的关键在于顶层核心理念和顶层目标。科技创新制度"顶层设计"核心理念是对政府和市场作更加准确的定位，政府不能替代市场，市场也不能替代政府，要避免市场失灵和政府失灵，既要打破垄断资源减少市场扭曲和外部性，更要减少政府行为的盲目性，降低改革的风险与成本。从科学技术自身的发展规律和市场经济条件下不同阶段技术的经济学属性考察，政府在推动技术进步中的作用领域主要集中在以下几个方面：一是组织和推动属于公共产品的基础科学技术研究；二是支持和促进兼有公共产品和商品属性的产业科技基础开发；三是创造良好的政策环境和条件保证上述三个阶段相互衔接、彼此协调；四是为产业和企业技术开发提供指导方向并创造良好的基础设施条件。至于属于商品性质的企业研发活动，应该由企业自主进行。显然，政府活动的合理区间应该在上述领域之内。

新常态下，科技创新与经济发展的外部条件发生了深刻的变化。科技创新制度"顶层设计"的顶层目标是发展方式转型升级与创新的融合。创新从根本上说是市场活动，只有使企业成为创新主体，鼓励创新资源向企业流动，引导创新要素向企业集聚，才能激活企业创新创业的活力，强化经济内生增长的动力。激发市场主体尤其是民营企业的活力，提升企业自主创新能力和核心竞争力。

实现顶层目标的关键是要从"新常态"的视角来看进入新发展阶段的经济活力，各级政府要把科技创新放在更加突出的位置切实抓紧抓好；要围绕实施"中国制造2025"和"互联网+"计划，加快创新平台和载体建设，深化产学研合作，大力引进集聚创新资源，加快提升产业核心竞争力；要大力培育发展创新型企业，完善股权激励等分配制度，大力引进集聚和放活科研人员，加快提升区域创新能力；完善以企业为主体、"企业出题、政府立题、协同破题"的技术创新体系，扎实推进重点企业研究院培育、重大项目支持、科技人才派驻"三位一体"的产业技术创新综合试点，提升一些优势产业领军企业的自主创新能力；加快培育科技型企业梯队，大力培育创新型企业、高新技术企业，支持龙头企业牵头组建产业技术创新战略联盟，促进龙头企业与小微企业的协同创新。

（四）科技体制机制改革

既然企业是技术创新的主体，政府是制度创新的主体，现假定二者均属理性决策的"经济个体"，即企业以经济效益最大化为目标进行技术创新，而政府以社会效益最大化为目标进行制度创新。政策环境决定区域技术创新的具体行为步骤和程序。同一制度模式下，不同时期、不同区域、不同的决策者所执行的政策体系可能会有巨大的差别，因而对区域技术创新运行产生的影响也大不一样。政策环境对区域技术创新的影响最大的是利益分配政策、产业技术政策、财政政策、金融政策和就业政策等宏观经济政策。

要完善创新生态系统，不仅必须妥善处理政府与市场的关系，各级政府还要在完善创新要素、创新服务、创新平台和创新环境等方面的制度保障方面进行深入改革，并加强政府管理体制创新，加强组织领导和统筹协调。

（1）加强创新政策的统筹。加强科技、经济、社会等方面的政策、规划和改革举措的统筹协调和有效衔接，强化军民融合创新，发挥好科技界和智库对创新决策的支撑作用。

建立创新政策协调审查机制，组织开展创新政策清理，及时废止有违创新规律、阻碍新兴产业和新兴业态发展的政策条款，对新制定政策是否制约创新进行审查。

建立创新政策调查和评价制度，广泛听取企业和社会公众意见，定期对政策落实情况进行跟踪分析，并及时调整完善。

（2）完善创新驱动导向评价体系。改进和完善国内生产总值核算方法，体现创新的经济价值。研究建立科技创新、知识产权与产业发展相结合的创新驱动发展评价指标，并纳入国民经济和社会发展规划。

健全国有企业技术创新经营业绩考核制度，加大技术创新在国有企业经营业绩考核中的比重。对国有企业研发投入和产出进行分类考核，形成鼓励创新、宽容失败的考核机制。把创新驱动发展成效纳入对地方领导干部的考核范围。

（五）改革科技管理体制

转变政府科技管理职能，建立依托专业机构管理科研项目的机制，政府部门不再直接管理具体项目，主要负责科技发展战略、规划、政策、布局、评估和监管。

建立公开统一的区域科技管理平台，健全统筹协调的科技宏观决策机制，加强部门功能性分工，统筹衔接基础研究、应用开发、成果转化、产业发展等各环节工作。

进一步明晰政府的科技管理事权和职能定位，建立责权统一的协同联动机制，提高行政效能。

二、科技公共服务

尽管各区域企业技术开发中都融入了强烈的政府意志、政府通过各种大型科技规划在推进企业技术进步中承担了大量责任，但政府并不是以管理者和指挥者的身份出现，而是扮演着服务者和促进者的角色。

政府科技服务政策选择至少应遵从以下两条原则：一是应该坚持市场取向目标、注重发挥市场的基础调节作用，以经济手段为主；二是必须结合区域具体情况和经济发展阶段性特点，体现一个地方政府的技术进步意志和经济转型期政府对技术进步的责任。

（一）企业是技术进步主体

要明确企业技术进步主体，并在此基础上重建国家技术创新体系。建立企业技术进步的良性运行机制，最终依赖于健康的技术进步行为主体。就企业经营活动而言，技术只是众多生产要素中的一种，好的技术只有在好的体制、好的管理下才能发挥作用。因而，推进企业技术进步的根本手段是塑造企业技术进步的主体，并以此为基础构造国家技术创新体系。我国现有企业技术进步中存在的问题是多方面的。有由于企业运行机制不顺导致的技术开发动力不足问题，有由于企业经营不善技术投入不足问题，有由于企业技术开发人员素质或物质基础设施等造成的开发能力较低问题，也有企业技术开发缺乏基础储备或平台、进一步开发方向不明问题等上述问题产生的根源不外乎两种，一是企业技术进步主体地位尚未确立，二是现有国家技术创新体系对企业技术开发没有提供应有的支持。现有的国家技术创新体系中，缺乏为企业提供技术开发指导与技术创新平台的环节。

大力扶持小微企业配套龙头企业。第一，实施小微企业创新能力建设计划，鼓励有条件的小微企业参与龙头企业关键技术研发；第二，鼓励龙头企业向小微企业转移扩散技术创新成果；第三，支持在小微企业集聚的区域建立、健全技术服务平台，共享优势科技资源，为小微企业技术创新提供支撑服务；第四，实施小微企业信息化推进工程，重点提高小微企业生产制造、运营管理和市场开拓的信息化应用水平，鼓励信息技术企业、通信运营商为小微企业提供信息化应用平台。

保障小微科技企业创新成长的完整与可持续。构建由研发机构—研发公司—商业孵化器—风险投资—新商品转化的完整创新成果产业化链条，为企业由种子期—初创期—成长期—成熟期的顺利成长提供针对性的阶梯式服务，保障小微科技企业成长过程的通畅性。

（二）科技规划和各种技术促进计划

随着科学技术综合化趋势的增强和科学到技术孕育期的缩短，以及企业竞争的日益激烈，企业技术竞争点明显前移。对技术发展趋势与方向进行预测与指导，成为政府支持企业技术进步的重要手段政府应重视中长期科技发展规划的编制，它既是政府技术进步意志的体现，又应为企业技术开发、特别是竞争前技术开发明确内容、指导方向。因而，这一规划的目光应该集中在充分动员社会科技资源、追求社会经济目标下的高科技附加值，促进"基础研究"和"应用研究"融合，应在推动企业研发、联合攻关等关键内容上，而不是针对某些企业的具体产品或工艺。这种规划制定本身就应该是动用全社会最优秀智力资源的过程，规划的结果应该是真正优秀专家集体智慧的结晶。政府促进计划应更加侧重为企业的服务，特别是成长中的中小型企业的服务。

（三）完善科技开发的基础设施与社会环境

社会环境是为企业技术开发创造良好的基础条件。如建设具有公共产品性质的科技基础设施（公共图书馆、基础通信网络和信息平台等），建设与技术创新相配套的政策和法制体系（完善的知识产权保护制度、公平的法律环境，公开、公正的科技成果评价与奖励制度等），制定相关的鼓励政策（对有重要创新意义的技术开发提供财政资助，对企业技术开发活动实行税收优惠，对科技创新型企业提供金融和其他形式的资本支持，对企业合作开发提供通道和支撑平台等），从我国的现实情况看，不论是中央政府，还是各级地方政府在这方面工作还有很大空间。积极促进、支持和鼓励企业与企业、企业与相关研究机构的联合，为企业技术进步与开发活动提供多方位的技术支撑。

（四）建设与维护良好的市场秩序

市场秩序是为企业技术进步与开发活动创造良好的市场环境。应该指出，建设市场并不仅仅是提供一个交易场所，关键是通过市场形成一种资源配置的机制，也就是说通过市场建设，要使市场成为人力资源配置、资本配置、技术交换与流动的最基础力量。

（五）提供公共产品

公共产品是为企业从事技术商品生产提供源头支持和保证。前文已经指出，应由政府提供的科技公共产品主要有两种：一是基础科学技术，二是具有重大战略意义的竞争前技术。由于两种公共产品的专属特性或外溢效应并不相同，其具体生产的组织形式亦不应完全一样。参照西方发达国家做法和我国的具体国情，基础科学技术产品可主要由政府提供科研资金的科研机构提供，而竞争前技术产品可按商业化运作方式由政府提供组织与资本等支持、由企业联合体完成，或企业自主完成政府收购。

（六）税收政策激励企业

研究表明：许多创新行为，特别是研发的社会收益明显高于私人收益，具有正的外部性。政府代表社会公共利益，更有责任通过政策来资助企业的收益不低于社会的收益。在公共财政框架下，鼓励企业自主创新的财税手段主要有财政补贴与税收优惠。财政补贴主要是发挥财政资金对企业自主创新的引导作用，激励企业开展技术创新和引进技术消化吸收和再创新，其重点在于通过投资、补贴、担保等措施支持和鼓励企业创新。财政补贴突出了在区域中自主创新策略中政策的自主性和直接性，但是财政补贴刚性明显，而且政策大多限于支持方面，财政承担的风险较大。而税收政策更着重于营造自主创新的环境，着重于市场化的创新领域，税收政策的间接性特征明显，体现的是政府对微观经济主体自主创新活动的引导与配合。税收政策以其最大可能的中性，既能够充分发挥激励作用，又能通过市场机制进行调节，以税负的差异性和课税环节的选择引导企业自主从事创新行为，最大限度地避免对经济运行过程的扭曲。具体税收政策包括可以将转让无形资产纳入增值税课税范围，对个人取得技术创新相关的收入免征个人所得税。

（七）创新产品的采购政策

为保护与增强创新产品的市场供给及竞争力，应该逐步建立、健全符合国际规则的支持采购创新产品和服务的政策体系，落实和完善政府采购促进中小企业创新发展的相关措施，加大创新产品和服务的采购力度。鼓励采用订购等非招标采购方式，以及政府购买服务等方式予以支持，促进创新产品的研发和规模化应用。

三、科技管理体制

海洋经济在国民经济中的地位日益凸显。海洋经济作为一个复杂的经济体，其管理体制的健全与否直接影响到海洋经济的发展水平与发展速度。

（一）科技管理体制

国内外学者在海洋经济管理体制研究方面做了一定的工作，目前的研究主要涉及以下三个方面。

（1）海洋经济管理体制的类型。自然条件、政治制度以及经济水平的差异，导致各国海洋经济管理体制类型的不同。国内外学者基本将海洋经济管理体制分为三种类型：分散型、集中型以及分散与集中结合型。

（2）海洋经济管理体制发展历程及现状研究。一类学者从整体出发，将海洋经济管理体制的变迁大致分为三个阶段：行业分散管理阶段——初步统一阶段——以"条块"为特征的综合管理阶段。另一类学者则从具体产业出发，分门别类地研究各海洋产业管理体制的历史沿革与现状。

（3）深化改革海洋经济管理体制的路径措施研究。诸多学者从管理学、生态学、政治经济学、产业经济学等多个角度出发提出深化改革海洋经济管理体制的路径与措施，认为我国海洋经济必须走综合管理的道路，行业管理与区域管理二者缺一不可。

海洋经济管理中有众多的参与者，根据具体实施主体，我们可以将其分为中央、地方政府以及各海洋产业。其中，海洋产业是海洋经济的具体表现形式，也是海洋经济管理工作实施的基本单位。海洋产业发展需要合适的海洋经济管理体制作为支撑，海洋产业发展过程中不可协调的矛盾也推动海洋经济管理体制的变迁。

世界银行在《增长的质量》研究报告中也指出："合理的管理规章构架是经济增长的强大动力。此构架包括政府机构、规章制度、公民参与的权利，确保法律的透明性和可知性的机构等各方面。"要使科技政策提高效率，就必须加强科技工作的监管力度，而这就需要减少信息的不对称性，增加信息的公开与透明。

（二）科技管理体制中的信息不对称与"委托–代理"问题

科技政策的效率评价，讨论的起点是特定条件下资源的相对稀缺性变化，因为技术创新和制度创新都可以推进经济增长，由此引发追求经济增长过程中对技术创新和制度创新资源配置的需求。当一些技术创新和制度创新需求进入权力中心的选择集合，并符合供给的约束条件，权力中心将考虑满足这部分需求，通过规划而形成意愿供给。意愿供给指的是技术创新/制度创新资源配置的供给主体，根据其偏好及成本收益计算所制定的某项技术创新/制度创新资源配置的调整方向、规划及具体的操作过程。在推行意愿供给过程中，权力中心需要通过各级代理机构来贯彻、执行和实施并形成实际供给。理性的各级代理机构将根据特定条件下资源的相对稀缺性，进行社会分配于技术创新与制度创新。

但在实际推进过程中，当意愿供给是由权力中心在信息非对称情况下来完成时，意愿供给与实际的技术创新与制度创新资源配置需求之间必然产生偏差。产生偏差的原因在于信息的不完全性与不对称性。区域对技术创新与制度创新资源配置的需求是通过层层的信息中心上报的，但由于层级过多及信息通道容量的限制，传递过程中将出现信息失真与缺损，甚至故意隐瞒。而层次越多，信息传递的时滞也越长，上达到权力中心后可能由于实际情况已发生变化而使原来的信息失效，此时再出台政策甚至有可能起反作用。另外，由于不同利益群体的冲突，上述的信息具有可伪性。信息的不完全与不对称必然使权力中心作出意愿供给时偏离实际需求。权力中心的意愿供给只是设计出技术创新与制度创新资源配置的蓝图，而这一蓝图的实现必然要通过各级代机构来贯彻、执行和最终形成实际供给。实际供给就是各层代理机构在推行意愿供给过程中，根据自身的偏好及利益关系，在一定的限度内对意愿供给进行修正，从而最终形成的供给。各级代理机构虽然是权力中心的代理者，其行为受权力中心的约束，其活动要听从权力中心的命令，不过，实际上各级代理将会根据自身的利益对意愿供给进行修正，这时就会产生偏差。但偏差的产生并不一定是件"坏事"，下级的代理机构接近于需求主体的影响，它们的信息较完全、真实、时滞较小。一方面基层代理机构为得到所辖范围内人民的支持以求突出政绩或职位升迁，从而使偏差相对缩小，这将有利于推进经济增长。另一方面，在某种体制（如集权体制）下，职位的升迁是影响代理机构效用的重要变量，而这种升迁不一定决定于辖区内经济增长如何。根据权力中心的偏好，可能更重要的是政治利益，本着这个目标，下级代理机构可能视实际需求于不顾，而极力迎合权力中心，通过对意愿供给的进一步扭曲，使自身获得更大的好处。这就使得技术创新与制度创新资源配置的供给与需求之间的偏差越来越大，两者极不对称，结果技术创新与制度创新资源配置的不均衡始终难以消除，经济始终处于低效率中。

思考题

1. 海洋经济与海洋科技的关系。
2. 海洋科技发展与沿海区域发展的关系。
3. 海洋科技管理与服务的关系。
4. 海洋科技的供给与需求的关系。
5. 如何促进海洋科技的发展？
6. 如何提高海洋科技管理与服务的水平？
7. 海洋科技如何影响海洋产业的发展？

推荐阅读

陈建伟. 我国农业科技创新效率研究[M]. 北京：中国农业科学技术出版社，2012.

蒋同明. 科技园区创新网络演化与应用[M]. 北京：知识产权出版社，2012.

宁凌. 海洋综合管理与政策[M]. 北京：科学出版社，2009.

谈庆胜. 当代科技[M]. 合肥：中国科学技术大学出版社，2010.

谢子远. 中国海洋科技与海洋经济的协同发展：理论与实证[M]. 杭州：浙江大学出版社，2014.